# WELT DER KAKTEEN UND ANDERER SUKKULENTEN IN FARBE

Jan Říha / Rudolf Šubík

# *Welt der* **Kakteen** **und anderer Sukkulenten** *in Farbe*

BUCH UND ZEIT
BZ

Buch und Zeit Verlagsgesellschaft mbH · Köln

Text und Fotos: Dr. J. Říha und R. Šubík
Ins Deutsche übertragen von J. Ostmeyer
Deutsche Bearbeitung: Dr. H. Menzel-Tettenborn
Federzeichnungen: J. Mašek
Graphische Gestaltung: F. Prokeš



Lizenzausgabe 1985 für
Buch und Zeit Verlagsgesellschaft mbH, Köln
Printed in Czechoslovakia by Svoboda, Prag
3/11/08/52-02
ISBN 3-8166-0008-5

# INHALT

# WAS SIND SUKKULENTEN

Riesige Flächen auf unserem Planeten, die man in Millionen Quadratkilometern messen muß, leiden an Wassermangel. Hier herrschen geringe Niederschläge, dazu noch unregelmäßig über den Jahresverlauf verteilt; auch fehlen ständige Flüsse oder Bäche. Solche Landschaften werden Wüste genannt. Hier wachsen und blühen Pflanzen, die sich im Laufe einer langen Entwicklung an diese Bedingungen angepaßt haben. Allgemein werden sie als Xerophyten (*xeros* = trokken), Trockenpflanzen, bezeichnet oder auch als xerophile, d. h. trockenheitsliebende Pflanzen. Wer einmal in die Heimat dieser Pflanzen, also in eine der Wüsten Afrikas oder Amerikas kommt, wird sich nicht genug wundern können. Hier dörrt eine unbarmherzige Sonne das steinige Gelände aus, die Lufttemperatur liegt bei 40 °C und auf die glühenden Steine kann man sich nicht einmal zum Ausruhen niederlassen. In der Nacht erlebt man noch schlimmere Überraschungen. Nach Sonnenuntergang tritt eine starke Abkühlung ein, sogar im Schlafsack schlottert man vor Kälte, und es ist durchaus möglich, daß der so kostbare Trinkwasservorrat im Kanister eine Eisschicht trägt. Untersucht man in einem solchen Gebiet den Boden, wobei man sich niederbücken oder -kauern muß, kann man zwischen den Steinen winzige, lebende Pflänzchen entdecken, die fast ganz im Boden verborgen sind. Ein unaufmerksamer oder unerfahrener Beobachter wird sie daher kaum bemerken. Ja, diese Pflänzchen haben sich den unwirtlichsten der unwirtlichen Landstriche zur Heimat erwählt, den jedes andere Wesen, dem das Leben lieb ist, möglichst meidet.

Nur einen Teil der hiesigen Trockenpflanzen kann man als Sukkulenten ansprechen — nur solche, deren Vegetationsorgane (Blätter oder Stengel) schon auf den ersten Blick „fett", d. h. dickfleischig, aussehen. Zerdrückt man sie, stellt man fest, daß es sich hier nicht um Fett, sondern um eine wäßrige Flüssigkeit, um Saft, handelt. Diese Pflanzen speichern also Wasser. Daher also können sie den extremen Bedingungen in der Wüste trotzen, daher können sie an Orten ausharren, an denen der Mensch nur kurze Zeit zu Gast sein kann. Der Vollständigkeit halber muß hinzugefügt werden, daß die Grenzziehung zwischen sukkulenten (lat. *succus* = Saft) und nicht sukkulenten Pflanzen (Mesophyten) recht schwierig ist, da sich die Sukkulenten aus den letzteren erst allmählich entwickelt haben und alle Zwischenstufen zwischen beiden Gruppen vorhanden sind.

# DER MENSCH UND DIE SUKKULENTEN

Wohl schon von alters her hat sich der Mensch die Sukkulenten nutzbar gemacht. Ausgrabungen im mexikanischen Tehuacan haben die Verwendung von Kakteenfrüchten und -samen in Kulturen nachgewiesen, die bereits in viele Jahrhunderte vor Christi Geburt zurückreichen. Es gibt auch historische Zeugnisse aus der Zeit der Conquista des lateinamerikanischen Kontinents für die Benutzung solcher Pflanzen durch die eingeborene Bevölkerung. Daher ist es kein Wunder, daß man in Mexiko auch heute noch auf dem Markt Tuna oder Nopalitos (Früchte und junge Glieder von Opuntien) angeboten bekommt. Ähnlich werden auch in anderen Teilen der Welt Aloe- oder Yuccablüten genutzt. Zum Verzehr dienen vor allem die Samen vieler Sukkulenten. Früchte und Teile der fleischigen Stengel von Kakteen werden vielerorts kandiert, getrocknet oder nach Fermentierung als Gelee oder Marmelade gegessen (Queso de tuna). Allgemein bekannt sind auch die Getränke aus Agaven (Agua miel, Honigwasser); durch Gärung entsteht daraus der alkoholische Pulque, durch Destillation gewinnt man Tequila und Mezcal. Wohl die am meisten verbreitete Verwendung finden Stengel, Blätter, Bast, Stacheln und die festen Fasern bei Bau- und Korbmacherarbeiten. Die Blätter von *Yucca, Nolina* und vielen anderen dienen als Material beim Dachdecken, zum Flechten von Körben, Hüten und Matten, die festen Blätter verschiedener Agaven wurden noch bis vor kurzem zur Herstellung von Sandalen benutzt. Erst heute werden sie von den wohl leichter erhältlichen und stabileren alten Autoreifen abgelöst. Die Rosetten der zähen, bedrohlich bestachelten Blätter von Bromelien und Agaven dienen ähnlich wie die bestachelten Körper säulenwüchsiger Kakteen als Naturzäune — sie sind undurchdringlich und rosten nie. Auch heute gibt es Bemühungen um eine größere wirtschaftliche Nutzung der Sukkulenten. Als Holzlieferanten könnten in der Zukunft verschiedene Wolfsmilcharten Bedeutung erlangen; Opuntien und Agaven sind hoffnungsvolle Kulturpflanzen.

## WARUM AUSGERECHNET SUKKULENTEN

Jetzt lassen wir einmal die Bedeutung der Sukkulenten für die Bewohner der trockenen Gegenden beiseite und fragen, warum eigentlich diese Pflanzen so oft auf den Fensterbänken unserer Wohnräume ihren Platz haben. Dies ist durchaus kein Zufall. Im Vergleich mit anderen Zierpflanzen haben sie nämlich ungewöhnlich vorteilhafte Eigenschaften. Der gespeicherte Wasservorrat ermöglicht ihnen zu überleben, auch wenn über längere Zeit das Gießen vergessen wird oder im ganzen nur gelegentliche, unregelmäßige Wassergaben mit großen Pausen durchgeführt werden. Das würden viele andere Pflanzen nicht oder nur selten überstehen. Vertreter der Gattungen *Gasteria, Haworthia, Agave, Sansivieria* u. a. findet man daher oft bei Menschen, die nicht viel Zeit für ihren Pflanzenschmuck erübrigen können. Sukkulenten sollten daher noch mehr als bisher zur Dekoration (und zwar größere Formen aus den Gattungen *Dracaena, Agave, Aloe, Yucca, Nolina, Cereus, Opuntia* u. a.) im Innern öffentlicher Gebäude genutzt werden, wo sie bei einem Minimum an Pflege ihre Zierfunktion erfüllen können. Neben der Bescheidenheit, Anspruchslosigkeit und Widerstandsfähigkeit besteht der Schmuckeffekt der Sukkulenten in ihren außergewöhnlichen Formen, dem bizarren Wuchs und den erstaunlichen Farbkombinationen.

Man kennt aber auch viele unauffällige bis unansehnliche Sukkulentenarten, deren Zucht recht anspruchsvolle Bedingungen voraussetzt, wie geheizte Gewächshäusser, Sorgfalt, Erfahrung und Fingerspitzengefühl des Züchters. Solche Pflanzen bleiben den spezialisierten Sammlern und Züchtern vorbehalten. Überall auf der Welt existieren Organisationen von Sukkulentenliebhabern, deren Schrifttum sich mit Sukkulentenzucht und ihrer botanischen Klassifizierung befaßt. Es ist nicht so einfach, die Gründe darzulegen, warum sich die Liebhaber auch mit den noch so schwierig zu haltenden und zu vermehrenden Pflanzen abmühen. Aber Sammel- und Züchterleidenschaft haben wohl überall die gleichen Motivierungen.

## WO WACHSEN SUKKULENTEN

Sukkulente Pflanzen findet man auf unserer Erde praktisch von den heißen Tropen bis in die Borealzonen. In den kalten Zonen, wo im Winter strenge Fröste herrschen, gibt es allerdings nur sehr wenige. Dabei könnte nämlich auch das Wasser im Gewebe frieren, die Eiskristalle würden die Zellen zerreißen. Nur einige wenige Arten sind in der Lage, einem frostigen Klima zu trotzen (z. B. *Sedum telephium, S. acre* u. a.). Die meisten Arten findet man in den Tropen und Subtropen.

Wie bereits gesagt, Sukkulenten kann man auch an den allertrockensten Stellen der Erdoberfläche antreffen. In der wirklichen Wüste findet man sie nur ausnahmsweise und auch nur die härtesten Formen, die dazu noch die günstigsten Stellen aufsuchen (Vertiefungen, Felsspalten usw.), wo sich ein bißchen mehr Feuchtigkeit findet. In den ausgesprochenen Wüstengebieten regnet es nämlich nur selten und zufällig. Eine gewisse Wasserversorgung für Pflanzen, die sich im Laufe der Evolution darauf eingestellt haben, stellen zwar Nebel und Tau dar (z. B. in den Küstenwüsten Afrikas, in Chile oder Peru), doch gibt es nicht viele solche Organismen. Die Heimat der Pflanzen, mit denen wir uns hier beschäftigen wollen, ist also nicht in erster Linie die Wüste.

Anders sieht das Leben dort aus, wo es zwar auch heiß und trocken hergeht, aber trotzdem etwas mehr Regen fällt. Hier stellt sich der Regen immer in einer bestimmten Saison ein (sog. Regenzeit). Oft fällt sogar recht viel (von 200—500 mm im Jahr). Allerdings sind diese Nieder-

schläge ungleichmäßig über das Jahr verteilt: Die günstige Regenzeit ist meist nur kurz, die trockene, heiße Trockenzeit dauert hingegen viele Monate. Hier ist die Vegetation reicher, man findet in diesen Gegenden viele Sukkulenten. Aber nicht nur das, hier erreicht ihr Vorkommen sowohl die größte Artenzahl als auch den größten Reichtum der Wuchsformen. Neben hohen, baumartigen Cereen und strauchwüchsigen Opuntien findet man auch büschelförmige Agaven und Bromelien, faßartige Ferokakteen, zierliche Mammillarien, Echeverien, Sedumarten sowie die unter dem Bodenniveau lebenden Miniaturkakteen. Diese Halbwüsten tragen verschiedene Bezeichnungen. In Mexiko werden sie von den Einheimischen unrichtig „desierto" genannt, also Wüste; die Botaniker bezeichnen sie als Xerophytenmatorral, Isotal, in anderen Fällen als Chaparral usw.

Viele Sukkulenten findet man in den sommergrünen Trockenwäldern, wo noch mehr Regen fällt (500—700 mm im Jahr), doch auch hier ist die Verteilung ungleichmäßig. Auch hier gibt es eine Trockenzeit, die aber normalerweise kürzer und weniger hart ist als in der Halbwüste, und eine Regenzeit. In diesen Pflanzengesellschaften findet man auch eine Reihe baumartiger, großer Sukkulenten, sogar auch sukkulente Epiphyten (z. B. Orchideen- und Bromeliengewächse). Im Unterwuchs leben viele für die Kultur geeignete Arten, die Halbschatten, regelmäßigere Wasserzufuhr und ausgeglichenere Temperaturen vertragen.

Ein bestimmter Prozentsatz der Sukkulenten lebt in ziemlich feuchten Gebieten, z. B. in den immergrünen Tropenwäldern, oder in der Nadelstreu unter den Kiefern der Bergwälder in gemäßigten Gegenden, in denen im Winter sogar Schnee liegt. Eine interessante Gruppe sind die salzliebenden oder halophytischen Sukkulenten, die in Salzsümpfen, Lagunen oder an der

Küste zu finden sind. Diese Pflanzen weisen eine eigenartige Anpassung auf; viele Autoren rechnen sie nicht einmal zu den Sukkulenten (z. B. *Salicornia, Sesuvium, Batis* u. a.).

Es hat sich also gezeigt, daß der Begriff Sukkulent oder Kaktus nicht immer mit dem Begriff Wüste verbunden ist. Für die Züchterpraxis könnte man zusammenfassend sagen, daß die meisten Sukkulenten von warmen, sonnigen Stellen auf unserer Erde stammen, wo Niederschlagsmangel herrscht bzw. nur in bestimmten Monaten Regen fällt. Ihre überwiegende Mehrzahl liebt Sonne und Wärme, doch sind sie in der Lage, große Temperaturschwankungen zu verkraften. Andererseits brauchen sie für Wachstum und Entwicklung Wasser wie andere Pflanzen auch. In freier Natur stehen sie oft lange Wochen wortwörtlich unter Wasser oder überstehen die Regenzeit im dichten Nebel (Bergmassive in Mexiko, Peru, Küstenwüsten Chiles, Afrikas). Somit ist auch schon gesagt, daß es große Unterschiede im Hinblick auf die Höhenlagen gibt. Die Gattung *Melocactus* trifft man auf den sandigen Terrassen der Antillenküste wie auch in den peruanischen Gebirgstälern über 2000 m hoch. Die Gattungen *Sedum, Echeveria* und *Graptopetalum* kann man in Mexiko über 3000 m hoch antreffen; einige *Espeletia* und *Senecio* gehen sogar noch in unglaubliche Höhen über 4000 m hinauf.

## DIE BIOLOGISCHE ANPASSUNG DER SUKKULENTEN

Der Wassermangel hat die sukkulenten Pflanzen dazu gebracht, ihre Körperoberfläche zu verkleinern, zu reduzieren, denn der Verlust bzw. die Erhaltung des Wassers in den Gewebeteilen ist in den Trockengebieten eine Frage von Leben und Tod. Aus diesem Grund hat auch ihr Umfang zugenommen, bzw. das Verhältnis von Körperumfang zur -oberfläche. Die Sukkulenten sammeln Wasser und speichern es, um dann gut damit auszuhalten. Im Grunde handelt es sich um drei Hauptorgane, die Wasser speichern, um Stengel, Blätter oder Wurzel. Man spricht aber nur von Stengel- oder Blattsukkulenten; fleischige Wurzelgebilde sind oft eine Begleiterscheinung bei beiden Formen. Man spricht nicht von Wurzelsukkulenten (Knollen- oder Zwie-

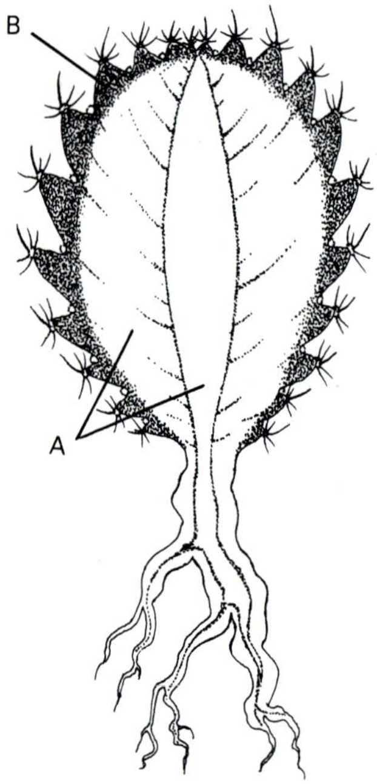


Bei den Stengelsukkulenten (*Mammillaria* spec.) liegt das Wassergewebe (B) (Wasserparenchym) im Stengelinneren, das Chlorophyll sitzt außen unter der Oberfläche (A).

belpflanzen werden nicht zu den Sukkulenten gezählt, falls sie keine weiteren sukkulenten Organe haben). Das Wasser wird in speziellen Zellen gespeichert, im Wasserparenchym oder Wassergewebe, das meist durchsichtig und nicht grün ist. Manchmal sitzt es an der Blattoberfläche *(Tradescantia, Hechtia, Peperomia),* sonst in den tieferen Schichten (*Aloe* u. a.), bei den Stengelsukkulenten im Innern der verdickten Stengel *(Euphorbia, Cactaceae).* Es handelt sich nicht um reines Wasser, sondern um Zellsaft, der in den Zellen eingeschlossen ist und eine Reihe von Stoffen enthält, die bei Verletzung antrocknen und so die Pflanze vor Infektionen schützen. Auch viele Alkaloide sind unter ihnen, derentwegen vor allem die Kakteen der Gattung *Lophophora* als Narkotikum genutzt werden.

In der Größe der sukkulenten Pflanzen gibt es beträchtliche Unterschiede. Bekannt sind baumwüchsige, über 10 m hohe *Agaven, Cereen* und *Euphorbien. Carnegiea gigantea* oder *Pachycereus gigas* usw. können mehrere Tonnen wiegen. Daneben haben andere winzige Ausmaße, ihr Gewicht läßt sich in Gramm ausdrücken, z. B. die miniaturähnlichen *Fritia pulchra* oder *Blossfeldia minima.*

**Blattsukkulenten** findet man in einigen Familien, die entwicklungsmäßig einander recht fern stehen. Dabei tritt eine ganze Reihe von Wuchsformen auf. Am häufigsten sind Strauch- und Staudenform (z. B. *Peperomia, Crassula* u. a.); andere häufige Formen sind Rosetten, sowohl am Boden sitzende als auch an längeren, verästelten Zweigen. Maximale Reduktion von Blattform und -anzahl liegt bei einigen Arten der Familie *Aizoaceae* vor; ihre Blätter erscheinen nur in gegenständigen Paaren (z. B. *Lithops*). Einige Arten bringen nur schwach sukkulente Blätter hervor (z. B. *Aeonium tabulaeformae*). Das gegenteilige Extrem erreichen die kugeligen bzw. eiförmigen Blätter bei den Arten der Familie *Aizoaceae.* Die Blattoberfläche ist sehr unterschiedlich gestaltet; es gibt glatte, kahle Blätter, aber auch stachelige, behaarte, beschuppte, bewarzte usw.

Es ist recht schwierig, eine Grenze zwischen **Blatt**-und **Stengelsukkulenten** zu ziehen, da eine Reihe von Pflanzen in beide Kategorien zugleich eingeordnet werden könnte. So hat z. B. *Sedum oxypetalum* einen kräftigen, fleischigen Stengel; in der feuchten Jahreszeit wachsen aber auch sukkulente Blätter. In den meisten Fällen kann man aber doch von klaren Unterschieden zwischen Stengel- und Blattsukkulenten sprechen. Bei den Stengelsukkulenten hat der Stengel die Assimilationsfunktion übernommen, d. h. er enthält grünes Chlorophyll, das sich bei den übrigen Pflanzen nur in den Blättern befindet. Zu den Stengelsukkulenten gehören viele begehrte Zuchtpflanzen. Einige haben stark gegliederte Stengel, über die alle möglichen Rippen, Warzen oder Höcker verlaufen. Bei anderen ist die Stengeloberfläche glatt und sie haben streng geometrische Formen: Ei-, Keulen- oder Kugelform. Eine interessante Gruppe stellen solche Arten dar, deren Verbreitung aus ungünstigen zurück in günstige Bedingungen erfolgte, z. B. in feuchte Wälder: ihre ursprünglich reduzierten Organe werden wieder länger oder breiter und verlieren die charakteristischen Eigenschaften der Sukkulenz, so daß ihre Form wieder den längst verlorenen Blättern ähnelt (z. B. die Kakteenepiphyten *Wittia, Nopalxochia, Disocactus* u. a.).

Ein interessantes Phänomen stellt sich beim Vergleich einiger Pflanzen verschiedener Familien aus verschiedenen Kontinenten dar: Z. B. bringen *Astrophytum asterias* aus Mexiko *(Cacataceae)* und *Euphorbia obesa* aus Afrika *(Euphorbiaceae)* fast identische kugelige Stengel hervor. *Senecio stapeliiformis, Stapelia hirsuta, Euphorbia heterochroma, Cereus foetidus* und *Cissus quadrangularis* bilden gerippte Stengel, die sich auf den ersten Blick kaum voneinander unterscheiden lassen, obschon sie überhaupt nicht miteinander verwandt sind und von verschiedenen Stellen in Afrika und Amerika stammen. Von diesen Erscheinungen gibt es eine ganze Reihe; sie werden als Konvergenz bezeichnet und liefern den Beweis, daß die Umgebung weitgehend die Form sowie weitere Eigenschaften eines Organismus beeinflußt. Die Existenz unter ähnlichen Bedingungen hat Pflanzen aus verschiedenen Kontinenten dazu veranlaßt, die gleichen Formen und Funktionen auszubilden.

Ein Großteil der sukkulenten Pflanzen aus verschiedenen Familien bringt **dornig-stachelige Gebilde** hervor. (Kakteen haben keine **Stacheln,** sondern, streng genommen, ihrer Bildung nach **Dornen.**) Diese haben jeweils unterschiedlichen Ursprung; bei den *Cactaceae* entstanden sie

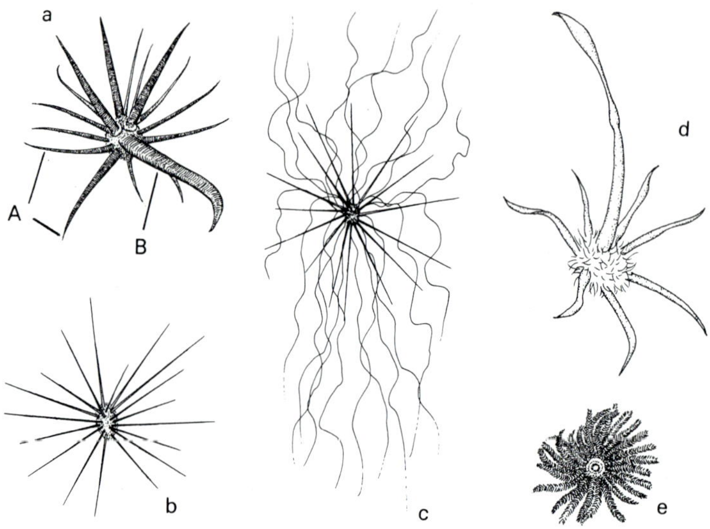


Viele Sukkulenten sind mit verschieden gestalteten Stacheltypen ausgestattet: stark hakige bei *Ferocactus* – a; fein borstige bei *Rebutia* – b; herabhängen haarige bei *Espostoa* – c; korkige bei *Pediocactus* – d; e – gefiedert (A – Randstacheln, B – Mittelstacheln).

durch Umbildung der Blätter an den Seitentrieben, bei den *Didiereaceae* handelt es sich wie bei den *Apocynaceae* um umgebildete Scheinblättchen, bei den *Fouquieraceae* sind es Überreste von Blattstielteilen nach dem Abfallen der Blätter. Einen sehr verschiedenartigen Ursprung haben auch die Stacheln bei den *Euphorbia*-Arten, wo in einer einzigen Gattung die Stacheln aus ganz verschiedenen ursprünglichen Organen entstehen. Am charakteristischsten und auch am vielgestaltigsten in Form und Funktion sind die Stacheln bei den Kakteen. Man kennt pfriem-, nadel-, haken-, borsten-, haarförmige Stacheln, die evtl. fiedrige Auswüchse tragen usw. Auch sitzen sie in ganz unterschiedlichen Anordnungen. Oft stehen sie ab oder sind im Gegenteil angedrückt, liegen dicht aneinander an usw. Stark stechende Stacheln dienen zur Abwehr von pflanzenfressenden Tieren, helle, dichte Bestachelung soll die Pflanze vor der Sonne schützen, schließlich können einige Kakteen vermittels ihrer Stacheln sogar Wasser und Nährstoffe aufnehmen.

Verschiedene Sukkulenten haben sich vor der glühenden Sonne, Hitze und Dürre **unter die Erde** geflüchtet. Die kleinen Arten der Gattungen *Neochilenia, Turbinicarpus, Fenestraria* und *Lithops* leben dauernd in den Boden eingegraben und nur ihre Blatt- bzw. Stengeloberseiten liegen auf dem Niveau der Bodenoberfläche und sind dem Licht ausgesetzt. Daneben gibt es Arten, die sich nur in der Trockenzeit unter die Erdoberfläche flüchten. Der Wassermangel läßt ihre Organe eintrocknen. Eine gewisse Rolle spielen hier auch die sich zusammenziehenden (kontraktilen) Wurzeln. Durch deren Eintrocknen und Zusammenziehen werden die Pflänzchen in den Erdboden gezogen, dadurch wird die der Sonnenglut ausgesetzte Fläche verringert, die Pflanze ist so vor der Dürre und einem etwaigen Feuer besser geschützt.

Den sog. **Jalousie-Effekt** kann man bei allen möglichen Oberflächengebilden der Sukkulenten beobachten, bei Stacheln, Schuppen, Warzen. In der feuchten Jahreszeit sind Blätter und Stengel vollgesogen und treten nicht nur aus dem Erdboden. Die Blätter der Rosetten und die dicht zusammengedrängten Büschel öffnen sich, Warzen und Stacheln stehen weit ab und lassen wie eine geöffnete Jalousie Licht und Luft auf die Haut durch. Das fördert die intensive Vegetation, so wird die kurze Zeitspanne mit günstigen Lebensbedingungen maximal genutzt. In den trockenen Monaten welken die Pflanzen, verlieren an Umfang, der Zelldruck im Gewebe sinkt und die „Jalousie" schließt sich, um die Pflanze vor den Unbilden der Witterung zu schützen.

Die **Oberflächenschrumpfung** ist bei den Sukkulenten von einer Verringerung der Stomatazahl in der Haut begleitet. Es gibt dann also nur wenige Öffnungen, durch die Wasser aus der Pflanze entweichen könnte. Überdies öffnen sich die Stomata meist nur in den kühleren und feuchteren Nachtstunden. Oft ist die Haut durch eine kräftige Schicht (sog. *Hypodermis*) aus mächtigen, festen Zellen dicht unter der Oberfläche verstärkt. Die Außenhaut *(Epidermis)* ist von einer Schicht aus abgeschiedenem Wachsmaterial *(Cuticula)* bedeckt; nicht selten findet man auch eine Bereifung aus interessant gefärbten Wachskristallen auf der Cuticula. Es gibt viele blau, grau oder weiß bereifte Sukkulenten. Bei anderen Arten ist die Oberfläche der Organe mit allen möglichen Auswüchsen bestanden, wie Borsten, Haaren u. ä.

Die **Wurzeln** halten in erster Linie die Sukkulenten auf ihrer Unterlage fest — im Erdreich, auf Felsen, bei den Epiphyten auch auf anderen Pflanzen. Ihre zweite Hauptfunktion ist die Gewinnung von Mineralstoffen und Wasser aus dem Boden. Bei einigen Arten kommt noch eine weitere Funktion hinzu, die Speicherung von Wasser und Vorratsstoffen. Solche Pflanzen bilden meist große rüben- oder knollenartige Wurzeln aus. Das Wurzelsystem ist oft ziemlich ausgedehnt und kann mehrere Meter lang werden. Sehr oft ist die oberste Bodenschicht dicht von Wurzeln durchwuchert.

Vieles Interessante kann man bei der **Blütenspezialisierung** finden. Ganz unscheinbare Mimikry-Pflanzen produzieren große Blüten in leuchtenden Farben. Umgekehrt haben viele Sukkulenten Größe und Anzahl der weniger wichtigen Blütenteile reduziert, z. B. die Kronblätter *(Euphorbia)*, und kompensieren dies durch die Ausscheidung großer Nektarmengen, um so Insekten anzulocken. Auf die Blüten von Agaven muß man oft ganze Jahrzehnte warten, bis auf einmal die Pflanzen alle Kraft in die Ausbildung von vielen hundert Blüten und Tausenden von Samen setzen, um anschließend einzugehen. Bei der Familie *Asclepiadaceae* haben die xerophytischen und sukkulenten Arten hochspezialisierte Blüten entwickelt; ähnlich verhält es sich bei den Bromelien-, Orchideen- und einigen Kakteengewächsen, deren Bestäubung nur von einem ganz bestimmten Insekt durchgeführt werden kann. Es gibt auch Sukkulenten, aus deren Blüten Früchte sogar ohne die Öffnung der Krone entstehen (sog. *Kleistogamie*).

Die **Früchte und Samen** sind sehr vielgestaltig. Bei vielen Pflanzen sorgt der Wind für die Verbreitung der Samen — daher haben sie einen Flugapparat. Haare, häutige Auswüchse oder die ganzen Samen sind sehr leicht und platt. Eine andere große Gruppe ist bei der Samenverbreitung auf Wasser in Form von Regengüssen oder Überschwemmungen angewiesen. Ihre Samen sind etwas größer und schwimmfähig. Bestimmte Arten müssen sich von Tieren helfen lassen, insbesondere von Vögeln, die ihre saftigen Früchte fressen und die Samen in ihrem Verdauungstrakt mitnehmen (z. B. *Opuntia, Mammillaria, Cereus, Cissus,* verschiedene *Aloe, Bursera* u. a.). Feine Samen bleiben am Gefieder oder an den Füßen der Vögel haften (*Rhipsalis*-

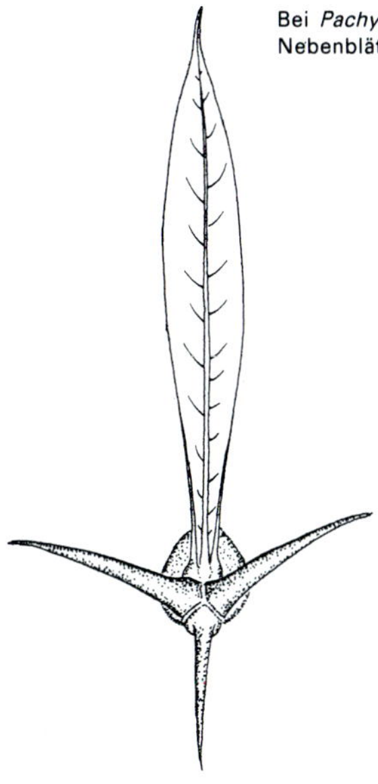

Bei *Pachypodium* entstanden die Stacheln als Teile der Blätter (umgebildete Nebenblätter). Nach Abfallen der Blätter bleiben sie am Stengel zurück.

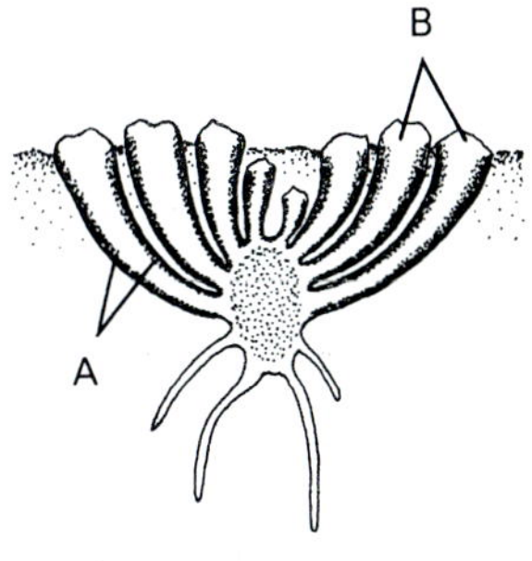


Ein Teil der Sukkulenten lebt unterirdisch, die Sonnenstrahlen dringen durch transparente Fenster (B) ins Blattinnere, wo das Chlorophyll sitzt (A).

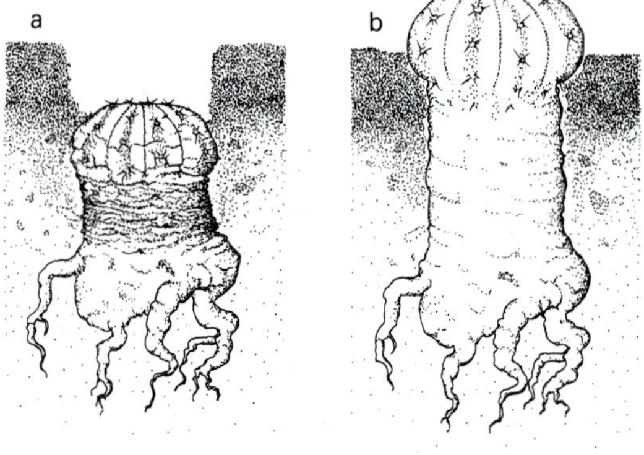


Eine ganze Reihe von Kakteen, z. B. *Echinocereus pulchellus,* verbirgt sich nur in der Trockenzeit in der Erde (a), während in der günstigen Jahreszeit der grüne Scheitel über die Erdoberfläche hinausgeschoben wird (b).

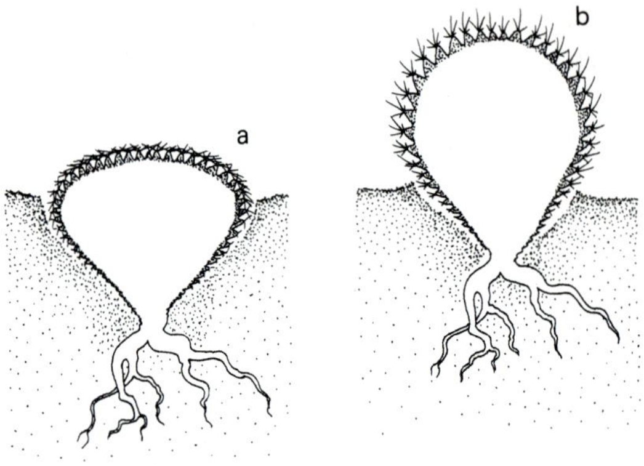


Die Bestachelung funktioniert oft als Jalousie (z. B. bei den Mammillarien). In der Trockenzeit (a) sind die Warzen geschlossen und die Stacheln liegen dicht aneinander; nach der Flüssigkeitsaufnahme (b) öffnen sie sich und lassen die Sonne auf die Haut durch.

Epiphyten u. a.). Die Früchte der Euphorbien springen bei der Reife auseinander und schleudern ihre Samen viele Meter weit fort.

Das Studium des Sukkulenten-Wasserhaushalts hat eine Reihe physiologischer Anpassungsphänomene aufgedeckt. Das wichtigste war die Entdeckung des sog. Crassulean Acids Metabolism (CAM), der sich bei der überwiegenden Mehrzahl aller sukkulenten Pflanzen nachweisen ließ. Es ist ein großer Vorteil für die Pflanzen, daß sie so auch bei geschlossenen Stomata Photosynthese betreiben können. Sie können Kohlendioxid binden und es nachts, wenn es etwas kühler und feuchter ist und sie ihre Stomata öffnen können, als Vorrat aufspeichern. Viele Sukkulenten enthalten giftige oder widerlich schmeckende Alkaloide, Latexe und Kleber, die sie vor Schädlingen und Parasiten schützen. Die Samen vieler Wüstensukkulenten keimen nur in einer bestimmten Jahreszeit, welche dem Beginn der günstigen Periode in ihrer Heimat entspricht.

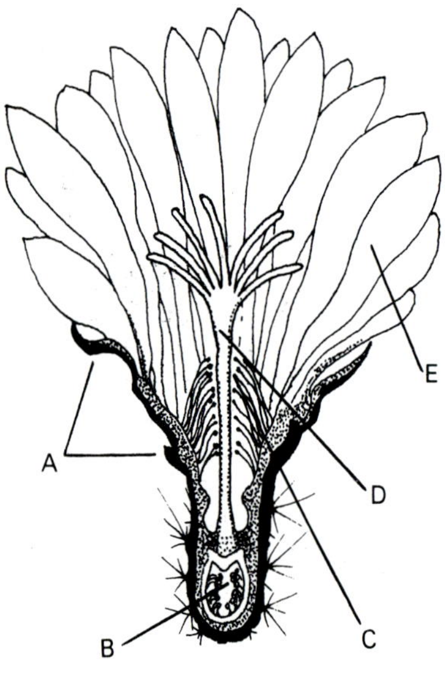


Blütenbau bei *Notocactus:* A — äußere Blütenhülle; B — Fruchtknoten: C — Staubbeutel; D — Blütennarbe: E — innere Blütenhülle.

# DIE BOTANISCHE KLASSIFIZIERUNG UND NAMEN DER SUKKULENTEN

Ähnlich wie die übrigen Pflanzen sind auch die Sukkulenten Studiengegenstand für Taxonomie und Nomenklatur, wobei sie bestimmten Regeln und Gesetzen unterworfen sind, die man auf jeden Fall respektieren muß, da sie die einzige Verständigungsmöglichkeit für Fachleute, Sammler oder Amateurzüchter darstellen.

Der grundlegende Begriff in der Pflanzenklassifizierung ist die Art *(Species).* Das ist die Gesamtheit aller ähnlicher und verwandter Exemplare, die in der Natur ein bestimmtes geographisches Areal bewohnen, eine übereinstimmende Nachkommenschaft hervorbringen und sich nicht mit einer anderen Art kreuzen. Innerhalb der Art werden untergeordnete Kategorien unterschieden: z. B. die Unterart *(Subspecies),* darunter noch die Varietät *(Varietas).* Den Begriff *Subspecies* verwendet man, um die Besonderheit bestimmter natürlicher Population auszudrükken, die im Laufe der weiteren Entwicklung (Evolution) wahrscheinlich zur Entstehung neuer, selbständiger Arten führt. In der Praxis wird die Abkürzung ssp. vor dem Namen gebraucht (z. B. *Sempervivum montanum* ssp. *carpaticum*). Wesentlich häufiger spricht man in der Taxonomie von Varietäten. Damit werden weniger wesentliche morphologische Unterschiede zwischen verschiedenen Populationen einer Art bezeichnet, die aber erblich sein müssen. In der Terminologie wird die Abkürzung var. vor dem Namen benutzt (z. B. *Thelocactus bicolor* var. *bicolor*). Erscheinen unterschiedliche Merkmale nur bei einzelnen Exemplaren innerhalb einer Population (an einem Standort), die dazu nicht erblich konstant sein müssen, bezeichnet man diese Pflanzen als Formen. Sie werden durch die Abkürzung f. vor dem Namen angegeben (z. B. *Gymnocalycium mihanowichii* f. *rubra*). Die der Art nächsthöhere Kategorie ist die Gattung *(Genus).* Sie umfaßt verschiedene Arten, die einander entwicklungsmäßig nahestehen und verschiedene gemeinsame Merkmale aufweisen (z. B. Bau der Blüten, Früchte, Samen usw). Oft werden im Rahmen einer Gattung einander stark ähnliche und eng verwandte, jedoch selbständige Arten zur Untergattung zusammengefaßt *(Subgenus).* Sie wird durch die Abkürzung *sg.* bezeichnet bzw. in Klammern zwischen dem Namen der Gattung und der Artenbenennung angeführt (z. B. *Mammillaria (Dolichothele) longimamma* usw.). Die Untergattung teilt sich weiter in Serien, Reihen, Verwandtenkreise usw. Diese Kategorien haben zwar ihre lateinischen Bezeichnungen, doch werden sie nicht gängig bei der Benennung von Pflanzen verwendet. Man kann auch weniger konkrete Begriffe finden wie etwa Artenkomplex, die durch die eng verwandten Arten in Gruppen zusammengefaßt werden, ohne diese Komplexe näher zu charakterisieren.

Die Pflanzennamen bestehen grundsätzlich aus zwei Bezeichnungen, z. B. *Thelocactus bicolor.* Die erste bezeichnet die Gattung, die zweite ist das Arten-Epitheton. Unterscheidet man bei einer Art mehrere Varietäten, folgen ihre Namen auf die Abkürzung *var.,* z. B. *Thelocactus bicolor* var. *tricolor.* Hinter dem Pflanzennamen wird vielfach (doch ist das keine unumstößliche Regel) der Name des Autors bzw. dessen Abkürzung aufgeführt, von dem die Erstbeschreibung stammt. In Fällen, in denen es zur Umordnung (Umkombinierung) der Pflanze in eine andere Gattung kam bzw. spätere Autoren ihr Statut geändert haben (wenn eine Art als Varietät einer schon früher bekannten Art eingestuft wird), wird der Name des ursprünglichen Autors in Klammern gesetzt und der Autor der verwendeten Kombination am Schluß genannt. So wurde z. B. der ursprüngliche *Cereus thurberi* Engelm. später anderen Gattungen zugeordnet, daher existieren weitere Benennungen dieser Art: *Pilocereus thurberi* (Engelm.) Rümpel., aber auch *Lemaireocereus thurberi* (Engelm.) Britt. et Rose oder *Stenocereus thurberi* (Engelm.) Buxb.. Daraus geht auch hervor, daß eine einzige Art unter mehreren Namen bekannt sein kann, diese gelten als Synonyme. Man kann aber auch nur den Namen der Gattung antreffen, z. B. *Cereus* spec., dadurch bezeichnet der Autor eine bisher noch nicht bestimmte oder der Wissenschaft noch unbekannte Art. Auch können so mehrere Arten gemeint sein, dann wird die Abkürzung für den Plural von Species gesetzt, *spp.* (nicht zu verwechseln mit *ssp.*!)

Außer den in der Natur bekannten Pflanzen (sog. botanische Arten) unterscheidet man noch Taxone, die durch Auswahl oder Hybridisierung unter menschlicher Mitwirkung entstanden. Sie heißen Kultivare und erhalten ihren Namen von Personen oder den Eigenschaften, deretwegen sie veredelt wurden. Hier wird die Abkürzung *cv.* hinter dem Gattungsnamen oder ein einfaches Anführungszeichen gesetzt, z. B. *Crassula* 'Morgans beauty'.

Die systematische Ordnung der Arten und Gattungen zu einem botanischen Schema ist keine einfache und bei weitem noch nicht abgeschlossene Angelegenheit. Daher findet man bei verschiedenen Autoren auch verschiedene Vorstellungen. Einige arbeiten nach der sog. Lumping-Methode, d. h. sie verwenden eine geringere Anzahl inhaltsreicher (breiterer) Taxone, andere sind Anhänger der sog. Splitting-Methode, d. h. sie nehmen auch geringfügige Unterschiede zum Vorwand, neue Taxone zu bilden. So kommen oft riesige Unterschiede zustande. Zu Beginn der 60er Jahre hat C. Backeberg in seiner Monographie der Familie *Cactaceae* insgesamt 220 Gattungen mit 2700 Arten angeführt. In den 70er Jahren hat D. R. Hunt nur 120 Gattungen und 2100 Arten anerkannt. Gleichzeitig hat W. Barthlott festgestellt, daß im Laufe der Geschichte rund 14 000 Kakteenarten beschrieben worden sind! Alljährlich erscheinen in der Fachliteratur einige -zig Beschreibungen von neuen Arten, von denen viele von den Lumping-Anhängern nicht anerkannt werden. Die Sukkulenten (doch gilt das auch für die übrigen Pflanzen) sind nämlich unglaublich veränderungsfähig; sie reagieren sehr empfindlich auf jede Veränderung der Lebensbedingungen, daher können sie je nachdem ein anderes Aussehen erlangen (z. B. in der freien Natur der Heimat oder in der Kultur). Die Taxonomie ist und bleibt auch in Zukunft bis zu einem gewissen Grad von der subjektiven Einschätzung der Fachleute abhängig; die Sammler und Züchter müssen sich damit abfinden, daß sie in verschiedenen Büchern ihre Lieblinge unter jeweils anderen Namen antreffen und auch unterschiedlichen Systemen und phylogenetischen Deutungen begegnen.

# DIE SUKKULENTENZUCHT

Bei der Sukkulentenzucht in den Bedingungen von Mitteleuropa und Amerika muß man in Betracht ziehen, daß hier fast die Hälfte des Jahres für das Wachstum dieser Pflanzen ungünstig ist. Der Mangel an Sonne und Wärme zwingt also dazu, die Sukkulenten den Winter über in Ruhe zu halten. In dieser Zeit brauchen sie nur minimale Aufmerksamkeit. Meist genügt es, sie bei einer Temperatur von rund 10 °C unterzubringen, nach Möglichkeit am Licht, begießen braucht man sie viele Monate nicht. Vor allem einige Blattsukkulenten sind anspruchsvoller und empfindlicher, vertragen keine Aufstellung im Dunkeln, brauchen sparsame, vorsichtige Wassergabe, gleichzeitig auch eine höhere Temperatur. Für die überwiegende Mehrzahl der Sukkulenten liegt die Wachstumsperiode in Frühjahr, Sommer und Frühherbst. Viele südafrikanische Arten beginnen aber erst mit Sommerausgang zu vegetieren. Dafür tendieren sie dazu, im Herbst und Winter weiterzuwachsen. Dadurch wird die Kultur etwas komplizierter, da man die Pflanzen in einer Zeit mit wenig Sonne gießen muß.

## Unterbringung

Äußerst wichtig für die Existenz der Sukkulenten ist ihre Aufstellung an einem möglichst hellen Ort, der wenigstens einen Teil des Tages direkt von der Sonne beschienen wird. In der Wohnung bedeutet das in der Nähe des Fensters, am besten direkt auf der Fensterbank. Nur wenige Arten kann man in größerer Entfernung vom Fenster halten, z. B. *Hoya, Sansevieria, Yucca,* aber auch sie bevorzugen Sonnenstrahlen. In dunklen oder nach Norden gelegenen Wohnungen sollte man daher lieber andere Pflanzen als Sukkulenten züchten. Größere Agaven, Yuccas, Nolinas, Opuntien, Cereen, die als Dekorationen in Treppenaufgängen, größeren Hallen usw. dienen, sollte man wenigstens eine gewisse Zeit im Sommer ins Freie bringen, um die bei Sonnenmangel aufgeschossenen schwächlicheren Triebe gesunden zu lassen. Die Mehrzahl der Sukkulenten gedeiht im Glashaus am besten. Dort kann man den Pflanzen mehr Licht, Wärme und Luftfeuchtigkeit zukommen lassen, außerdem kann man so diese Faktoren am besten regulieren. Überdies kann man in einem ausgestatteten Treibhaus die Pflanzen überwintern lassen; kurz, die Treibhauskultur ist in unseren Bedingungen optimal. Das Sukkulententreibhaus sollte an einer sonnigen, windgeschützten Stelle stehen; bei seiner Anlage sollte man weitgehend die Gegebenheiten des Geländes nutzen. Am einfachsten ist es, eine Spezialfirma mit der Herstellung zu beauftragen, doch gibt es in allen möglichen Fachzeitschriften genügend Anleitungen zur Herstellung einer eigenen Konstruktion, dadurch kann man die konkreten Möglichkeiten am vorteilhaftesten nutzen. Auf jeden Fall sollte die Anlage heizbar sein, entweder durch einen Anschluß an die Zentralheizung oder eine selbständige Gas-, Öl- oder Strombeheizung. So kann man Schäden vorbeugen, die durch jähen Wetterumschwung drohen. Wirtschaftlich ist die Anbringung der Heizung unter den Pflanzentischen bzw. -beeten, so wird ein Maximum der Energie zur Erwärmung der Pflanzen und nicht zum Heizen des Dachs genutzt. Wichtig ist auch eine gute Lüftung. An sonnigen Tagen kann es zur Überhitzung des Glashauses und zu Verbrennungen der Pflanzen kommen. Dieser Gefahr kann man durch einen Ventilator begegnen, der für Luftzirkulation im Raum sorgt.

## Temperatur

Die meisten Sukkulenten brauchen für ein optimales Wachstum eine etwas höhere Temperatur; sie vertragen ohne Schaden zu nehmen auch hohe Temperaturen über 40 °C. Während der Vegetationszeit sollte man bestrebt sein, die Temperatur zwischen 25–35° zu halten. Vor allem die tropischen Arten lieben Wärme. Es gilt die Regel, daß die Pflanzen aus höheren Berglagen und aus weiter vom Äquator entfernten Gegenden eher die Untergrenze des Tempe-

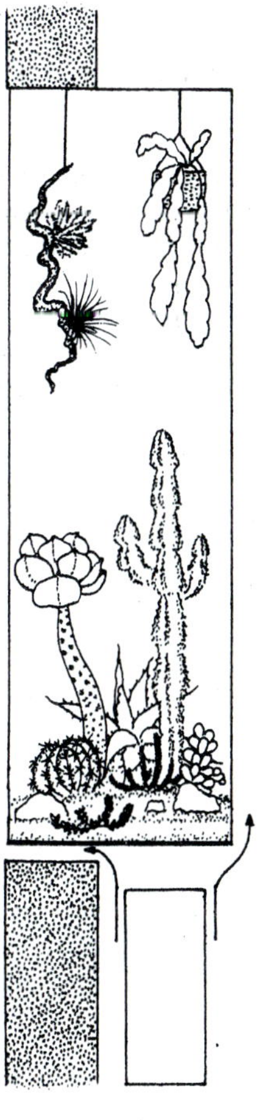

In der Wohnung ist das Doppelfenster der beste Ort für Sukkulenten.

raturoptimums bevorzugen. In der letzten Zeit hat sich herausgestellt, daß Arten, die auf ein Leben in den härtesten Wüstenbedingungen spezialisiert sind, für ihr Gedeihen Temperaturschwankungen brauchen bzw. am besten wachsen, wenn die Sonnenglut des Tages von kühlen Nachttemperaturen abgelöst wird. Das gilt auch für verschiedene Gebirgssukkulenten (z. B. *Tephrocactus, Lobivia* u. a.). Dabei muß man sich vor Augen führen, daß die Temperatur nur einer der Faktoren ist, die alle zusammen auf die Pflanzen einwirken, zu ihnen in bestimmten Beziehungen stehen und respektiert werden wollen. Hohe Temperaturen, begleitet von hoher Luftfeuchtigkeit, führen zum Ausschlagen und Wachsen, ebenso hohe Temperaturen und Schatten, während hohe Temperaturen, Trockenheit und Sonnenglut das Wachstum anhalten.

## Licht

Im Leben der Pflanzen ist das Licht der Urheber der meisten Vorgänge — es ist Energiespender, beeinflußt die Form der Organe, die Periodizität des Lebens. Bei unzureichender Beleuchtung verlangsamt sich das Wachstum, die Pflanzen werden deformiert, kümmern, blühen wenig, ändern ihre typische Färbung, werden anfälliger für Krankheiten usw. Eine ganze Reihe von Sukkulenten ist aus der Natur an ein Übermaß an Licht gewöhnt, daher haben sie sich in unseren geographischen Breiten bereits etwas verändert (z. B. Stacheln und Haare schwächer und schütterer, Stengel länger usw.). Gefährlich sind Schwankungen der Lichtintensität — die pralle Frühlingssonne kann Pflanzen, die den Winter über entwöhnt wurden, leicht verbrennen. Zu Beginn der Vegetationszeit muß man die Pflanzen allmählich wieder an Sonne gewöhnen und ihnen Schatten spenden, entweder, indem man das Glas färbt oder die Pflanzen mit Papier abdeckt.

## Wasser

Bis auf einige Ausnahmen nehmen die Sukkulenten das Wasser durch die Wurzeln auf. Das Begießen ermöglicht auch die Zufuhr von Nährstoffen in Form von gelösten Verbindungen. Diese Funktion können aber nur gesunde Wurzeln versehen. Das Gießwasser soll weich sein, am besten ist Regenwasser, es soll wärmer als die jeweilige Lufttemperatur sein. Hartes Wasser macht man durch Zugabe von geringen Säuremengen weich, z. B. von Essig-, Phosphor-, Zitronen- oder Salpetersäure, seine pH-Reaktion muß man anfangs mit einem Indikationspapier kontrollieren (nach einiger Zeit hält man sich an Erfahrungswerte), damit sie nicht unter pH 4,0 sinkt.

Viele Arten aus trockenen Gebieten sind empfindlich gegenüber Wasserüberschuß im Boden, vor allem bei sinkenden Temperaturen und bei längerem Anhalten dieses Zustands. Demgegenüber reagieren sie positiv auf unregelmäßige Wassergabe. Daher soll man Zeiten mit intensivem Gießen mit mehrtägigem Austrocknen der ganzen Bodenmasse abwechseln lassen. Wasserüberschuß im Boden und Kühle bringen die Tätigkeit der Wurzeln zum Erliegen. Dabei fördern sie die Entwicklung von Schimmel und Bakterien, was zum Faulen der Wurzeln und schließlich zum Verlust der ganzen Pflanze führen kann. Richtige Wasserdosierung zum richtigen Zeitpunkt ist also bei der Sukkulentenzucht mit am wichtigsten. Den Wasserbedarf der verschiedenen Arten kann man bis zu einem gewissen Grad am Aussehen des Wurzelsystems ablesen — Arten mit rüben- oder knollenförmigen Wurzeln sind meist etwas trockenheitsliebender. Eine feste Regel, wann und wieviel gegossen werden soll, gibt es nicht. Mit der Zeit kann man lernen, den richtigen Moment abzuschätzen. Dazu muß man seine Pflanze aber sorgfältig beobachten und Lehren aus etwaigen Mißerfolgen ziehen.

## Boden

Bei der Kultivierung verwendet man am besten möglichst durchlässige Substrate, die leicht Wasser aufnehmen, gleichzeitig aber auch rasch wieder austrocknen. Vor allem die empfindlicheren Pflanzen erfodern eine Mischung mit einem höheren Anteil an Sand, feinem Kies, Steinen, künstlichen Keramik- oder Plastik-Strukturen. Es empfiehlt sich, wenigstens 30 % der Substratmischung aus diesem Material zu bestreiten; ein noch höherer Anteil kann nicht schaden. Die empfindlichen Wurzeln von *Ariocarpus, Astrophytum* u. a. vertragen kein Vorhandensein von verwesenden organischen Stoffen (Humus), daher fügt man der Mischung nur Lößmineral zu. Die meisten übrigen Pflanzen wachsen aber besser, wenn man das Substrat mit abgelagerter Komposterde anreichert, gegf. kann man auch Torf verwenden. Günstig auf die Kultur wirkt sich die Verwendung von einheitlichen oder künstlichen Substraten aus, z. B. Torf-Sandmischung, Torf mit Styroporkrümeln, Substrate aus Kies, Keramikmaterial, Bims usw. Dieses Material enthält aber keine Nährstoffe, daher muß man das Gießwasser entsprechend anreichern (Flüssigdüngung). Sowohl natürliche als auch künstliche Substrate werden im Laufe der Zeit vom Mineralsalzüberschuß gesättigt, wodurch sich auch der pH-Wert ändert. Früher oder später, meist nach 2—4 Jahren, muß man die Pflanzen auf jeden Fall umsetzen. Auch die lebende Komponente des Substrats darf man nicht außer acht lassen. Bakterien, Pilze, Einzeller und auch höhere Lebewesen helfen den Pflanzen nicht nur bei der Nährstoffaufnahme, sie können ihnen auch beträchtlichen Schaden zufügen. Daher sollte man vor allem für empfindliche Arten das Substrat vor dem Umpflanzen durch Erwärmen oder ein Bodenfungizid desinfizieren.

## Umpflanzen

Der geeignete Zeitpunkt ist der Beginn der Vegetationssaison, d. h. in den meisten Fällen der Frühling. Falls Gründe dafür sprechen, kann man sie auch zu einem anderen Termin umpflanzen, nach Möglichkeit aber nicht in den Wintermonaten, dann könnte eine Verletzung der Wurzeln zum Eingehen der Pflanze führen. Beim Umpflanzen wird das gesamte Substrat erneuert. Aus dem Wurzelballen wird die Erde durch vorsichtiges Ausklopfen entfernt; die Wurzeln werden auf $^1/_3$ ihrer Länge verkürzt. Empfindliche Arten kann man vor dem Einpflanzen ein paar Tage ohne Substrat lassen, damit alle Verletzungen an der Luft völlig antrocknen. Das Gefäß mit den ausgebreiteten Wurzeln füllt man am besten mit völlig trockenem Substrat, das auch einige Zeit nach dem Pflanzen nicht begossen wird. Größere Exemplare muß man befestigen; um den Wurzelhals legt man Kiesel, Splitt usw., so wird die Pflanze gegen Umkippen gesichert. Umgepflanzte Exemplare bringt man an eine warme, schattige Stelle, an der ein für die Vegetation günstiges „Klima" herrscht (höhere Luftfeuchtigkeit), doch gießt man vorerst noch nicht. Nach einigen Tagen kann man dann ganz vorsichtig mit dem Gießen beginnen. Die Pflanze darf nur so viel Wasser bekommen, daß das Wurzelsystem nicht völlig eintrocknet. Erst wenn sich Anzeichen für neues Wachstum melden, also wenn die ersten Knospen sprießen und die Spitzen frische grüne Farbe zeigen, darf etwas mehr gegossen werden.

Einige Sukkulenten kann man den ganzen Sommer über im Freibeet halten. Anfang Oktober muß man sie wieder in einen frostfreien Raum bringen. Es genügt, die ausgegrabenen Pflanzen dicht nebeneinander in Kästen zu setzen und nur die Wurzeln mit trockenem Torf bzw. Torfsand zu bedecken. Den ganzen Winter über werden sie nicht begossen, vor allem größere Exemplare dürften die kalte Jahreszeit „auf dem Trockenen" besser überstehen.

## Nährstoffe — Düngung

Sind Licht, Wärme und Feuchtigkeit optimal, hängen das Tempo des Wuchses, die Färbung der Blätter, Länge und Stärke der Stacheln sowie die Blütengröße davon ab, ob die Pflanze hinreichend mit Nährstoffen versorgt ist. Durch eine richtige Düngung kann man auch das Umpflanzen hinausschieben. Züchtet man Sukkulenten in einem künstlichen Substrat, muß man ständig Nährstoffe zuführen. Man düngt aber nur, wenn die Bedingungen für das Wachstum günstig sind, also im Frühjahr und Sommer und nur mit einem Dünger, bei dem das Verhältnis von Stickstoff, Phosphor und Kali ausgeglichen ist. Im Handel ist eine ganze Reihe geeigneter Präparate erhältlich.

# Vermehrung

Im wesentlichen lassen sich die Sukkulenten genau wie andere Pflanzen vermehren, d. h. es gibt zwei Möglichkeiten: die generative Vermehrung durch Samen und die vegetative Vermehrung durch Stecklinge, Kindel, Ableger, Pfropfung usw.

Beide Methoden haben ihre Vor- und Nachteile. Durch Aussaat gewinnt man genetisch unterschiedliche Individuen, die sich im Rahmen der natürlichen Variabilität voneinander unterscheiden können. Man kann daraus die attraktivsten oder widerstandsfähigsten Exemplare aussuchen. Durch vegetative Vermehrung hingegen erhält man eine Nachkommenschaft, die mit der Mutterpflanze vollkommen identisch ist. Von den vegetativ vermehrten Pflanzen kann man bei gegenseitiger Bestäubung aber nur dann Samen gewinnen, wenn es sich um selbstbestäubende (autogame, autofertile) Arten handelt. Unentbehrlich ist die vegetative Methode bei der Vermehrung von verschiedenen Abweichungen wie Farbmutationen, Cristat- oder Monsterexemplaren sowie bei der Vermehrung verschiedener Kultivare.

Die Vermehrung aus Samen ist eins der interessantesten und lehrreichsten Kapitel bei der ganzen Sukkulentenzucht. Die erste Voraussetzung ist die Gewinnung von Samen. Es gibt Firmen, die sich auf den Handel mit Sukkulentensamen spezialisiert haben. Viele Arten kann man auch bei den Züchtervereinigungen erhalten, doch kann man natürlich auch von den eigenen Pflanzen Samen gewinnen. Dazu muß man in der Blütezeit Pollen mit einem Pinselchen von den Staubgefäßen einer Pflanze auf die Narbe eines anderen Exemplares der gleichen Art bringen. Nur einige Arten sind autogam, d. h. die Bestäubung kann auf einer Blüte durchgeführt werden. Die meisten Sukkulenten sind Fremdbestäuber (allogam, autosteril), daher braucht man mindestens zwei gleichzeitig blühende Exemplare. Die Samen vieler Arten keimen unmittelbar nach der Ernte am besten, doch ist in der Praxis die beste Jahreszeit für die Aussaat im Frühling,

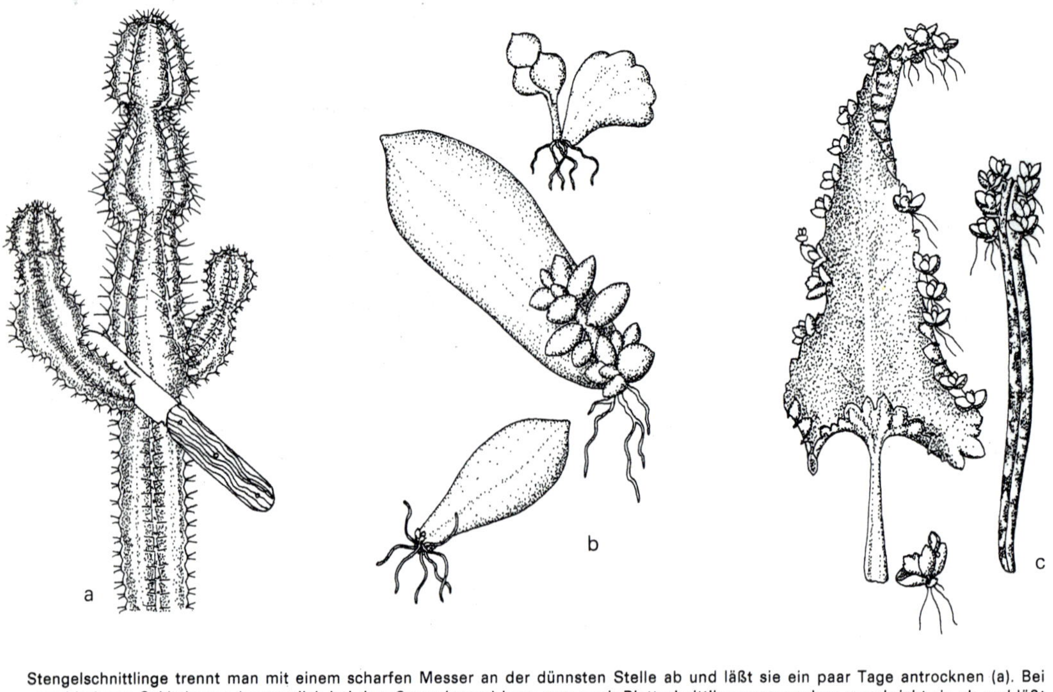


Stengelschnittlinge trennt man mit einem scharfen Messer an der dünnsten Stelle ab und läßt sie ein paar Tage antrocknen (a). Bei verschiedenen Sukkulenten (namentlich bei den *Crassulaceae*) kann man auch Blattschnittlinge verwenden; man bricht sie ab und läßt sie in feuchtem Sand wurzeln (b). Bei *Kalanchoe* wachsen die jungen Pflänzchen bereits an den Blättern, auch wenn sie noch an der Pflanze sitzen (c).

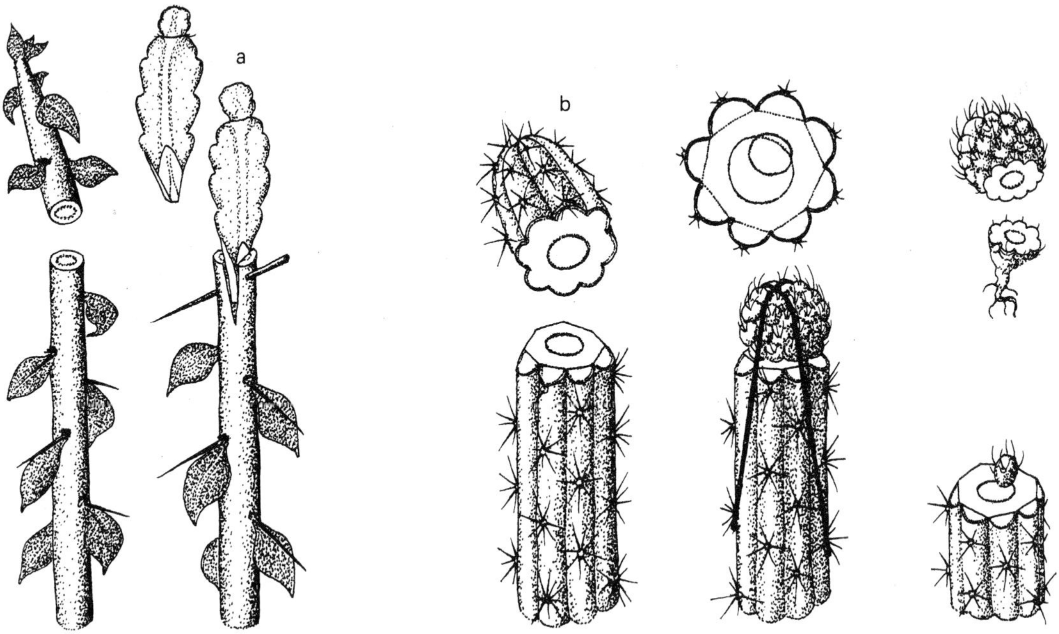


Beim Pfropfen auf eine dünne, lange Unterlage wie bei *Pereskiopsis, Pereskia, Alluaudia* u. a. befestigt man den Pfropf am besten mit einem Stachel (a). Beim Pfropfen auf kräftigere, kürzere Unterlagen muß man auf die Verbindung der Gefäßbündel der beiden Teile achten. Man hält sie am besten mit einem Gummibändchen in der richtigen Lage fest (b).

daher muß man die Samen kühl, trocken und dunkel lagern. In den späten Frühjahrsmonaten bzw. im Frühsommer herrscht im Glashaus oder hinter dem Fenster eine hinreichende Temperatur (20—27 °C) für die keimende Saat. Man kann aber auch zu einem anderen Zeitpunkt säen, doch braucht man dann zusätzliche Beheizung bzw. auch Beleuchtung. Man sät am besten in Plastikgefäße bzw. in Schalen mit durchsichtigem oder transparentem Deckel, auch kann man Blumentöpfe nehmen, die man in einem geschlossenen Plastikbeutel unterbringt. Das Gefäß sollte man vor Gebrauch desinfizieren, zumindest aber mit heißem Wasser auswaschen. Dann füllt man es mit Substrat, d. h. mit einer Mischung aus Sand, Torf und gut abgelagerter Gartenerde im Verhältnis 1:1:1. Auch das Substrat desinfiziert man am besten vorher, möglichst durch Sterilisieren in heißem Dampf. Die Samen werden ebenfalls desinfiziert; entweder wäscht man sie in einer Desinfektionslösung aus (3% Wasserstoffsuperoxid, Chinosol o. ä.) oder behandelt sie mit Fungizidpulver (Kaptan, Benlate u. a.). Diese Mittel verwendet man auch, wenn sich in der Aussaat Schimmel zeigt. Die optimale Temperatur zum Keimen liegt bei den tropischen Arten bei 30 °C, bei den Arten aus kühleren Breiten bei 22 °C. Zum Keimen ist viel Feuchtigkeit notwendig, ebenfalls viel Licht. Sonne ist aber gefährlich, daher hält man die Saat im Schatten. Nach einigen Wochen bzw. Monaten muß man die Sämlinge umpikieren, d. h. in größere Schalen umsetzen. Dazu nimmt man eine weiche Pinzette und einen Bleistift, mit dem man Löcher für die Würzelchen bohrt. Die Sämlinge wachsen intensiv und brauchen daher viel Nährstoffe. Die Zufuhr einer schwachen Volldüngerlösung kann nicht schaden. Die Sämlinge sollen nämlich schon in der ersten Saison größtmögliche Ausmaße erreichen. Man ist also bestrebt, eine optimale Temperatur zu halten (25—35 °C), eine höhere Substratfeuchtigkeit bei Nährstoffzugabe. Diese außerordentlich günstigen Bedingungen bergen aber die Gefahr, daß die Sämlinge weich, saftig und wenig resistent bleiben. Daher muß man sie gleichzeitig in einem vernünftigen Maß abhärten. Am besten ist es, wenn man die Sämlinge nach 2—4 Wochen intensiven Wachstums eintrocknen läßt. Einige Tage wird nicht gegossen, gleichzeitig so viel wie möglich gelüftet, bis die Sämlinge welken und einschrumpfen. Auf erneutes Gießen reagieren sie recht stürmisch, sie saugen sich voll und wachsen schnell.

Die vegetative Vermehrungsmethode macht sich die Regenerationsfähigkeit der Pflanzen zunutze. Die Schnittlinge, Ableger und Kindel trennt man mit einem scharfen Messer ab; die Schnittfläche behandelt man mit Holzkohlepulver oder einem stimulierenden Puder. Die Stengelschnittlinge von Blattsukkulenten befreit man von den meisten Blättern. Einige Tage läßt man sie frei liegen, bis die Schnittwunde völlig eingetrocknet ist. Dann bringt man sie in eine Mischung aus Sand und Torf und stellt sie bei einer Temperatur von 30 °C in Schatten und feuchter Luft auf. Am besten deckt man sie mit Folie oder Glas ab. Das Substrat wird leicht feucht gehalten. Auf ähnliche Weise bringt man auch einzelne Blätter bei der Familie *Crassulaceae* zum Wurzeln, die innerhalb einiger Wochen aus den Blattknospen neue Pflänzchen produzieren.

Bei schlecht wurzelnden, langsam wachsenden Pflanzen oder bei besonderen Klons muß man zum Pfropfen greifen. Als Unterlage nimmt man schnell und leicht wachsende Sukkulentenarten. Für Kakteen haben sich die Cereusarten als Unterlagen bewährt: *Cereus peruvianus, Eriocereus* spp., *Hylocereus* spp., *Selenicereus* spp. u. a. Kleine Sämlinge kann man auch auf *Echinopsis* spp. oder *Pereskiopsis* pfropfen. Auch für die anderen Sukkulentenfamilien stehen Pfropfunterlagen zur Auswahl: die *Apocynaceae* kann man auf Oleander pfropfen, die *Asclepiadaceae* auf Knollen von *Ceropegia woodii* oder auf widerstandsfähige *Stapelia* und Ceropegiaarten; *Didiereaceae* auf die resistente *Alluaudia procera; Crassulaceae* (mit verlängertem Stengel) auf *Kalanchoe tubiflora* und *K. daigremontiana.* Die Pfropfung ist eigentlich ein chirurgischer Eingriff, bei dem peinliche Sauberkeit herrschen sollte. Das Gewebe der beiden Pflanzen kann nur dann zusammenwachsen, wenn es vegetiert, daher pfropft man nur in den warmen Sommermonaten, während der Vegetationszeit. Regentage sind nicht sehr angebracht, weil dann eine höhere Infektionsgefahr besteht, welche durch die desinfizierende Wirkung der Sonnenstrahlen gebannt ist. Man muß darauf achten, daß die beiden Schnittflächen gut aufeinander liegen und zwischen ihnen keine Luftblasen zurückbleiben. Gleichzeitig müssen sich auch die Gefäßbündel von Unterlage und Pfropf decken. Vor dem Verrutschen bewahrt man sie mit Gummibändchen, man kann sie aber mit Stacheln aneinander heften oder durch ein Gewicht beschweren.

## Schädlinge und Krankheiten

Die Sukkulenten werden in den Kulturen meist von spezifischen Schädlingen befallen, die auf anderen Pflanzen nur selten vorkommen. Als saugende Parasiten treten oft Wurzelläuse *(Rhizoecus falcifer)* und Woll- oder Schmierläuse *(Pseudococcus maritimus, P. citri)* auf. Ein Verwandter dieser Schädlinge ist die Schildlausart *Dactylopius cacti,* aus der früher der berühmte rote Farbstoff Cochenille hergestellt wurde. Dieser Parasit wurde aber absichtlich auf den Opuntien gezüchtet. In den Kulturen gehören die Pseudococcen zu den hartnäckigsten Schädlingen. Sie lieben Wärme und Trockenheit, so daß sie im Kakteentreibhaus ideale Bedingungen zur Vermehrung finden. Ihr Reproduktionszyklus dauert nur 3—4 Wochen. Die Wurzelläuse leben an den Wurzeln im Boden und am Wurzelhals der Pflanzen, die Wolläuse suchen Stellen auf, an denen sie vor Wasser geschützt sind: auf dem Scheitel der Pflanze, zwischen Rippen und Warzen, um dort ihre weißen, wolligen Nester (Kokons) anzulegen. Ein weiterer häufiger Schädling ist die Napfschildlaus *Diaspis cacti.* Man kann sie an den Blattrippen und auf den Stengeln als helle, kreisrunde Punkte ausmachen. Relativ selten dringen Blattläuse in die Sammlungen ein; sie befallen in erster Linie Blattsukkulenten. Alle genannten Saugparasiten muß man aus der Kultur restlos entfernen, da sie nicht selten Pilzerkrankungen, Virus- und Bakterieninfektionen übertragen, im günstigsten Fall aber die Pflanzen arg schwächen. Ihre Bekämpfung ist nicht so einfach, man muß schon zu giftigen Chemikalien greifen. Im Handel sind verschiedene Sprühmittel erhältlich. Am besten läßt man sich da beim Fachhändler beraten und bringt einige von den Schädlingen mit. Eine gefährliche Schädlingsgruppe sind die Milben *(Tetranychus),* die man mit dem bloßen Auge kaum erkennen kann, die aber durch ihren Fraß die Haut um den Scheitel der Pflanze sichtbar beschädigen können. Bei der Auswahl eines entsprechenden Mittels (Akarizid) läßt man sich ebenfalls im Fachhandel beraten. Von den an den Wurzeln lebenden Schädlingen sind die Fadenwürmer *(Nematoda)* am gefährlichsten. Sie bilden an den Wurzeln Geschwülste, Knoten und wirken funktionsstörend. Ihre Beseitigung ist sehr schwierig. Am wirkungsvollsten ist folgendes Verfahren: man nimmt die Pflanzen aus dem Boden und erwärmt ihre Wurzeln in einem Wasserbad von über 54 °C. Ein Bad von zehn Minuten Dauer vernichtet praktisch alle Schädlingsarten. Die Wassertemperatur darf allerdings nicht höher als 55—56° sein, außerdem kann man dieses Verfahren nur bei Kakteen, Euphorbien und einigen weiteren widerstandsfähigen Arten anwenden. Blattsukkulenten und Epiphytenkakteen vertragen solche Temperaturen nicht.

Etwas seltener ist das Vorkommen weiterer Schädlinge, z. B. kleine dunkle Fliegen *(Sciara)*, deren Larven die Sämlinge befallen. Gelegentlich findet man im Boden auch eingeschleppte Larven, Engerlinge und Raupen, die an den Sämlingen, Wurzeln oder auch reifen Pflanzen fressen. An dunklen Orten können nachtaktive Ohrwürmer, Asseln oder auch Drahtwürmer auftreten, die durch ihren Befraß Wurzeln oder Grünteile der Pflanzen beschädigen. Alle diese Schädlinge kann man wieder durch Besprühen oder Begießen mit den entsprechenden Präparaten bekämpfen. Unangenehm sind auch Regenwürmer, die kleine Pflänzchen ins Erdreich ziehen. Auch hier greift man zu chemischen Mitteln. In großen Treibhäusern oder in der Freikultur können die Pflanzen von verschiedenen Schnecken befallen werden, gegen die man sich mit Giftködern wehrt (im Handel erhältlich).

Häufig und gefährlich sind Erkrankungen, die von Schimmelpilzen hervorgerufen werden. Die Urheber sind meist Arten der Gattungen *Botrytis, Fusarium, Helminthosporium* u. a. Sie rufen verschiedene Fäulniskrankheiten hervor (vor allem im Winter), Umfallen und Fleckigkeit der Sämlinge, dunkle Nekroseflecken auf der Pflanzenoberfläche, Wurzelsterben und so weiter. Die Pilze der Gattung *Fusarium* können über Jahre hinweg im Gewebe hausen und Wachstumsstörungen, Deformierungen oder Fleckigkeit hervorrufen. Solche Krankheiten lassen sich zwar chemisch behandeln, doch sollte man stets vor Augen haben, daß Pilzerkrankungen von Sukkulenten meist eine Folgeerscheinung von verschlechterten Lebensbedigungen sind (ein kühler, feuchter Sommer, die Wintermonate, schlecht gelüftete, überfüllte Glashäuser usw). Die natürlichen Feinde des Schimmels sind Sonne, frische Luft und Trockenheit. Treten Erkrankungen auf, stellt man das Gießen ein, bringt die Pflanzen an die frische Luft in die Sonne und greift zusätzlich zu chemischen Mitteln. Grundregel bei der Benutzung dieser Präparate ist ihre Anwendung an bewölkten Tagen mit anschließender Lüftung abends und am folgenden Tag. Bei Sonne und höheren Temperaturen können diese Mittel auch den Pflanzen gefährlich werden. Durch entsprechende Hygiene vermeidet man eine etwaige Vergiftung durch Pflanzenpräparate.

Etwas weniger gefährlich sind die Virus- oder Bakterienerkrankungen. Da ihre Behandlung praktisch kaum möglich ist, besteht der einzige Schutz in der augenblicklichen Entfernung der angesteckten Pflanzen aus der Sammlung.

Physiologische Störungen rühren meist von zu wenig Licht her: helle, gelbliche bis weiße neue Triebe, zu starkes Längenwachstum usw. Abhilfe schafft die Überführung der Pflanze an einen helleren Ort. Bei wärmeliebenden Pflanzen macht sich Unterkühlung oft durch dunkle Flecken oder Schwarzwerden der Blattenden bemerkbar. Hier muß man die Ansprüche der jeweiligen Arten berücksichtigen. Auch unausgeglichene Ernährung bzw. Mangel an bestimmten Stoffen können zu Deformierung, Vergilbung oder Weißwerden der neuen Triebe führen. Abhilfe schafft Umsetzen. Für Wurzelverlust ist meist zu starkes Gießen verantwortlich, vor allem bei sinkenden Temperaturen. Hier hilft Abschneiden der betroffenen Pflanzenteile und neues Verwurzeln.

1

# DIE KAKTEEN NORD- UND MITTELAMERIKAS

Zur Familie der Kakteengewächse *(Cactaceae)* gehören sukkulente Stengelpflanzen mit reduzierten *(Opuntioideae)* oder völlig zurückgebildeten Blättern *(Cactoideae)*. Die Stengel, auch Körper genannt, sind entweder gegliedert oder haben eine warzig-gerippte Oberflächenstruktur. Die ganze Familie ist mit polsterartigen Areolen ausgestattet, das sind eigentlich verkümmerte Seitenzweige (Brachyblaste). Die Stacheln (Dornen) gelten als umgebildete Blätter. Sie können nadel-, pfriem-, hakenförmig und auch gerade sein, oft sind sie zu Borsten, Haaren, gefiederten Auswüchsen usw. umgestaltet. Dichte, helle Stacheln schützen die Pflanze vor der Sonne und vor der Wasserverdunstung, stechende, nadel- oder hornartige Stacheln vor Tierfraß. Nachgewiesenermaßen haben die Stacheln die Fähigkeit, Wasser aus Nebel und Tau aufzusaugen und damit die Pflanze zu versorgen

Die Kakteengewächse sind ausschließlich über den amerikanischen Kontinent verbreitet, von Kanada bis Feuerland, von den Küsten der Ozeane bis in eine Höhe von 4000 m in den Gebirgen. Die einzige Ausnahme ist die Gattung *Rhipsalis* — einige Arten wachsen auf Madagaskar, in Ostafrika und auf Ceylon (Sri Lanka). Die größten Arten *Lemaireocereus, Pachycereus, Carnegiea* erreichen die Größe von Bäumen — Höhen von 10—14 m und ein Gewicht von vielen Tonnen. Die kleinste Art hingegen, *Turbincarpus klinkerianus*, wird nur 1 cm groß und wiegt nur einige Gramm. Auffällig sind die Blüten der Kakteen, sie haben rote, gelbe, weiße, aber auch bläuliche und grünliche Farbtöne. Sie sind Nachtblüher (dann öffnen sie sich nur für eine einzige Nacht) oder Tagblüher, dann halten sie länger aus.

Ausgedehnte Gebiete in Nordamerika und im angrenzenden Mittelamerika haben ein trockenes Klima; sie haben den Charakter von Wüste, Halbwüste oder sind mit trockenen, sommergrünen Wäldern bewachsen, mit Chaparrals oder buschartigen Matorrals. Das sind die Stellen mit dem häufigsten Vorkommen aller möglicher Kakteenarten, die hier in riesigen Mengen wachsen: z. B. *Neobuxbaumia (Mitrocereus) macrocephala* (1). Oft bestimmen sie das Bild einer Landschaft und dominieren über die anderen Pflanzen. Nicht selten bekommt sie ein Nichtfachmann aber überhaupt nicht zu Gesicht.

**Ariocarpus fissuratus** (2, 4) sind kleine, abgeplattete Pflanzen mit großen, rübenförmigen Wasservorratsorganen, die im wahrsten Sinne des Wortes unter der Erde leben. Die in Höhe der Erdoberfläche liegenden Stengeloberseiten sind

2

3

in Warzen aufgeteilt. Ihre Oberfläche ist aufgesprungen, runzelig, die Außenhaut (Epidermis) ist graugrün, manchmal rötlich und in der freien Natur mit Löß und Staub bedeckt. Die Pflanze geht vollkommen in ihrer Umgebung auf (diese Nachahmung des Geländes wird Mimikry genannt); darüber hinaus ist sie durch Erdteilchen vor der Sonnenstrahlung geschützt. Nur zur Blütezeit verraten sie ihre auffällig violettrosa Blüten. Das Gewebe der Kakteen enthält bittere und giftige Alkaloide, vor allem Hordenin, das die Pflanzen vor Tierfraß genauso gut schützt wie die Dornen anderer Arten. Eine ganze Gruppe verwandter Arten *A. agavoides, A. scapharostrus, A. kotschoubeyanus* (Abb. 3) lebt auf ähnliche Weise in Anschwemmungen kalkreicher Sekundärgesteine. Die Blüten dieser Arten sind durch den Farbstoff Betacyanin violettrot gefärbt, das ist charakteristich für die Familie *Cactaceae* und für einige weitere Sukkulentenfamilien. Alle unterirdischen Miniaturpflänzchen der Gattung *Ariocarpus* sind begehrte und seltene Gewächse, auch wenn ihre Zucht nicht gerade leicht ist. Dic größten Schwierigkeiten bereiten dabei die gegenüber zu großer Substratfeuchtigkeit und vor allem dem Vorhandensein verwesender organischer Stoffe empfindlichen Wurzeln. Bakterien und Schimmel können sie sehr leicht infizieren und ganze Pflanzen vernichten. Eingeführte Exemplare muß man daher unbedingt in gut durchlässigem Boden (30—50 % Sand oder gröberes Mineralgemenge) kultivieren; gießen darf man sie nur in den warmen Sommermonaten erst nach vollkommenem Austrocken des Substrats. Die Wintertemperaturen um 12 °C müssen von absoluter Trockenheit begleitet sein. Eine Vermehrung ist nur durch Samen möglich (Abb. 4). Sie ist nicht einfach und erfordert viel Geduld und Empfindsamkeit, doch ist es die bis heute einzige Methode, diese Pflanzen

4

5

über längere Zeit hinweg in der Kultur zu erhalten. Am vorteilhaftesten hat sich die Pfropfung von Sämlingen auf Unterlagen von *Echinopsis cv.* und *Eriocereus jusbertii* erwiesen. So wachsen sie schnell, man erhält nach kurzer Zeit viele Blüten und die Verluste bleiben minimal.

**Ariocarpus kotschoubeyanus** Lem./Sch. (3) ist der kleinste Vertreter der Gattung. Er bewohnt flache Bänke aus feinen Lehmsandanschwemmungen, ggf. auch aus Kies, verbunden durch Lehmsand. Seine Warzenrosetten erreichen eine Größe von 5—7 cm. Aus dem Staat Tamaulipas ist eine Varietät mit weißen Blüten bekannt. Die mittelmexikanischen Varietäten aus den Staaten San Luis Potosi und Queretaro haben karminrote Blüten.

**Ariocarpus furfuraceus** Wats./Thomps. (5) ist eine robustere Art, die einen Durchmesser von 25 cm erreichen kann, mit kielartigen dreieckigen Warzen und weißen bis blaßrosa Blüten. Sie lebt auf Hügeln aus verwittertem Kalkstein in der prallen Sonne. Die rübenförmige Basis enthält schleimgefüllte Kanälchen; dieser Schleim bindet Wasser und dient als Vorratsstoff. Verwandt ist *A. retusus,* vorausgesetzt, daß beide Pflanzen nicht nur Varietäten einer einzigen Art darstellen. Er kommt auf einem großen Areal im Chihuahua Desert vor.

**Ariocarpus trigonus** (Web./Sch.) (6) hat einen flachen, lebhaft grünen Körper, der wiederum in zahlreiche Warzen gegliedert ist. Seine Epidermis ist aber im Gegensatz zu den vorigen Arten frischgrün und seine Blüten gelb; bei größeren Exemplaren wachsen sie in Kränzen weit von der Körpermitte entfernt. In freier Natur wächst dieser Kaktus zwar im Schatten unter

Sträuchern und auch in feuchteren Gebieten als andere Arten, doch erfordert er in der Kultur ein Maximum an Wärme und sehr vorsichtige Wassergabe.

Die Gattung *Astrophytum* enthält Kakteen, die eher seesternartigen Tieren als Pflanzen ähneln. Ihr Körper ist fest, die Außenhaut oft von Flöckchen aus weißer Watte bedeckt, die Rippen sind kräftig und auffällig. Alle Arten (es gibt etwa 6) blühen gelb und reichlich. Sie gehören zu den begehrten und attraktiven Kakteen.

**Astrophytum capricorne** (Dietr.) Britt. et Rose (7). Genau wie bei dem eng verwandten *A. senile* blühen bereits kleine Pflanzen. Die Blüten haben einen roten Schlund, die Stacheln sind korkartig, lang und nach oben gebogen. Beide Arten stammen aus Nordmexiko, wo sie auf Kalkstein in Gesellschaft von Rosettensukkulenten und Sträuchern (sog. Matorral) wachsen, der Sonne ausgesetzt oder im Halbschatten unter der übrigen Vegetation geschützt. Bei *A. capricorne* unterscheidet man mehrere Varietäten, die sich in der Gestaltung der Rippen, Anordnung der Stacheln und in der Blütenfarbe unterscheiden. Am schönsten, aber auch am empfindlichsten und seltensten, ist *A. capricorne* var. *niveum;* gelbe Blüten ohne ein rotes Zentrum hat var. *crassispinum.*

**Astrophytum ornatum** (DC) Web. (8). Die schlankere Pflanze rechts im Bild stammt aus Mittelmexiko aus den tiefen Schluchten des Flußsystems von Rio Moctezu-

6

7

8

ma. Der Name *ornatum* (= zierend, schmückend) rührt von der Anordnung der bernsteingelben Stacheln, hohen, teilweise beflockten Rippen und vom schlanken Wuchs her. Ihre Blüten sind klein, unauffällig, in der Scheitelgrube geborgen, darüber hinaus erscheinen sie erst in höherem Alter. *A. ornatum* ist in den Sammlungen nicht häufig zu sehen. Der Grund dafür liegt in dem sehr verstreuten Auftreten der Pflanzen in der Natur und somit in der begrenzten Möglichkeit, Samen zu gewinnen; die lange Reproduktionszeit in der Kultur jedoch gestattet keine schnelle Vermehrung.

**Astrophytum asterias** (Zucc.) Lem. (9) ist von allen Arten die merkwürdigste; die flachen Rippen mit den verstreuten Watteflöckchen und filzartigen Areolen sehen wie Seeigelskelette aus. Die Lebensweise erinnert an *Ariocarpus.* Die Art lebt nämlich verborgen unter der Erde, nur ein kleiner Teil des Scheitels ragt heraus, doch ist auch er kaum von seiner Umgebung zu unterscheiden. Das Zentrum der Verbreitung liegt in Ost- und Nordmexiko, doch reicht es auch nach Südtexas. Die Art wächst in strauchbestandenem Gelände, auf Kiesanschwemmungen mit einem Gehalt an feinem Lehm; in den Sommermonaten werden sie von Gräsern überwachsen. Die Blüten erscheinen den ganzen Sommer über, sie sind gelb mit rotem Schlund. Diese Art is neben *A. coahuilense* bei der Zucht am empfindlichsten.

**Astrophytum myriostigma** var. **nudum** (R. Mey) Backb. (10), var. **potosinum** (Möll.) Krzg. (11) sind gängig als „Bischofsmütze" bekannt. Dieser Name beschreibt Form und Bau ihrer Stengel sehr treffend. Die Art stammt aus dem Zentralteil von Chihuahua Desert. Auf einem großen Verbreitungsareal wachsen variable Populationen, die sich untereinander in Rippenzahl, Blütengröße, Vorhandensein oder Abwesenheit der filzigen Flöckchen (z. B. bei var. *nudum* fehlen die Flöckchen, wie der Name andeutet) unterscheiden. Myriostigma läßt sich sehr leicht kultivieren und durch Samen vermehren. Leicht kreuzt sie sich mit anderen Arten, daher existieren viele Hybriden. Sie haben zwar keinen großen Sammlerwert, doch zeichnen sie sich durch bizarre Merkmalkombinationen aus, die sie von ihren Eltern erhalten haben.

9

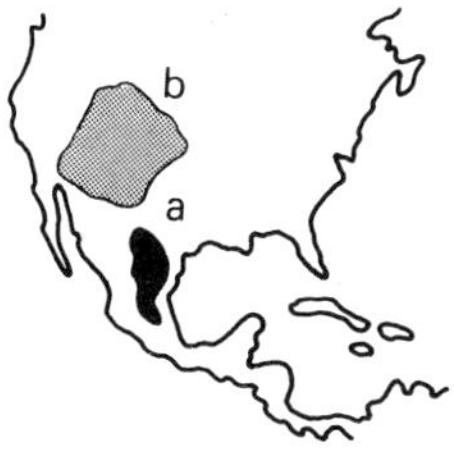


Verbreitungsareal der Gattungen *Astrophytum* (a) und *Sclerocactus* (b).

10

11

**Aztekium ritteri** Böd. (12) ist die einzige Art der Gattung und eine der interessantesten Miniaturkakteen aus Mexiko. Seit der Entdeckung im Jahr 1928 ist die Art bei den Sammlern begehrt, doch sind die Erfolge mit der Kultur nicht besonders groß. Bis vor kurzem wurde die Nachfrage durch Import von der einzigen Fundstelle im Staat Nuevo Leon gedeckt. Hinderlich bei der Vermehrung in unseren Bedingungen waren die feinen, winzigen Samen und der langsame Wuchs der Sämlinge. Die Keimlinge sind im Schnitt kleiner als 1 mm und es dauert eine Reihe von Wochen, bis sie überhaupt diese Größe erreichen. Daher ist auch das Pfropfen solcher Miniaturen nicht einfach. Trotzdem schaffen es manche geduldige Kaktuszüchter, sie zu ziehen und auf *Pereskiopsis* spp. und *Echinopsis* cv. zu pfropfen. In diesem Fall wachsen die Sämlinge schnell an; die ersten Blüten erscheinen im Laufe von 2–3 Jahren. Weiter kann man dann die Sämlinge auch vegetativ durch Pfropfung vermehren. Die Zucht erfordert eine Unterbringung der Pflänzchen an einer warmen, sonnigen Stelle im Gewächshaus, sparsame Wassergabe bei warmem Wetter und ein Substrat ohne organische Stoffe. Die Blüten erscheinen die ganze Sommersaison über in Serien, sie sind blaßrosa und weiß. In freier Natur wächst *Aztekium* an steilen Hängen und Wänden aus Schiefergestein. Hunderte von erwachsenen und Tausende von jungen Exemplaren überziehen die Felswände dort, wo die Sonne nicht hin-

12

13

14

kommt. Dank dem Charakter des Gesteins, das leicht abbröckelt und schnell verwittert, sind die meisten Stellen, an denen dieser Kaktus wächst, für den Menschen unzugänglich – und so ist die Art in der freien Natur vorerst vor dem Menschen noch sicher.

Die etwa 60 Arten der Gattung *Coryphanta* wachsen sowohl in trokkenen Halbwüsten als auch auf grasigen Weideflächen oder in sommergrünen Laubwäldern, wo die Feuchtigkeit wesentlich höher ist.

**Coryphanta elephantidens** Lem. (13) ist eine bis zu 25 cm große Pflanze mit dunkelgrünem Körper und auffallenden hellen Stacheln. Die karminroten bis weißen Blüten, stets mit einem roten Schlund, erscheinen in der zweiten Sommerhälfte. *C. elephantidens* stammt aus dem mexikanischen Staat Morelos. Südlich und westlich davon wächst die ähnliche *C. bumamma* mit gelben Blüten. Beide Arten siedeln in schwarzem Humusboden auf Kalksteingrundlage in reichen Grasbeständen; an solchen Stellen regnet es im Sommer ausgiebig. In Kultur lassen sie sich leicht züchten, brauchen jedoch hinreichend Nährstoffe und Wasser in den Sommermonaten; im Winter begnügen sie sich mit 10 °C und völliger Trockenheit. Man kann sie auch einem Neuling in der Kakteenzucht empfehlen, auch wenn er bisher auf ganz bescheidene Bedingungen angewiesen ist.

**Coryphanta macromeris** Engelm. (14) ist eine weichfleischige Pflanze mit büschelartigem Wuchs und wilder Bestachelung. Sie stammt von trockeneren Orten und ist im Hinblick auf Wasser empfindlicher. Gegen Sommerausgang erscheinen ihre großen, beborsteten Blüten, die allerdings nur 1–2 Tage überdauern. Sie wächst im Süden der USA in Westtexas und vor allem in Nordmexiko.

**Coryphanta calipensis** Bravo (15) kommt südöstlich der Stadt Tehuacan im Staat Puebla/Mexiko vor. Sie wächst in kleinen Büscheln und hat gestreckte, oben umgebogene Warzen. Die Blüten sind hellgelb. Scheitel, Areolen und die Furchen auf den Warzen sind bei Kulturexemplaren in weiße Watte gehüllt.

**Coryphanta reduncispina** Böd. (16) stammt von den ebenen Weideflächen im Gebiet des Rio Soto La Marina/Mexiko. Die Blüten sind gelb und verraten wie auch der Körperbau eine Verwandtschaft mit *C. cornifera* aus Mittelmexiko. Bei der Zucht verfährt man wie bei *C. elephantidens.*

**Echinomastus unguispinus** var. **laui** (Frank) Glass et Foster (17). Die ganze Gattung umfaßt etwa 10 Arten, die vorwiegend im amerikanischen Wüstengebiet Chihuahua Desert verbreitet sind. Es sind empfindliche Kakteen mit eigenwilligen Ansprüchen in der Kultur. *E. unguispinus* var. *laui* gehört zusammen mit var. *unguispinus* zu den relativ leicht zu züchtenden Arten der Gattung; sie stammen aus Mittelmexiko. Importierte Pflanzen erfordern ein Mineralsubstrat und unregelmäßige, sparsame und nur an heißen Sommertagen durchgeführte Wassergabe. Sie blühen im Frühjahr, April/Mai und tragen grünbraune Blüten.

**Echinomastus warnockii** (Benson) Glass et Foster (18). Die Hauptzierde aller Angehörigen der Gattung *Echinomastus* sind die auffälligen, kräftig gefärbten Stacheln. Blüten sind eine Seltenheit; vor allem bei Importen kann man nur in der ersten Saison mit ihnen rechnen. Die weitere Zucht bringt meist keinen besonderen Erfolg. Oft kommt es zu Reduktion der Bestache-

15

16

Verbreitungsareal der Gattungen *Coryphanta* und *Escobaria*.

17

18

19

20

lung und zu unregelmäßigem Zuwachs. Europäische Sonne genügt diesem Bewohner der offenen Wüstenflächen nicht. Eine gewisse Möglichkeit besteht noch in der Zucht einer neuen Generation aus Samen. Das Exemplar im Bild ist ein dreijähriger Sämling, der bereits 2 Jahre ganz willig mehrmals im Sommer blüht. Ein Maximum an Sonne und Wärme sind allerdings die Bedingung, nicht nur für die Blütenbildung, sondern auch für die Existenz des Kaktus an sich. Ganz entschieden empfiehlt sich die Propfung.

**Cephalocereus senilis** (Haw.) Pfeiff. (19, 20). Nur wenige Kakteen sind so bekannt wie dieser „old-man-cactus". Seine zehn Meter hohen, in silbrige Haare gehüllten Körper säumen die Hänge aus Kalk- und Gipsgestein vieler Täler im Staat Hidalgo. Das Alter dieser Zehnmeter-Riesen muß ganz beachtlich sein. In die Sammlung kann man meist nur einen kleinen Sämling aufnehmen. Es ist fast unmöglich, ein Exemplar aus freier Natur zu gewinnen, da nur eine geringe Anzahl nachwachsender Pflanzen existiert — die meisten wurden schon längst aufgesucht, ausgegraben und als Zierpflanzen verkauft. Barranca de Tolantongo, wo Aufnahme 20 gemacht wurde, gehört zu den Orten, an denen diese Kakteen für die Zukunft geschützt sind; die Hänge und Felsschründe der tiefen Cañons sind für den Sammler unzugänglich. In der Kultur muß man die weißen Haare vor Wasser schützen; sie werden leicht grau und unansehnlich. Der Grund, warum in der letzten Zeit diese Kakteen nicht so häufig in Sammlungen vertreten sind, liegt in den Schwierigkeiten bei der Samengewinnung. Die 10 m hohen Kaktussäulen kann man nicht erklettern und nur wegen eines ungewissen Ergebnisses die monumentalen „Orgeln" zu fällen, wie es noch bis vor kurzem getan wurde, wäre eine zu große Barbarei. Die Sämlingszucht ist nicht schwierig. Sie brauchen Sonne, Wärme und eine trockene Überwinterung.

**Cephalocereus hoppenstedtii** (Web.) Sch. (21, 22). Die Landschaft im Süden der Stadt Tehuacan (Puebla) ist eines der interessantesten Wünstengebiete der Welt.

21

Einige Hügel sind bis auf den heutigen Tag von menschlicher Tätigkeit verschont geblieben und mit Tausenden von Kakteen überzogen. Unter den vielen anderen Cereenarten in diesem Gebiet fällt *C. hoppenstedtii* am meisten ins Auge. Pro Hektar kann man Hunderte von Exemplaren zählen. Das Gewicht eines ausgewachsenen Cereus von 10 m Höhe wird auf 400—600 kg geschätzt. Die Natur hat hier ein interessantes Paradox geschaffen: In einer der wärmsten und trockensten Gegenden der Welt sind in den Pflanzen viele Tonnen Wasser gespeichert, wodurch der größten Trockenheit, dem Wind und der Sonnenglut Widerstand geleistet wird. Nur der Mensch könnte diese großartige Szenerie bedrohen.

Diese Art läßt sich als Kultursämling ausgezeichnet im Gewächshaus ziehen. Sie braucht ein Mineralsubstrat, viel Wärme und sparsamere Wassergabe. Im Lauf der Jahre entstehen Kombinationen aus den kräftigen rötlichen Mittelstacheln und den weißen, festen Borstenstacheln — den Haaren. Trotzdem ist die Art in den Sammlungen fast unbekannt. Hier gilt dasselbe wie im vorigen Fall: Die Samen lassen sich nur sehr schwer gewinnen. Eine synonyme Benennung, unter der diese Art möglicherweise aus älterer Literatur bekannt ist, lautet *Haseltonia columna-trojani.*

**Echinocactus polycephalus** Engl. et Bigel. (23). Heute werden zur Gattung *Echinocactus* nur etwa 5 Arten gezählt. Allerdings umfaßte diese Bezeichnung noch zu Ende des vorigen Jahrhunderts die Mehrzahl aller kugelförmigen Kak-

22

23

24

teen. Im Laufe der Zeit wurden die meisten in andere Gattungen eingeordnet und erhielten neue Namen. So kommt es, daß eine einzige Pflanze mehrere Namen führt. Als Beispiel kann da *Echinocactus ingens* dienen, zu dem man eine ganze Reihe weiterer Namen fügen kann *(E. palmeri, E. grandis, E. visnaga* u. a.*)*, bei denen nicht feststeht, ob es sich um andere Arten oder nur lokale Rassen handelt. *E. polycephalus* stammt aus den trockensten und wärmsten Wüsten der Staaten Kalifornien, Arizona und Nevada. *Polycephalus* bedeutet vielköpfig; dieser Name beschreibt treffend den büschelartigen Wuchs der Stengel. Bereits am kleinen Sämling entwickeln sich kräftige gelbe bis rote Stacheln. In Kultur sind keine Blüten bekannt. Für die Zucht empfehlen sich Sämlige, auf eine härtere Unterlage gepropft *(Echinopsis* cv., *Eriocereus jusbertii)* und eine Glashauskultur mit maximaler Sonne, Hitze und frischer Luft.

**Echinocactus texensis** Hopff. (24), eher bekannt als *Homalocephala texensis.* Diese Benennung und Einordnung in eine selbständige Gattung bezieht sich auf die Struktur und Farbe der Frucht, die nach dem Ausreifen rot, ohne Stacheln und Schuppen ist. Die flachen, scheibenförmigen Körper dieser Kakteenart kann man in halbtrockenen Gebieten auf riesigen Flächen antreffen. Von Südtexas bis Mitteltamaulipas kommen praktisch Tausende vor. Sie wachsen meist zwischen Akaziengesträuch *(Prosopis* spp., *Acacia* spp. u. a.) und auf Anschwemmungen aus zerkleinertem Sekundärgestein in flacherem Gelände. Hält man in der Kultur die Regel der gelegentlichen Wassergabe ein mit einem Übergewicht an trockenen Tagen, so hat man hier bei hinreichender Sonne und Wärme dankbare Pflanzen, die man viele Jahre im Glashaus halten kann. Die fransigen Blüten haben einen rötlichen Schlund.

25

**Echinocactus horizonthalonius** Lem. (25) ist der kleinste Vertreter dieser Gattung; erwachsene Exemplare erreichen einen Durchmesser von 15—20 cm und bleiben meist scheibenartig flach. Im Gegensatz zur vorigen Art ist seine Kultivierung mit Schwierigkeiten verbunden. Er erfordert ein reines Mineralsubstrat, ein Maximum an Wärme und Sonne und nur gelegentliche Wassergaben. Das gilt vor allem für die Sämlinge, die langsam wachsen und etwas besser nur nach Pfropfung gedeihen. Importierte Exemplare kann man mit Erfolg eine Reihe von Jahren halten. Sie blühen an heißen Sommertagen zu wiederholten Malen mehrfach in der Saison. Ihre Verbreitung erstreckt sich praktisch über ganz Chihuahua Desert von San Luis Potosi bis ins südliche New Mexiko und Texas (USA).

**Echinocactus grusonii** Hild. (26) ist ein beliebter Kaktus, von dessen Sämlingen alljährlich Tausende verkauft werden. Mit seinen goldgelben Stacheln, frischgrünem Körper und schließlich mit seiner regelmäßigen Kugelform wirkt er ungewöhnlich dekorativ. Er erreicht im Schnitt eine Größe von 60 cm und es dauert mehrere Jahrzehnte, bis er auswächst und zum ersten Mal zur Blüte kommt. Trotzdem existieren Kultursämlinge, die schon wesentlich früher Blüten und Samen hervorbringen.

*E. grusonii* bewohnt Mittelmexiko. Die Aufnahme stammt von einem Hochplateau 2000 m. ü. M. über dem Rio Moctezuma, wo auch die säulenartigen *Marginatocereus marginatus, Mammillaria elongata* und *M. herrerae* beheimatet sind. *E. grusonii* wurde in der Vergangenheit zu intensiv gesammelt und aus Mexiko als dekorative „Goldkugel“ exportiert; daher ist er heute in freier Natur selten.

**Echinocereus albatus** (Backb.) (27). Die meisten Arten dieser Gattung wachsen in Büscheln. Im Laufe der Zeit bilden sie ganze Polster aus niederliegenden und kriechenden Stengeln und gehören zu den tolerantesten nordamerikanischen Kakteen. *E. albatus* gehört zusammen mit *E. reichenbachii, E. perbellus, E. purpureus* und *E. melanocentrus* zu den sog. pektinaten, d. h. kammstacheltragenden Arten aus dem Süden der USA, vor allem aus Texas, wo sie steinige Grasflächen besiedeln. Sie vertragen auch ein kurzfristiges Absinken der Temperatur unter den Nullpunkt, vorausgesetzt, daß sie im Trockenen sind. Da die europäischen Winter aber niederschlagsreich sind und der Temperaturabfall langfristig ist, lassen sich diese Kakteen nicht im Freien züchten. Verschiedene Versuche, bei denen die Pflanzen im Herbst und Winter sorgfältig vor Wasser geschützt wurden, waren allerdings von Erfolg gekrönt. Am auffälligsten sind die Echinocereen im späten Frühjahr, wenn ihre großen bunten Blüten erscheinen. Bei dieser Artengruppe bewegt sich die Blütenfarbe in den Schattierungen von Karmin bis Hellrosa. Im Laufe der Zeit bilden die Echinocereen große büschelartige Bestände. Man kann sie auch durch Schnitt formen, dann treiben sie an der Basis neu aus und die typische Habitusform kommt in kürzerer Zeit zustande. Diese

27

28

Arten kann man auch einem weniger erfahrenen Züchter getrost empfehlen.

Die Gattung *Echinocereus* ist auch auf der Halbinsel Baja California verbreitet. Die hier lebenden Arten haben die bunteste und kräftigste Bestachelung, doch muß dazu gesagt werden, daß ihre Kultur auch äußerst schwierig ist. Sie haben große Ansprüche in bezug auf Sonne, Wärme, vorsichtige Wassergaben und Mineralsubstrat. Interessante, kräftig bestachelte Arten sind *E. ferreireanus* und *E. pacificus* mit kleinen rosa Blüten. Mit ihnen verwandt ist der jüngst beschriebene *E. lindsayi* mit bis zu 8 cm langen kräftigen Stacheln.

**Echinocereus pectinatus** (Scheidw.) Engelm. (28, 29) ist eine für die Zucht in der Kultur sehr attraktive Art. Bei der Behandlung geht man ähnlich wie bei den übrigen pektinaten Arten vor — der Kaktus blüht noch leichter und reicher. Er stammt aus Chihuahua Desert. Die schönste Varietät der Art ist var. *rigidissimus* (29).

29

30

Verbreitungsareal der Gattung
*Echinocereus.*

**Echinocereus fitchii** Britt. et Rosa (30) ist wieder ein Angehöriger der pektinaten Echinocereusgruppe. Bei den pektinaten Kakteen sind die Stacheln in den Areolen zu regelmäßigen, kammartigen Gebilden geordnet. Die Basen der einzelnen Stacheln verwachsen miteinander und man kann sie alle zusammen leicht von der Areole abbrechen. Die Stacheln bedecken die Rippenoberfläche meistens recht dicht und hüllen so in der Trockenzeit praktisch den ganzen Körper ein, wodurch sie ihm Schatten vor der Sonne spenden und auf der Außenhaut die Luft etwas feuchter halten. An den neuen Trieben haben die Stacheln verschiedene rosa, braune und auch hell cremefarbige Töne. Später werden sie dunkel, so daß die Basis der ganzen Pflanze nicht sonderlich ansehnlich wirkt. Das wird aber durch den büschelartigen Wuchs kompensiert, da die alten Teile runzelig und von den neuen Trieben verdeckt werden. *E. fitchii* stammt aus Texas und ist bis nach Oklahoma zu finden. Viele weitere Vertreter der Gattung *Echinocereus* sind in Mexiko verbreitet. Die Gruppe der sog. Waldarten bewohnt sowohl relativ feuchte Waldgesellschaften, in denen sie im Baumschatten siedelt (z. B. *E. leonensis, E. morricalii, E. enneacanthus),* als auch das offene Gelände der Halbwüsten *(E. conglomeratus, E. ehrenbergii, E. polyacanthus).* Interessant sind auch die winzigen geophytischen *E. pulchellus* und *E. knippelianus,* die, unter die Erdoberfläche eingesenkt, in wiesenartigen Grasbeständen wachsen.

**Echinofossulocactus dichroacanthus** (Mart.) Britt. et Rose (31). Das sind kugelige bzw. kurz säulenförmige, relativ kleine Pflanzen mit zahlreichen dünnen und gewellten Rippen. Meist kommen sie im zeitigen Frühjahr zur Blüte. Sie sind Bewohner von grasbestandenen Hängen und Ebenen, in denen nach den Sommerniederschlägen die Grashalme die Kakteenkörper

31

völlig verdecken, so daß sie fast nicht zu finden sind. In der Kultur lassen sie sich leicht halten; sie vertragen auch humushaltige Böden und hinreichende Wassergabe während des Sommers. Besonders kräftige Stacheln bringen solche Exemplare hervor, die im Freien oder dicht unter dem Glas des Gewächshauses aufgestellt werden. Die Gattung zählt etwa 25 Arten, daneben gibt es noch einige publizierte Namen, die größtenteils kaum etwas anderes als nur ungewöhnlich veränderliche Formen oder lokale Teilpopulationen darstellen, die sich genetisch nicht definieren lassen.

**Echinofossulocactus coptonogonus** (Lem.) Lawr. (32) ist der interessanteste, wenn auch nicht besonders typische Vertreter dieser Gattung. Er bildet nämlich nur wenige Rippen aus und läßt sich in der Kultur schlechter halten. Gleichzeitig ist er auch der robusteste, im Alter etwa 30 cm hohe Kaktus. Seine Blüten sind genauso unauffällig wie die der übrigen Arten. Die Blütenblätter haben einen violettroten bis braungrünen Mittelstreifen.

**Escobaria runyonii** Britt. et Rose (33). Charakteristisch für die Gattung *Escobaria* mit ihren rund 12 Arten ist das meist gruppenartige Auftreten mit büschelförmigem Wuchs, die dichte, helle Bestachelung und die grübchenbedeckten Samen in einer rotbraunen Schale. Die meisten Arten werden kaum einige Zentimeter groß. Ihre Blüten sind nicht besonders auffällig und entwickeln sich im Frühjahr bis Sommer. *E. runyonii* und die verwandten *E. bella, E. strobiliformis, E. muehlbaueriana* u. a. sind in der Kultur sehr widerstandsfähig und man kann sie auch dem Anfänger empfehlen. Andere Arten, z. B. die Gruppe *E. orcutii,* sind beträchtlich empfindlicher und erfordern ein saures Substrat. Die Gattung *Escobaria* wird gegenwärtig von verschiedenen Botanikern zu den *Coryphantha* gezählt.

32

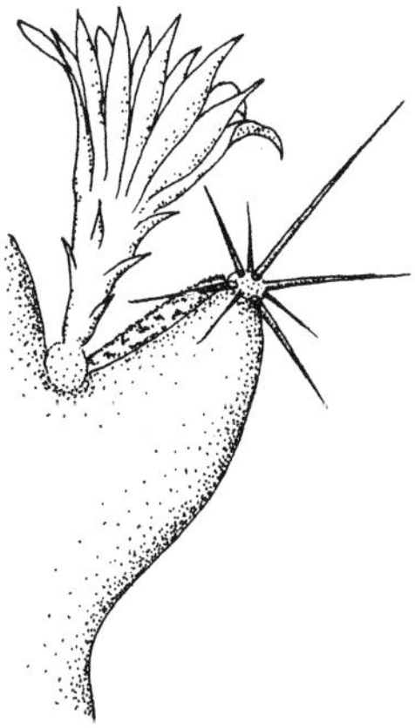

Die Blüten von *Escobaria* wachsen in der Axille; auf der Warze ist die Furche gut zu sehen.

33

34

35

**Epithelantha micromeris** (Engelm.) Web. (34) wächst auf Kalksteinunterlage in Texas und Nordmexiko. Die kleinen, büschelartig wachsenden Stengel sind von dichten borstenartigen und feinen, kurzen Stacheln umhüllt. Die kleinen, rosig oder gelblich angehauchten Blüten erscheinen in der Scheitelzone. Die Früchte sind leuchtendrote, längliche Beeren, sie ähneln den Früchten der Gattung *Mammillaria.* Das Körpergewebe enthält Alkaloide mit halluzinogener Wirkung. Aus diesem Grund werden sie von den Eingeborenen gesammelt und gekaut. *Epithelantha pachyrhiza* ist eine ähnliche Art mit zylindrischem Stengel und meist leicht rosa bis gelblichen Stacheln. Beide Arten lassen sich in kalkhaltigen Mineralsubstraten züchten, ggf. empfiehlt sich die Pfropfung auf eine niedrige Unterlage (*Eriocereus* spp.).

**Ferocactus histrix** (DC) Linds. (35). Die Gattung umfaßt rund 35 Arten. Ferocactus wird in den USA ziemlich treffend „barrel cactus" genannt, was sowohl den oft ziemlich beträchtlichen Umfang als auch die Gestalt der Pflanze bezeichnet. Diese Art gehört nicht zu den größten; sie erreicht nur eine Breite und Höhe von rund 70 cm. Erwachsen sind die Pflanzen schon bei geringerer Größe, ungefähr bei 20 cm. Der Kaktus kommt auf Kalkstein in den Staaten Mittelmexikos vor. Seine Sämlinge sind in der Kultur relativ widerstandsfähig, doch dauert es einige Jahrzehnte, ehe sie in unseren Breiten zur Blüte kommen. Verwandte und ähnliche Arten sind *F. victoriense* aus Tamaulipas, der bereits bei einer Größe von etwa 10 cm blüht, und *F. glaucescens* mit graublauer Haut und goldgelben Stacheln, eine der schönsten Arten. Herrliche Exemplare sind im berühmten Tal (Barranca) de Meztitlan zu sehen, zusammen mit *Cephalocereus senilis* (vergl. Abb. 19 u. 20) und *Mammillaria geminispina.*

**Ferocactus schwarzii** Linds. (36) gehört aus botanischer Sicht zu den primitiveren Ferokaktusarten, die eine enge Beziehung zur Gattung *Echinocactus* haben. Sie ähneln ihnen im Bau der Rippen, Areolen und vor allem durch die einfachen hellgelben, offenen Blüten und Samen. Diese Art zeigt sich selten auf einem kleinen Areal in einer schwer zugänglichen Berggegend über dem Rio Sinaloa. Sie bevorzugt Felsabstürze, Plateaus und Klippen an den Steilhängen der Gebirgstäler. An solchen Stellen wachsen auch Waldbäume, was auf das Vorhandensein von Wasser neben dem Vorkommen von Flechten und Moosen hindeutet, die oft die älteren Teile der Kakteenkörper überziehen. In der Kultur ist diese herrliche Art sehr selten, denn ihre Fundstellen sind kaum bekannt und nur schwierig zugänglich. Nördlich von dieser Art wächst *F. alamosanus,* doch hat er relativ schnell Verbreitung bei den Züchtern gefunden.

36

37

38

Verbreitungsareal der Gattung *Ferocactus*.

**Ferocactus latispinus** (Haw.) Britt. et Rose (37, 38) ist ein flacher, nur in Ausnahmen kurz säulenartiger, kleiner Ferokaktus mit auffällig kräftigen farbigen Stacheln. Die Mittelstacheln sind besonders entwickelt, quer gekerbt und hakig umgebogen. *F. latispinus* erreicht seine Reife bei einer Größe von rund 10 cm und, weil seine Blüten erst im Spätherbst erscheinen (die Knospen bilden sich meist erst Ende September oder im Oktober), können sie sich in der Kultur nur dann öffnen, wenn der Jahresausgang sonnig war; doch dann halten sie bis Weihnachten aus. Sie sind intensiv violett rot bis bräunlich gefärbt und wachsen meist in Serien heran. Schön ist auch var. *flavispinus* (Abb. 38) mit außergewöhnlich kräftigen bernsteingelben Stacheln. In freier Natur kann man dieser Art praktisch überall nördlich der Hauptstadt Mexiko in Mittelmexiko in großen Mengen begegnen.

**Ferocactus steinesii** (Hook.) Britt. et Rose (39) gehört zu den größten Typen der faßförmigen Kakteen. In den Tälern im Westen des Staates San Luis Potosi kann man Exemplare finden, die über 2 m groß sind und mächtige Büschel bzw. Gruppen bilden. Die rötliche Bestachelung hebt sich von der Strauchvegetation ab, und so sind die zahlreichen „Köpfe“ schon von weitem zu sehen. Seine Blüten haben eine gelbliche bzw. hell orangefarbene Farbe. Eine ganze Reihe von großen Ferokakteen kommt auch auf der Halbinsel Baja California vor. Eine der mächtigsten ist *F. digue-*

39

*tii;* sie wird über 4 m hoch. Sämlinge von Ferokaktusarten lassen sich erfolgreich in etwas saureren, humusreichen Böden ziehen. Empfindlich sind nur die kalifornischen Arten, die keinen Temperaturabfall unter 10 °C vertragen und auch keine langfristigere Feuchtigkeit des Substrats. *F. chrysacanthus, F. coloratus, F. gracilis, F. johnstonianus* u. a. pfropft man daher besser. Sie gehören mit zu den am schönsten bestachelten Kakteen überhaupt.

**Ancistrocactus scheeri** (SD) Britt. et Rose (40). Kleine, kugelige Kakteen mit hakigen Mittelstacheln. In freier Natur bewohnen sie niedrige Hügelgelände aus verwittertem Gestein in Südtexas und in den Nordteilen Mexikos. Auch die weiteren Arten *A. brevihamatus* und *A. tobuschii,* wachsen im Süden der USA. Bei der Zucht behandelt man sie wie *Astrophytum;* sie überwintern bei Temperaturen von 5—10 °C.

**Leuchtenbergia principis** Hook. (41). Gleiche Lebensbedingungen führen in der Natur bei vielen Organismen zur Entwicklung ähnlicher Formen. So können sich Pflanzen, die überhaupt nicht verwandt sind, einander stark ähneln. Diese Erscheinung heißt Konvergenz. Im Fall von *L. principis* äußert sie sich durch die Ähnlichkeit mit den sog. rosettenblättrigen Sukkulenten, wie z. B. *Agave, Aloe, Echeveria, Sansevieria* u. a. Während diese Sukkulenten Blätter haben, bildet *L. principis* eine Rosette aus Stengelausläufern aus, Podarien, die an ihren Enden Areolen mit Stacheln, Blüten und Früchten tragen. Interessant ist auch die Anpassung an den Wechsel von trockener und feuchter Jahreszeit. Die Podarienrosette ist im feuchten Sommer geöffnet, das Sonnenlicht kann zwischen die langen Warzen dringen und seine Energie wird vom Gewebe zur Photo-

40

41

42

synthese genutzt. In der Trockenzeit verliert die Pflanze Wasser und durch die nachlassende Gewebespannung falten sich die Podarien zu einem kompakten, geschlossenen Gebilde zusammen. So wird in der Trockenzeit die Außenhaut beschattet, übermäßige Sonnen- und Wärmeeinwirkung vermieden, auch wird weiterer Wasserverlust durch Verdunstung verhindert. *L. principis* ist ebenfalls ein Bewohner von Chihuahua Desert, wo die Art in den sog. Matorral-Gesellschaften mit einem Übergewicht an *Agaven, Prosopis, Fouquieria* u. a. Xerophyten lebt.

**Gymnocactus knuthianus** (Bod.) Backb. (42) wächst in Mittelmexiko in der Grasvegetation auf niedrigen Hügeln. Er ist ein kleiner, im Erdreich lebender Kaktus mit dichten weißen bzw. gelblichen Stacheln, die fast restlos die Stengeloberfläche einhüllen. Er blüht schon bald, oft bei nur Zentimetergröße, und zwar zur Zeit der kurzen Tage, also im Herbst und Frühjahr. Seine Zucht ist einfach; willig setzt er Blüten an. Andere Arten der Gattung, etwa *G. saueri, G. subterraneus* oder *G. mandragora,* sind für den Züchter schon eine wesentlich härtere Nuß und gedeihen zuverlässig eigentlich nur nach Pfropfung. Eine Ausnahme stellt *G. horripilus* aus Barranca de Meztitlan dar, der auch auf den eigenen Wurzeln gut wächst. Aus botanischer Sicht ist die Gattung *Gymnocactus* eng verwandt mit der Gattung *Thelocactus* (Abb. 100—105) und der Gattung *Turbinicarpus* (Abb. 106—107).

43

44

**Gymnocactus aguirreanus** Glass et Foster (43). Zwei Pflanzen, die eigentlich nicht in die Gattung *Gymnocactus* gehören, hier aber doch unter dieser Bezeichnung aufgeführt werden, sind *G. aguirreanus* und *G. roseanus.* Ihre Stellung im System ist bisher noch nicht geklärt. Beide Arten stammen aus Nordmexiko und werden kaum 5–6 cm hoch. *G. aguirreanus* wächst meist einzeln und ist mit borstenartigen, aber stechenden, abstehenden Stacheln ausgestattet. In der Kultur bereitet er keine Schwierigkeiten. Die Blüten zeigen sich im Frühjahr.

**Hamatocactus setispinus** (Engelm.) Britt. et Rose (44) sind kleine, kugelige, in der Kultivierung später kurz zylindrische, meist einzeln vorkommende Pflanzen mit niedrigen Rippen und hakigen Mittelstacheln. Die Popularität dieser Art wird von den unzähligen Blüten garantiert, die das ganze Frühjahr und den Sommer über auf dem Scheitel erscheinen. Sie sind gelb mit rotbrauner Mitte. Hübsch sind auch die Früchte, in der Reife sind sie leuchtendrot. *H. setispinus* stammt aus Texas und dem mexikanischen Staat Tamaulipas. Seine Zucht ist sehr leicht; er ist ein Schaustück auch für den Nicht-Kaktusfachmann. Man kann ihn sogar in humushaltigem Boden kultivieren, in der Vegetationszeit verträgt er reichliche Wassergaben.

**Hamatocactus uncinatus** (Gal.) Buxb. (45). Im Unterschied zur vorigen Art handelt es sich um einen harten, gegen Trockenheit widerstandsfähigen Kaktus aus den offenen, sonnendurchglühten Flächen von Chihuahua Wüste. Die bläuliche Außenhaut und die langen, kräftigen farbigen Stacheln machen ihn für die Sammler sehr attraktiv. Die harten Lebensbedingungen in seiner Heimat äußern sich in seinen hohen Ansprüchen an die Kulturbedingungen, d. h. ein Maximum an Sonnenstrahlen und Temperatur im Sommer und auf der anderen Seite sehr vorsichtige Wassergaben mit großen Pausen.

45

**Hertrichocereus beneckei** (Ehrenb.) Backb. (46). Seine Stengel bilden unregelmäßig Ableger und bringen auch keine eigene Zweigkrone hervor wie die anderen Cereen, sondern ziehen sich kriechend und niederliegend über Felsen und Gebüsch. Die jungen Triebe sind durch einen wunderschönen, silbrigweißen Bezug aus kristallischen Wachsen bereift, der schön mit den kohlschwarzen Stacheln kontrastiert. Nur die Zweigspitzen wekken Aufmerksamkeit: die älteren Teile werden schwarz, die Bereifung wäscht der Regen ab und die Stengel sind nicht mehr sehr ansehnlich. Die Blüten zeigen sich in den heißen Sommermonaten. In der Kultur ist es aber ein attraktiver Cereus. Kann man ihn in einer heißen und sonnigen Kultur halten und vermeidet man das Benetzen der Stengel beim Begießen, kann man die weiße Wachsbereifung über längere Zeit erhalten. Blüten können erfahrungsgemäß schon auf etwa meterlangen Sämlingen erscheinen, was eine Zeit von 4—5 Jahren voraussetzt. Dieser Cereus ist jedoch empfindlich gegenüber zu starker bzw. langfristiger Feuchtigkeit im Boden, auch verträgt er keinen Temperaturabfall unter 10 °C.

46

47

**Lophophora diffusa** Croizat (47). In der Literatur finden sich über die Kakteen der Gattung *Lophophora* wesentlich ausführlichere Angaben als über andere Arten. Der Grund dafür liegt in den psychisch aktiven Alkaloiden, hautpsächlich Mescalin, und so wurden die Lophophoren außergewöhnlich populär unter der Bezeichnung „Peyote" oder „Peyotl". In alten, bereits vorkolumbianischen Zeiten benutzten ihn die Indianerstämme zu kultischen Handlungen. Das Interesse ging auch nicht während der christlichen Ära zurück und bis auf den heutigen Tag werden diese kleinen, kugeligen Kakteen gesucht und gesammelt. Anscheinend existieren zwei verschiedene Arten, *L. diffusa* und *L. williamsii.* Sie sind sich ziemlich ähnlich, vor allem im Jugendstadium. Die Existenz von *L. diffusa* ist auf eine kleine Fläche in Mittelmexiko begrenzt. Die Pflanze bewohnt die flachen Gründe tieferer Täler, die von den austrocknenden Bächen „Arroyos" ausgewaschen wurden. Hier siedelt sie auf Sandanschwemmungen. Aber genauso erscheint sie einige Kilometer weiter im Schatten von Sträuchern auf sonnendurchglühten und von austrocknendem Wind gepeitschten Flächen. Die Blüten sind meist weiß, nur selten rötlich oder gelblich. Wegen der stark entwickelten Wurzelknolle ist die Kultivierung komplizierter. Ein durchlässiges reines Mineralsubstrat, sparsames Gießen und genügend Wärme sind die Vorbedingungen. Vorsicht bei direkter Sonneneinstrahlung im Frühjahr, sie kann die kahlen, nicht von Stacheln beschatteten Körper empfindlich versengen!

48

**Lophophora williamsii** (Lem. et SD) Coult. (48) ist über ein riesiges Areal in Mittel- und Nordmexiko (Chihuahua Wüste) verbreitet und reicht auch bis Südtexas. Von *L. diffusa* unterscheidet sich dieser Kaktus durch die Zusammensetzung der psychogenen Alkaloide. Seine Populationen sind ziemlich variabel und es gibt mehrere Namen, von denen nicht feststeht, ob

49

50

sie unterschiedliche Taxone oder plastische Einzelexemplare bezeichnen.

**Myrtillocactus geometrizans** (Mart.) Cons. (49, 51). Als „Heidelbeerkaktus“ könnte man den Gattungsnamen übersetzen, und das trifft auch in Wirklichkeit zu. Die Früchte ähneln Heidelbeeren, sind klein, rot und sehr zahlreich. An vielen Orten in Süd- und Mittelmexiko kann man sie auch auf den Märkten finden, wo sie als „Garambullos“ zum Verzehr angeboten werden. Der Kaktus erreicht 3–4 m Höhe und bildet eine reiche Krone aus wachsbereiften Ästen. Aus einer einzigen Areole können gleichzeitig oder nacheinander bis zu 9 Blüten wachsen. Sämlinge oder Schnittlinge dieser Art kann man als Unterlage beim Pfropfen verwenden; vorteilhaft sind Pflanzen aus Norden, die auch Temperaturabfälle bis zum Nullpunkt vertragen.

51

52

**Lemaireocereus (Heliobravoa) chende** (Goss.) Britt. et Rose (50) ist ein baumartiger Kaktus, der einen Stamm und eine Krone mit kleinen nächtlichen Blüten an den Zweigen bildet. Weitere ähnliche Kaktusbäume sind *L. (Polaskia) chichipe* und *Escontria chiotilla.*

Mexiko ist die Heimat vieler interessanter und züchterisch wertvoller Kakteen. Die größte Bedeutung hat aber zweifelsohne die Gattung *Mammillaria.* Sie enthält mehrere hundert durchweg kleinere, bunt bestachelte und dankbar blühende Arten. Das Spektrum der verschiedenen Typen ist riesengroß. Ihre geographische Verbreitung ist beträchtlich, gleichfalls auch die vertikale Verteilung. Vom Meeresspiegel bis in 3000 m Höhe kann man überall Vertreter der Gattung *Mammillaria* antreffen. Die Gliederung des Stengels in Warzen vergrößert die Körperoberfläche. Die dichte Bestachelung bringt gemeinsam mit einer beträchtlichen, saisonbedingten Veränderung des Körperumfangs den sog. „Jalousie-Effekt“ hervor: In der günstigen Jahreszeit sind die Stacheln vom Körper abgespreizt und die Warzen stehen voneinander ab, damit das Sonnenlicht soviel wie möglich genutzt werden kann, während in den trockenen Monaten die Warzen dicht aneinanderliegen und die Stacheln an den Körper angelegt werden. Das alles hat zusammen mit weiteren progressiven Anpassungen die Mammillarien zu außergewöhnlich widerstands- und lebensfähigen Kakteen gemacht. Die überwiegende Mehrzahl ist anspruchslos und gedeiht auch in der Kultur gut. Schon der Gattungsname — *Mammillaria* — läßt auf ihr charakteristischstes Merkmal schließen, auf das Vorhandensein der kegel-, pyramidenförmigen, ggf. anders gestalteten Warzen. Ein weiteres Merkmal ist die Teilung der Vegetationszentren in zwei Partien; die eine (Areole) trägt Stacheln und sitzt am Ende der Warze, die zweite (Axille), nur mit Haaren, Borsten, Wolle versehen bzw. völlig kahl, produziert die Blüten. Knospen und Früchte sitzen also unter den schattenspendenden Stacheln geschützt vor Sonne und Schädlingen. Die Früchte sind meist saftig und rot.

**Mammillaria carnea** Zucc. (52) ist eine altbekannte, schon im vorigen Jahrhundert gezüchtete Art. Sie stammt aus dem Staat Oaxaca, wo sie in riesiger Anzahl und auf einer riesigen Fläche vorkommt, so daß man eine ganze Reihe von Formen unterscheiden kann, die in Anzahl, Farbe und Anordnung der Stacheln differieren. Die meisten bilden aber große Büschel und die fleischrote Färbung der Bestachelung tarnt an manchen Stellen die Kakteen sehr gut in den Dornbuschbeständen der Chaparrals. Die Blüten sind rot.

**Mammillaria crucigera** Mart. (53). Der Bau von Warzen, Stacheln, Blüten und Früchten ist sehr fein; vor allem die Samen sind winzig. *M. crucigera* wächst an den senkrechten Wänden der Gipssteinhügel an den Grenzen der Staaten Puebla und Oaxaca. Zwischen den lehmigen Erdteilchen an den senkrech-

53

ten Wänden können nur ganz kleine Samen haften bleiben. Die Größe der Samen ist also ein Beweis für die Anpassungsfähigkeit an das Leben unter spezifischen Bedingungen. Zum Vergleich: Nur einige dutzend Kilometer weiter wächst *M. napina,* deren Samen mehrmals größer sind. *M. napina* wächst aber auf waagerechtem Gelände, wo seine großen Samen gut auf dem Wasser schwimmen und so leicht in der Umgebung verbreitet werden.

**Mammillaria boolii** Linds. (54). Der Kaktus wächst auf Fallhumus und mineralischen Anschwemmungen. Der eng verwandte *M. insularis* von den unweit gelegenen Inseln unterscheidet sich durch die kräftiger entwickelten, doch weniger zahlreichen Stacheln und die starke Wurzelknolle. Der dritte Verwandte ist *M. schumannii* vom äußersten Südzipfel von Baja California.

**Mammillaria albicans** Berg. (55). Die Halbinsel Baja California (Niederkalifornien) ist vor allem im Süden mit einer Halbwüstenvegetation überzogen; sie ist die Heimat ungewöhnlich schöner und interessanter trockenheitsliebender Pflanzen. Sie wird natürlich auch von vielen Mammillarien besiedelt. *M. albicans* hat schöne rosa Blüten und eine reinweiße Bestachelung, nur die Spitzen der Mittelstacheln sind dunkel.

**Mammillaria bombycina** Quehl. (56) ist eine büschelwüchsige, kurz säulenförmige Pflanze mit dekorativer Bestachelung. Im Gegensatz zu den drei vorigen Arten gedeiht sie auch in humushaltigem Boden gut und verträgt häufigeres Gießen. Die Pflanze blüht im Frühjahr.

Verbreitungsareal der Gattung *Mammillaria.*

54

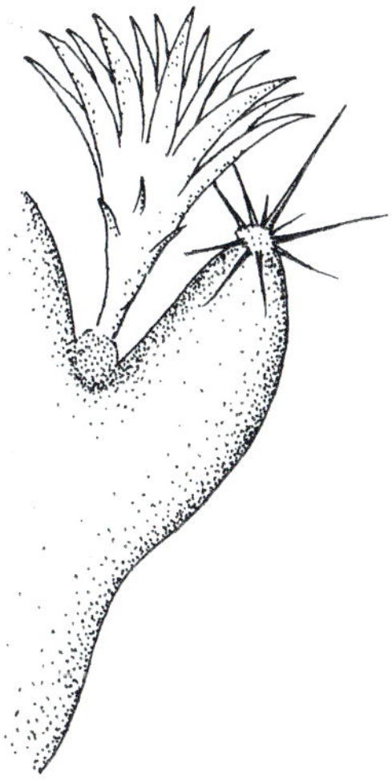

Die Blüten der Mammillarien wachsen in der Axille, die Warzen haben keine Furchen.

55

56

57

**Mammillaria carmenae** Cast. et N. de Cac. (57) wurde erst in den 50er Jahren dieses Jahrhunderts beschrieben und war bis vor kurzem der Wissenschaft praktisch unbekannt und unerreichbar für die Sammler. Unzählige Versuche, die Art aufs neue in der Natur ausfindig zu machen, blieben erfolglos. Erst Ende 1976 entdeckte sie Dr. A. B. Lau. Einige Monat später suchten auch die Autoren dieses Buches in den unzugänglichen Gebirgen von Mitteltamaulipas nach diesem Kaktus. Es ist nicht einfach, dieser schönen Art in der freien Natur ansichtig zu werden, auch wenn man den Standort genau kennt. Doch die Strapazen der Reise sind der Mühe wert. *M. carmenae* bewohnt relativ feuchte, nur z. T. sonnenbeschienene Klippen auf den Berggipfeln. In einem Teppich auf Nadelstreu, im Moos und Gras leuchten die goldgelben Büschel ihrer feinen, flaumigen, weichen, nachgiebigen Stacheln. Der Kaktus blüht im Spätherbst, im Winter oder zeitig im Frühjahr und trägt helle weißliche Blüten.

**Mammillaria candida** Scheidw. (58). Kaum eine zweite Art ist so beliebt und allgemein bekannt, vor allem der weißlichen Bestachelung wegen. Es existieren natürlich auch Varietäten mit Stacheln in verschiedenen Farbtönen – gelblich bis rot und bräunlich. In der freien Natur lebt dieser Kaktus auf Kalkgestein in Mittelmexiko. Verschiedene Botaniker reihen ihn in eine selbständige Gattung *Mammilloydia* ein. Dieser Kaktus läßt sich gut aus Samen ziehen, die heute leicht zu gewinnen sind. Für die Zucht empfiehlt sich ein eher mineralhaltiger, gut durchlässiger Boden, unregelmässiges Gießen und eine Überwinterung bei völliger Trockenheit und 10 °C.

58

**Mammillaria beneckei** Ehrenb. (59). Um diese schöne Pflanze zu finden, muß man ins Einzugsgebiet des Rio Balsas in Mittelmexiko reisen. Dort kann man sie in relativ heißen, breiten Tälern und angrenzenden Cañons antreffen, gemeinsam mit *M. guerreronis.* Da aber die „Cuenca" Rio Balsas lang ist, ist auch unsere Pflanze auf einem großen Areal verbreitet. Das ist auch der Grund für die beträchtliche Veränderlichkeit ihrer Stengelform, Stachelzahl, -größe und -anordnung. Eben deswegen stößt man auch auf verschiedene Namen, die diese Pflanze im Laufe der Zeit erhalten hat *(M. aylostera, M. balsasoides, M. nelsonii* u. a.). Einige Autoren reihen die Art in die Gattung *Dolichothele* ein, andere haben ihretwegen die selbständige Gattung *Oehmea* geschaffen (wegen der Samen, die relativ groß sind und eine interessante Oberflächenstruktur aufweisen). Die Blüten erscheinen im Hochsommer, werden bis 3 cm groß, sind einfach gebaut und gelb gefärbt. Die birnenförmigen Früchte haben eine leuchtendrote Farbe und zieren die Pflanze länger als die Blüten. Die Zucht ist gewiß nicht einfach, die Art stellt hohe Ansprüche an die Temperatur, die ganzjährig über 12—14 °C liegen muß, auch sind die Wurzeln gegenüber Wasserüberschuß sehr empfindlich. Aus den Samen wachsen sie überraschend schnell, in einer Saison können die Sämlinge einen Durchmesser von 4 cm erreichen! Importierte Exemplare brauchen ein durchlässiges Substrat.

59

60

**Mammillaria pectinifera** Weber (60) stammt aus Mittelmexiko von flachen Kalksteinhügeln, den Mesetas. In den Sammlungen ist der Kaktus eher unter dem Namen *Solisia pectinata* bekannt. Eine ähnliche Art ist *M. solisioides,* die etwa 100 km weiter südlich wächst. Beide werden kaum 4 cm groß und bleiben kugelförmig. Sie sind dicht weiß bestachelt; in der freien Natur lassen sie sich in der übrigen Vegetation nicht leicht ausmachen. Der größte Teil ihrer Körper ist nämlich im Erdreich vergraben. Darüber hinaus ziehen sie sich in den trockenen Monaten völlig in den Boden zurück, so daß nur seichte Gruben übrigbleiben, an deren Grund man das Pflänzchen entdecken kann. Die Blüten beider Arten sind nicht sehr auffällig — bei *M. pectinifera* weißrosa, bei *M. solisioides* gelblichweiß. Zur engeren Verwandtschaft gehört die Gruppe *M. lasiacantha, M. denudata, M. magallanii, M. roseocentra,* die Nordmexiko bewohnt und auch bis Texas reicht. Diese Pflanzen bleiben ebenfalls klein und sind dicht weiß bestachelt. Sie haben aber auffällige rote Früchte, die an den Pflanzen zu Beginn der Vegetationszeit erscheinen und noch von den Blüten des Vorjahres stammen. Alle genannten Arten gehören wegen ihrer dichten weißen Bestachelung, des langsamen Wuchses und der ziemlich schwierigen Kultivierung zu den geschätzten Kakteen. Sie vertragen keine dauernde Substratfeuchtigkeit sowie verwesende organische Stoffe. Aus diesem Grund werden sie oft gepfropft, doch das bedeutet Änderungen von Form und Größe. Da sie nur einzeln wachsen, lassen sie sich nur durch Aussaat vermehren.

61

**Mammillaria dodsonii** Bravo (61). Viele Mammillarienarten sind großblütig, aber am auffälligsten und bemerkenswertesten sind die im wahrsten Sinne des Wortes riesigen Blüten an den Miniaturarten, die in einer besonderen Serie *Longiflorae* zusammengefaßt sind. Hierher gehört auch *M. dodsonii* und *M. deherdtiana* (Abb. 67) aus Südmexiko. In den Gipfelpartien der Dreitausender Bergriesen trifft man oberhalb der Waldgrenze auf eine interessante, als „Paramos" bezeichnete Pflanzenformation. In ihr überwiegt Strauchvegetation, die Felsflächen sind nackt oder mit Gräsern und Sukkulenten bestanden. Hier kann man im März/April in dichtem Moos auffällige, große Blüten entdecken, die an Krokusse erinnern. Erst die eingehende Beobachtung aus dichtester Nähe zeigt, daß es sich um die Blüten von 2–4 cm großen, dicht bestachelten, in der Erde vergrabenen und von Moos bzw. Gras überwachsenen Kakteen handelt. In diesen Bergen ist die Niederschlagsmenge ziemlich hoch; sie liegt über 1500 mm im Jahr. Das untiefe Substrat, ein ständiger starker Wind und die kräftige Sonne sorgen für Abfluß bzw. Verdunstung des Wassers, und so kann man auch hier eine Reihe weiterer Sukkulenten und Xerophyten antreffen. In der Kultur läßt sich *M. dodsonii* gut züchten, vor allem, wenn man ihm einen sauren, durchlässigen Boden verschafft und viel frische Luft. In diesen Fällen verträgt er auch eine große Menge an Gießwasser.

**Mammillaria dealbata** Dietr. (62). In Südmexiko kann man häufig kleine, weißlich bestachelte, kugelige, eiförmige oder büschelartige Kakteen antreffen. In einem solchen Fall kann man mit großer Wahrscheinlichkeit ihre Zugehörigkeit zur Serie *Elegantes* voraussetzen, die jetzt in *Supertextae* umbenannt wurde. Es wurde nämlich festgestellt, daß die ursprüngliche *M. elegans*, nach der die Serie benannt worden war, eigentlich unbekannt ist. Verschiedene Vertreter der Serie kommen in trockenen, heißen Tälern in geringer Höhe über dem Meer vor, während andere hoch in die Berge hinaufgehen, in die Zone der Kiefern- oder Eichenwälder, wo sie in beträchtlich feuchter Umgebung unter den Bäumen leben. Meist siedeln sie aber einträchtig auf kalkreichen Gesteinen oder Böden. Konkret gesagt, *M. dealbata* stammt aus dem Zentralteil des Staates Oaxaca, aus Eichen- und Kiefernwäldern. Diese Bäume sind mit Tillandsien und anderen Epiphyten aus den Familien *Bromeliaceae* und *Orchidaceae* behangen — das alles beweist die große Feuchtigkeitstoleranz dieser Mammillarie. Tatsächlich bereitet ihre Zucht keine Schwierigkeiten, nur muß man die weißen Pflänzchen vorsichtig begießen, damit kein Wasser auf die Stacheln kommt. Durch Benetzung werden sie grau und braun.

62

**Mammillaria elegans** DC (63). Wir verwenden hier diese Bezeichnung, auch wenn Zweifel bestehen, ob sie tatsächlich zur abgebildeten Pflanze gehört. Die Erstbeschreibung aus dem Jahr 1828 ist nur kurz und knapp. Nach den heutigen Maßstäben könnte sie für einige dutzend Arten zutreffen. Möglicherweise wäre es angebrachter, den Namen *M. albilanata, M. lanata* oder einen anderen zu verwenden. Da aber nach unserer Erfahrung die Bezeichnung *M. elegans* von den Züchtern am meisten gebraucht wird, ist es wohl besser, sich damit abzufinden, bis die Botaniker zufriedenstellende Theorien vorlegen können. Obwohl sich die Artengruppe um *M. elegans* unter europäischen Bedingungen gut züchten läßt, gibt es auch darunter mehrere schwierige Vertreter. Einer ist z. B. *M. dixanthrocentron,* der ursprünglich auf verwittertem Schiefer und Pläuer vorkommt. Den reinen Mineralcharakter des natürlichen Substrats behält man am besten auch in der Kultivierung bei, in Humusböden verliert der Kaktus leicht seine Wurzeln. Gleiches gilt für *M. crucigera,* von dem bereits die Rede war. (Abb. 53).

**Mammillaria nejapensis** Craig et Dawson (64) sind einzeln wachsende Kakteen mit dunkelgrünen Körpern, reicher Wolle in den Areolen und Axillen sowie mit umgebogenen, nach unten weisenden, langen Stacheln. Auch sie stammen aus Südmexiko, wo sie in sommergrünen Wäldern leben. In der trockenen Winterzeit, d. h. von November bis Mai, sind die Gehölze blattlos und so dringt das volle Sonnenlicht bis ins Unterholz des Waldes vor, wo es auf kleine Kakteen und andere Sukkulenten trifft. In dieser Zeit

63

64

bringt die Mammillarie Wolle und Watte hervor, die die Außenhaut schützen und somit auch die Pflanze vor der Sonne. Die ersten Frühjahrsregen waschen die Watte ab, schwemmen sie hinweg und die Pflanze übersteht nun die Sommerzeit entblößt ohne Wattedecke. Bäume und Sträucher sind belaubt und im Unterholz des Waldes herrscht ein feuchtes Treibhausklima.

**Mammillaria magnimamma** Haw. (65). An vielen Arten sind die Früchte ein langfristiger Schmuck, besonders bei den sog. grünen Kakteen, bei denen die Farbe der Außenhaut auffälliger wirkt als die Bestachelung. Oft halten die Früchte länger als die Blüten aus. Das gilt auch für die eng verwandte *M. compressa.* Beide Arten kann man in unmittelbarer Nähe der Hauptstadt Mexiko City antreffen. *M. magnimamma* kommt sogar im Campus der Universität von Mexiko City ursprünglich vor, wo sie auf jungen Vulkangesteinen wächst (Pedregals). Die Zucht ist einfach; sogar ein dauernd feuchtes Substrat entspricht den Anforderungen (allerdings bei trockener Überwinterung). Der winterliche Temperaturabfall kann bis zu 0 °C gehen.

**Mammillaria humboldtii** Ehrenb. (66). In die Ortschaft Meztitlan kommen von Zeit zu Zeit Bewohner der Einödsiedlungen aus den Bergen und bieten wunderschöne, dicht weiß bestachtelte (in einer Areole können mehr als 80

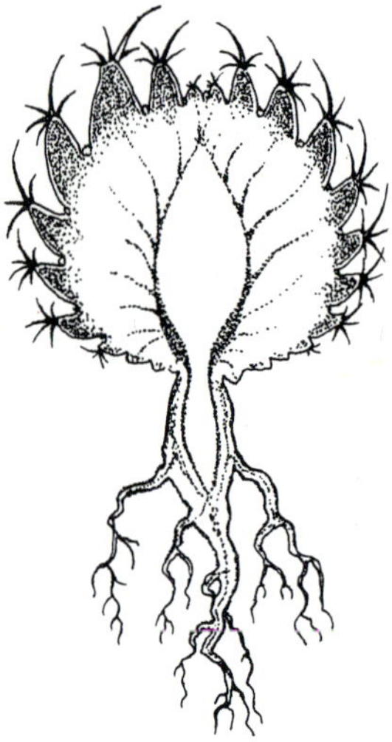

Stengelquerschnitt einer *Mammillaria.* Die Axillen, aus denen die Blüten wachsen, liegen tief unter den Warzen und Stacheln verborgen.

65

66

67

Stacheln sitzen) Pflanzen zum Verkauf an — *M. humboldtii.* Bisher haben sie noch nicht das Geheimnis preisgegeben, woher diese wertvollen und begehrten, im wahrsten Sinne des Wortes Kakteenkleinodien stammen. Und so hat sie noch kein Fachmann in ihrer natürlichen Umgebung zu Gesicht bekommen. Zahlreiche Versuche, sie im weiten Umkreis der Ortschaft hoch in den Bergen aufzuspüren, blieben erfolglos. Die Anforderungen, die diese Art an die Kultivierung stellt, führt zu dem Schluß, daß sie aus höheren Lagen stammt und auf schwarzen, humusreichen Böden mit Kalksteinunterlage wächst.

**Mammillaria deherdtiana** Farw. (67) ist der Zwillingsbruder von *M. dodsonii* (Abb. 61). Auch dieser Kaktus wächst nicht weit davon in ähnlichen Hochgebirgslagen. Seine Früchte und auch ihr Reifungsprozeß unterscheiden sich von denen der übrigen Mammillarien (vergl. Abb. 65). Die Früchte bleiben nach dem Verblühen tief zwischen den Warzen in die Axillen eingesenkt. Dort entwickeln sich die Samen, die nach dem Ausreifen noch eine Reihe von Jahren im Pflanzenkörper verbleiben. Meist werden die Samen erst nach dem Absterben und Zerfall des ganzen Kaktus frei und verbreiten sich in der Umgebung. Daher überrascht auch die unregelmäßige und verhältnismäßig niedrige Keimfähigkeit der Samen nicht, die ihre Lebensfähigkeit über Jahrzehnte erhalten müssen.

68

**Mammillaria meiacantha** Engelm. (68) ist ein Vertreter der „nördlichen“ Arten. Der Kaktus stammt aus Waldgesellschaften, wo er in tieferen Kies- und Sandanschwemmungen sowie Humusablagerungen wächst. Er erscheint einzeln in kleinen Kolonien. Wegen der Größe seines Verbreitungsareals ist er in mehreren geographischen Rassen, Formen und Varietäten bekannt. Unser Foto zeigt eine Pflanze von der Südgrenze des Verbreitungsgebietes, von flachen Hügeln aus Ost-Tamaulipas. Ähnlich wie bei vielen weiteren Mammillarien sind auch im Gewebe dieser Art Milchzellen entwickelt, d. h. Kanälchen, die ein milchweißes, unangenehm schmeckendes Latex enthalten, das pflanzenfressende Tiere abschreckt. Bei Verletzung rinnt diese Milch aus der Wunde und verklebt die beschädigten Stellen, wodurch die Pflanze auch vor Schimmelinfektionen geschützt wird. *M. meiacantha* hat eine ganze Reihe verwandter Arten, von denen einige die nordmexikanischen Bundesstaaten wie auch den Süden der USA besiedeln. Von den bekanntesten sollten hier wenigstens *M. heyderi, M. mexicensis* und *M. glareosa* genannt werden. Eine Verwandte, *M. gaumeri,* erscheint aber auch weit im Süden in Südmexiko auf Yucatan. *M. meiacantha* ist für die Zucht auch unter weniger günstigen Bedingungen ein dankbarer Kaktus und man kann ihn den angehenden Kaktusfreunden empfehlen.

**Mammillaria aureilanata** Backb. (69). Durch ganz Mexiko ziehen sich in Nord-Südrichtung zwei riesige Gebirgssysteme. Die östliche Gebirgskette heißt Sierra Madre Oriental und ist auf ihren den Winden vom Atlantik zugewendeten Osthängen mit Kiefern- und Laubwäldern bewachsen. In den Bergen ist das Klima kühler und feuchter als an der Küste oder weiter im Binnenland auf der Hochebene. Die Niederschläge sind hier gleichmäßiger verteilt, sie treten das ganze Jahr über ein, auch in den Wintermonaten, sogar als Schneeschauer. Diese Gebirge sind die Heimat von vielen z. B. *M. glassii, M. albicoma, M. plumosa,* die in Kultur auch den Winter über vegetieren. In den trockeneren Bedingungen der Gebirgszonen weiter im Landinneren, die vom Atlantik abgewendet sind, leben andere Arten. Auch sie stammen aus relativ hohen Lagen (zwischen 1500—2000 m ü. M.), doch leben sie im Regenschatten der Berge. Daher sind sie der Trockenheit gegenüber widerstandsfähiger und die Winterzeit ist bei ihnen eine Zeit der Wachstumspause, obwohl viele von ihnen gerade in diesen Monaten blühen. Es handelt sich z. B. um *M. dumetorum, M. schiedeana, M. subtilis* u. a. Ihre rübenförmigen Wurzeln vertragen keine längere Feuchtigkeit des Substrats. Zu den schönsten, aber auch in der Kultur empfindlichsten Arten gehört *A. aureilanata* aus dem Staat San Luis Potosí. Sie siedelt auf niedrigen Kalksteinhügeln in den mit schwarzem Humus ausgefüllten Felsritzen. Bei der Kultivierung greift man aber lieber zu einem Mineralsubstrat und geht mit Wasser vorsichtig um. Die Wintertemperaturen können auch unter 10 °C liegen, dadurch wird die Knospenentwicklung bis in die Frühjahrsmonate verschoben. Dann gibt es mehr Sonne und Wärme, so wird die Schimmelgefahr für Knospen und Blütenreste gegenüber dem Winter gemindert.

**Mammillaria matudae** Bravo (70). Die mexikanischen Staaten im Südwesten der Hauptstadt und auch die Randzonen anderer Gebiete sind entschieden keine Wüsten, doch findet man auch hier viele Kakteen. Die Botaniker bezeichnen die hiesige Vegetation als trockenen, sommergrünen Wald. Die abgeschlossenen, tiefliegenden Flußtäler haben aber ein heißes und

69

einen Großteil des Jahres (Wintermonate) trockenes Klima. Neben den hohen, baumartigen Cereen *(Pachycereus, Pilosocereus)* und verschiedenen Vertretern von *Coryphantha* und *Peniocereus* sind hier wiederum Mammillarien anzutreffen. In hohem Maße handelt es sich um Arten mit langem, zylindrischem Stengel, der büschelartig ausschlägt. Sie bewohnen steile Gelände und so hängen die Stengel an den Felsen kriechend zwischen der ansitzenden Vegetation und erreichen ohne weiteres Meterlänge. Alle gehören zur Verwandtschaft von *M. guerreronis* aus dem Rio Balsas-Gebiet. Außer *M. matudae* kann man noch *M. meyrani, M. pitcayensis, M. magnifica* nennen. Meist sind sie nur mit geraden Stacheln ausgestattet, doch können z. B. *M. magnifica* und *M. guerreronis* in der Jugend oder nur an einigen Stengeln auch hakige Stacheln hervorbringen. Die genannten Pflanzen brauchen eine etwas wärmere Überwinterung (über 10 °C). In freier Natur leben sie auf Humus, so daß man auch für die Kultur humusreiche Substrate und regelmäßiges Gießen wählt. Bei Temperaturabfall ist große Vorsicht im Hinblick auf die Substratfeuchtigkeit am Platze; sie kann zu Wurzelverlust führen.

**Mammillaria (Dolichothele) longimamma** DC (71). Die langen weichen Warzen und die spärliche Bestachelung verraten, daß es sich um eine Pflanze aus den feuchten, schattigen Tälern von Mittelmexiko handelt. In Züchterkreisen ist sie eher unter dem Namen *Dolichothele* bekannt. Möglicherweise ist die Beweisführung verschiedener Fachleute richtig, die darauf hinweisen, daß sich die Art im Bau von Samen, Blüten und Warzen von den

70

71

typischen Mammillarien unterscheidet. Zieht man aber in Betracht, daß eine ganze Reihe von Arten existiert, die einen ziemlich fließenden Übergang zwischen beiden Gruppen darstellen, dann verschwimmen eigentlich diese Unterschiede. Die Zucht ist einfach. Häufige Wassergaben und Halbschatten genügen. In den Sommermonaten erscheinen wiederholt Blüten.

**Mammillaria herrerae** Werd. (72) ist eine der schönsten, rein weiß bestachelten Kakteen überhaupt. Sie wächst auf nackten Kalksteinhügeln in Mittelmexiko. Bei geringer Größe ist sie ausgewachsen; die geöffneten Blüten verbergen diese Mammillarie völlig. Bekannt ist auch eine weißblütige Varietät dieser Art.

72

73

**Mammillaria parkinsonii** Ehrenb. (73). Mittelmexiko ist die Heimat von zwei schönen Mammillarien, die eine dichte, kräftige, weiß gefärbte Bestachelung tragen. Beide Arten bilden im Alter ausgedehnte, polsterartige Büschel aus „Köpfen", die oft einen Durchmesser von einem halben Meter und noch mehr haben. Es ist interessant, daß diese Polster bei *M. parkinsonii* durch Teilung der Köpfe im Scheitel zuerst in 2, dann in 4, 8 usw. gleich große Teile entstehen. Diesen Prozeß nennt man dichotomische Teilung. Man kann ihn bei vielen Mammillarien beobachten, vor allem bei den Serien *Leucocephalae,* zu der auch *M. parkinsonii* gehört. Im Gegensatz dazu entstehen die Büschel von *M. geminispina* durch Ablegerbildung, d. h. rings um den Rand des Mutterkörpers entstehen kleine, aber nachwachsende Tochtertriebe, die man leicht abbrechen oder abschneiden und zur vegetativen Vermehrung heranziehen kann. *M. parkinsonii* hat cremeweiße Blüten, *M. geminispina* hingegen karminrote. Da beide Arten aus gewellten Geländen von Kalkstein-, Pläuer- und Schieferhängen stammen, sind sie gegenüber langfristigem Wasservorkommen im Substrat relativ empfindlich. Man wählt daher ein durchlässiges Material, gießt erst nach voraufgehendem Austrocknen und zwar stets an warmen Sonnentagen. Die Wintertemperaturen können unter 10 °C absinken.

**Mammillaria solisioides** Backb. (74). Reist man gegen Jahresende durch die Südgebiete der Staaten Puebla und Morelos, dann bieten die goldgelben Ebenen mit sonnenverbranntem Gras und die damit kontrastierenden Berge aus aufgeworfenen Peñons, steilen Hügeln und Felswänden, einen schönen Anblick. Die steinigen Hügel verbergen die seltene Art *M. solisioides,* die ihren Namen von *Solisia* erhalten hat, welche heute richtigerweise als *Mammillaria pectinifera* bezeichnet wird. Es bestehen da nämlich Ähnlichkeiten im Aussehen: dichte, gelblichweiße kurze Stacheln, ein unterirdisches Leben, aber auch Bau und Zeit der Blüten, Größe, Form und Bau der Samen. Allerdings unterscheiden sie sich in verschiedenen Details. Vor allem bewohnt jede Art ein anderes Gebiet. Beide Arten lassen sich weniger gut kultivieren. Die Wasserzufuhr muß unregelmäßig sein und längere Trockenheitspausen enthalten. Dauernde Feuchtigkeit führt sehr schnell zu Wurzelverlust und birgt ein großes Risiko, daß die ganze Pflanze eingeht. Durch Pfropfung kann man die Kultur vereinfachen, andererseits erhält man so aber unnatürliche Formen, die aus den kugeligen Miniaturpflänzchen von Kirschgröße wurstartige, gerunzelte Giganten werden lassen.

**Mammillaria patonii** (Bravo) Werd. (75). Nordmexiko ist auch die Heimat der sog. hakenförmigen großblütigen Mammillarien. *M. patonii* ist über die Westküste Mexikos verbreitet. Man könnte von Waldkakteen sprechen, die man in den Taschen der Felsklippen und -wände über dem Meer suchen muß. Angesammeltes Laub läßt hier einen groben, sauren Humus entstehen, in dem ganze Büschel und Dickichte von Stengeln siedeln. In den Sommermonaten sind sie von unzähligen karminrosa großen Blüten umhüllt.

74

75

**Mammillaria pilispina** Pur. (76). Die dem Binnenland zugewandten und daher wesentlich trockeneren Westhänge der Sierra Madre Oriental sind die Heimat von *M. pilispina.* Wir haben die Art auf Gipssteinhügeln gefunden und zu unserer Überraschung war dieses Gestein in einer Zeit der völligen Trokkenheit feucht. Gipsstein verwittert nämlich leicht zu Gips, der stark hygroskopisch ist und auch aus der feuchten Luft Wasser aufnehmen kann. Einen Großteil des Jahres über sind diese Verwitterungen schmierig-klebrig. Die Pflanzen haben hier scheinbar bessere Lebensbedingungen, da man annehmen möchte, daß sie hier nicht so sehr unter der Trockenheit leiden. Andererseits hat der Gips ungünstige chemische Eigenschaften; daher können hier nur einige gut angepaßte Pflanzen existieren. Darin liegt die Ursache, daß Gipsgestein stets zu den interessanten und attraktiven Fundstellen von eigenartigen, von den übrigen Typen unterschiedenen Pflanzen gehört. *M. pilispina* gedeiht gut in der Kultur, auch wenn man sie in normaler Erde ohne Gips hält. Sie weckt im Gegenteil den Anschein, daß sie unter solchen Bedingungen besser gedeiht als in der Natur: die Kakteen wachsen üppiger und sind blühfreudiger.

76

77

**Mammillaria wilcoxii** Toumey (77). Die Kiefern und Eichen-Kiefernwälder in Nordmexiko und im Südwesten der USA sind die Heimat einer interessanten Gruppe von hakenförmigen großblütigen Mammillarien. In New Mexiko gehen sie bis in eine Höhe von über 2000 m ü. M. hinauf. In diesen relativ kühlen Zonen sinken die Temperaturen im Winter schon unter 0 °C. Auch Schnee ist hier keine Seltenheit, nur bleibt er kurze Zeit liegen. Die Temperaturstürze treten meist nur in der Nacht ein, während tagsüber die Luft von der Sonne hinreichend erwärmt wird. Der Frost wirkt hier also nur kurzfristig, meist kommt es nicht einmal zum Gefrieren des Bodens. Diese Mammillarien findet man stets in saurem Humus aus zersetzten Kiefernnadeln und Eichenlaub. Wachsen sie auf Steinunterlage, handelt es sich stets um sauren Granit. Verhältnismäßig lange galten sie als empfindlich und auch bei der Pfropfung zeigten sich keine guten Ergebnisse. Erst die Kultur in saurem Torf und Streu aus Kiefernnadeln, mit Sand gemischt oder in Granitsplitt, führte zum Erfolg. Die fleischigen Wurzeln sind allerdings empfindlich gegen Wasservorkommen im Substrat über längere Zeit hinweg, daher ist es unerläßlich, zwischen dem Gießen längere Trockenpausen einzulegen.

**Mammillaria sheldonii** (Britt. et Rose) Böd. (78). Die dunkelbraunen Stacheln (die mittleren sind zu Häkchen umgebildet) kontrastieren mit den breiten Blütenblättern einige Sommermonate lang, da die Pflanzen wiederholt in Serien blühen. Der Art *M. sheldonii* ähnelt der Kaktus *M. swinglei* stark. Möglicherweise handelt es sich nur um eine von den Formen, die sich etwas in Gestaltung des Stengels, Anzahl und Farbe der Stacheln in der Areole sowie in Anzahl und Färbung der Blüten unterscheidet. Bei der Kultivierung von *M. sheldonii* melden sich höhere Ansprüche an die Temperatur in der Winterzeit, an ein etwas saureres, humushaltiges Substrat und an unregelmäßiges Gießen nach vorherigem Austrocknen. Eine der verwandten Arten ist *M. maineae* aus den trockneren Gebieten von Nordsonora. Auch sie braucht ein durchlässiges Substrat und ein Maximum an Sonne und Wärme. Weitere nicht weniger schöne Arten sind z. B. *M. microcarpa* aus dem Südwesten der USA, *M. oliviae* aus dem Grenzgebiet zwischen Mexiko und Arizona und *M. guirocobensis* aus höheren Lagen im Staat Sonora, woher auch *M. sheldonii* stammt.

**Mammillaria theresae** Cutak (79). Auf den Abb. 67 und 61 wurde bereits die Serie *Longiflorae* vorgestellt, die Miniaturkakteen mit unglaublich großen Blüten an langen Röhren enthält. Wir betrachten nur die nördliche Linie dieses in-

**78**

79

teressanten Komplexes. Die Heimat dieser Kakteen sind die Staaten Sonora und Chihuahua. Von dort kennt man heute *M. saboae, M. theresae* und *M. goldii.* Alle muß man wiederum im Boden suchen, wo sie sich während der trockenen Winterzeit so verbergen, daß sie einen ganzen Zentimeter unter der Erdoberfläche sitzen können. Entdeckt wurden sie in den 60er und 70er Jahren, also erst kürzlich, wobei auch noch der Zufall im Spiel war. Im Gelände machen sie sich nämlich nur während der Blüte bemerkbar. Die Zucht in durchlässigem Substrat ist nicht schwierig. Zur Erzielung eines größeren Blütenansatzes empfiehlt sich die Pfropfung.

**Mammillaria zeilmannia** Böd. (80). Die Behandlung der dankbaren und in der Kultur beliebten Kakteen der Gattung *Mammillaria* beschließt hier eine der anspruchslosesten und am leichtesten zu züchtenden Miniaturen. Die frischgrüne Farbe des weichen, fleischigen Körperchens verschwindet für eine beträchtliche Spanne des Frühjahrs und Sommers unter Kränzchen aus violettrosa, zwar kleinen, aber zahlreichen Blüten. Diese Mammillarie kann man auch auf der Fensterbank kultivieren, wobei sie in den Sommermonaten sogar dauernde Feuchtigkeit verträgt.

**Normanbokea pseudopectinata** (Backb.) Klad. et Buxb. (81) ist ein kaum 2 cm großer Miniaturkaktus mit kräftiger, rübenartiger Basis. Die feinen weißen Stacheln stechen nicht, doch hüllen sie den Körper dicht ein und reflektieren so die Sonnenstrahlen. Die Blüten erscheinen im zeitigen Frühjahr vor

80

Beginn der Vegetation. Der Kaktus lebt auf niedrigen grasbestandenen Hügeln im Staat San Luis Potosí. Bekannt sind weiß und rot blühende Populationen, ähnlich wie beim verwandten *N. valdeziana.* Beide Arten kann man in der Literatur auch unter dem Namen *Pelecyphora,* in jüngster Zeit auch *Turbinicarpus* antreffen.

**Neolloydia grandiflora** (O.) Berg. (82) wächst einzeln oder büschelartig in kleinen Gruppen. Die länglichen Stengel sind dicht mit glasigen, pfriemförmigen Sta-

81

82

cheln besetzt. Die Blüten zeigen sich im Hochsommer und sind bei allen 4 Arten karminrosa. Im Norden reicht die Verbreitung bis Südtexas, im Süden bis Hidalgo und Queretaro. Es empfiehlt sich, auch in der Kultur die mineralhaltigen, gut durchlässigen, kalkreichen Böden ihrer Heimat nachzuahmen. Die Gattung *Neolloydia* wurde von den amerikanischen Botanikern Britton und Rose gegründet; in ihr wurden Kakteen zusammengefaßt, die ähnlich wie *Coryphantha* an der Warzenoberseite eine Längsfurche aufweisen. Aus diesem Gebilde werden Blüten produziert; allerdings finden sich im Unterschied zu *Coryphantha* hier kleine, vertrocknende Früchte und anders gebaute Samen. In diesen Merkmalen stehen sie den Gattungen *Echinomastus, Thelocactus* bzw. *Turbinicarpus* näher. Die Stellung der Gattung *Neolloydia* wird immer noch diskutiert. Die schönste, aber auch am schwierigsten zu behandelnde Art ist *N. matehualensis* mit blaugrüner wachsartiger Cuticula und auffälligen, kräftigen Stacheln. Sie wächst nur in der Umgebung der Stadt Matehuala.

**Neolloydia conoidea** (DC) Britt. et Rose (83) hat dunkle Mittel- und weiße Randstacheln. Sie wächst an vielen Stellen in Mexiko; jede von diesen Populationen unterscheidet sich nur ein wenig von den anderen. In Hidalgo und Queretaro haben sie eine Tendenz zu länglich-walzenförmigen Stengeln,

83

84

dunkler Färbung der Außenhaut, bräunlichen Stacheln und zu kräftig büschelartigem Wuchs; im Norden des Staates Nuevo Leon bringen sie robustere Stengel und weißliche Bestachelung hervor.

Die Opuntien *(Opuntia)* stellen eine Riesengruppe der Kakteengewächse dar (rund 300 Arten). Ihr Verbreitungsareal reicht von Patagonien bis Kanada, von der Meeresküste bis in 4000 m Höhe. *O. ficus-indica*, dessen Früchte man sogar am Mittelmeer genießen kann und der in letzter Zeit auch in europäische Staaten importiert wird, ist eine der vielen Nutzarten. Eine ganze Reihe von Opuntien hat eßbare junge Triebe — „Nopalitos", die man allerdings nur in Mexiko zu kosten bekommt. In den vergangenen Jahrhunderten hatten sie eine beträchtliche Bedeutung als Wirtspflanzen für parasitierende Schildläuse, aus deren Körpern ein leuchtendroter Farbstoff gewonnen wurde — Cochenille. In den 80er Jahren des vorigen Jahrhunderts betrug die Cochenille-Produktion Hunderte von Tonnen im Jahr (dabei brauchte man für 1 kg 140 000 getrocknete Schildläuse!). Aus botanischer Sicht bilden die Opuntien eine Gruppe, für die der gegliederte Stengel charakteristisch ist. Diese Glieder sind platt *(Platyopuntia)*, doch können sie auch einen kreisförmigen Querschnitt haben *(Cylindropuntia)*. In den Areolen der jungen Triebe lassen sich gut die verkümmerten Blätter ausmachen. Eine Besonderheit sind die feinen, haarartigen Stacheln — Glochiden, von denen in einer einzigen Areole eine Vielzahl sitzt; bei Berührung lösen sie sich leicht und können sehr unangenehm werden. Die Zellen an der Spitze haben nämlich widerhakige Auswüchse, die den in die Haut eingedrungenen Stachel festhalten. Bei allen Arten öffnen sich die Blüten am Tag, sie sind recht unterschiedlich; die überwiegende Mehrzahl gelb, orange und rot, in einigen Fällen auch weiß.

**Opuntia cantabrigiensis** Lynch (84) stammt aus Mittelmexiko, wo man sie auf der Hochebene in offenem, voll der Sonne ausgesetztem Gelände antreffen kann. Sie bildet niedere, manchmal niederliegende Büschel aus blaugrünen Scheiben, die im zeitigen Frühjahr von einer Blütenflut bedeckt sind. In der Kultur haben sie keinen übermäßigen Wuchs, sie erfordern eher hinreichend Sonne und Trockenheit als Wasser.

**Opuntia (Nopalea) dejecta** SD (85) ist eine strauch- bis niedrige baumartige Opuntie mit einem später verholzenden Stamm und einer Krone aus grünen elliptischplatten Gliedern. Die verwandten Arten (etwa 9), die zur Untergattung *Nopalea* gezählt werden, sind in Südmexiko und Mittelamerika längs der Westküste verbreitet. Da sie aber häufig als dekorative Sukkulenten bei der Bepflanzung von Gärten und Parks verwendet werden, sind sie heute über viele Tropen- und Subtropengebiete verbreitet, wo sie auch verwildern können. Die Ursache ihrer Beliebtheit liegt nämlich in der Bildung von auffallend roten, interessant geformten Blüten, die praktisch das ganze Jahr zu sehen sind. Bei den europäischen Bedingungen könnte *O. dejecta* Bedeutung für den Pflanzenschmuck größerer Innenräume und für die Sommerbepflanzung in Parks haben. Anspruchslos in der Pflege, toleriert sie auch gelegentliche Fehlbehandlung.

85

Verbreitungsareal der Gattung *Opuntia* (einschließlich *Cylindropuntia*, *Tephrocactus* u. a.).

**Opuntia (Cylindropuntia) tunicata** Lehm. (86) ist eine strauchartige Zierpflanze mit hellen, strohgelben bis leicht rosafarbenen dichten Stacheln, auf deren Oberfläche eine Hülle sitzt, die Tunika, die man leicht mit dem Fingernagel abziehen kann. Die walzenförmigen Glieder sind ziemlich lang, vor allem die vertikal orientierten. Die Seiten- „Äste" sind meist kürzer und bilden im Laufe der Zeit eine Krone. Die Art ist über ein großes Areal verbreitet, das Mexiko, die Karibischen Inseln, Kolumbien, Ecuador, Peru, Argentinien u. a. umfaßt. Eine Reihe weiterer Cylindropuntien ist aus dem Südwesten der USA bekannt, *O. cholla, O. fulgida* u. a.

In der Kultur haben sie nur für größere Sammlungen eine Bedeutung, wo sie schnell dekorative Bäumchen hervorbringen. Die Pflege ist einfach ohne besondere Ansprüche.

**Opuntia hystricina** var. **ursina** (Web.) Backb. (87) ist eine sehr dekorative Art mit länglichen Gliedern und langen, feinen silbrigweißen Stacheln oder Haaren. Sie stammt aus Südwestarizona aus der sehr trockenen Landschaft Mojave Desert. Andere Varietäten von *O. hystricina* sind auch in Nevada, Colorado und New Mexiko verbreitet, sämtlich auch in extrem trockenen Wüsten. Züchterisch läßt sich diese Opuntie in kleineren Sammlungen verwerten, doch kommt die weiße Bestachelung vor allem an größeren Pflanzen zur Geltung. In den Wintermonaten verträgt sie Temperatur-

86

87

88

abfälle unter den Gefrierpunkt, doch wurde ihre Zucht im Freien noch nicht erprobt.

**Opuntia microdasys** (Lehm.) Pfeiff. (88). Viele Sukkulentensammler haben ihre Versuche mit dieser dankbaren, unverwüstlichen Pflanze begonnen. In freier Natur bildet sie kleinere Sträucher aus flachen Gliedern, doch kann man auch eine ganze Reihe von Formen finden, die sich sowohl durch Gliedergröße und -form als auch in der Färbung der Glochidenpölsterchen unterscheiden. Es gibt Glochiden in verschiedenen Farbtönen — gelbe, rote, braune, weiße, (cv. 'Angel's wings' kann man den Züchtern besonders empfehlen — ihre Glochiden stechen im Unterschied zu den übrigen Formen nicht). Wie auch die meisten Opuntien, kann man *O. microdasys* leicht durch Abtrennen von Gliedern vermehren. Nach kurzer Zeit bilden diese Wurzeln, nach dem Einpflanzen wachsen bald neue Glieder hervor. Die Opuntienblüten sind zwar auch ein beliebter Schmuck, doch erscheinen sie vorwiegend erst an größeren Pflanzen, die in privaten Sammlungen nur selten möglich sind.

89

**Opuntia pycnacantha** Engelm. (89) ist eine außergewöhnlich hübsche Opuntie, deren helle Bestachelung mit den rotbraunen Areolen und dem frischen Grün der Außenhaut kontrastiert. Sie wächst langsam, wobei sie nicht so tolerant ist wie die obigen Arten. Sie erfordert ein gewisses Fingerspitzengefühl bei der Wassergabe und verträgt keine dauernde Substratfeuchtigkeit. Die Art stammt von der Halbinsel Baja California. Von den vielen weiteren Opuntienarten sollen wenigstens die aus den kühleren Gebieten der USA und Kanadas genannt werden. Sie sind völlig frosthart und man kann sie leicht in europäischen Bedingungen auf Felsen, Terrassen und Balkons züchten. Im Juni sind sie in der Regel von einer gelben Blütenflut bedeckt; die bekanntesten sind *O. phaeacantha, O. fragilis* und *O. compressa.* Mit Erfolg ließen sich auf sie die empfindlichen *Pediocactus* spp. und *Sclerocactus* spp. pfropfen, die mehrere Jahre im Freien lebten.

**Pachycereus weberii** (Coult.) Backb. (90). In die Gattung *Pachycereus* werden mächtige, baumartige Kakteen gerechnet, die mehrere hundert Kilogramm wiegen und mehrere Meter hoch werden (*P. gigas* und *P. weberii* bis zu 11 m). Insgesamt 6 Arten sind über die Westhälfte von Mexiko verbreitet. Aufmerksamkeit erregen sie eher als gigantische, Jahrhunderte alte Gewächse als aus dem Blickwinkel der Kultivierungsmöglichkeiten. Auf unserer Reise sind wir in Südoaxaca eines Tages durch ein Tal gefahren, in dem die vernichteten Überreste von Hunderten solcher Riesen lagen. Da man ihnen nicht mit Axt und Machete zu Leibe gehen kann, mußten an die Stämme Haufen aus Reisig und Maisstroh geschichtet werden. Im Feuer wurde das fleischige Gewebe im wahrsten Sinne des Wortes gekocht. Auch so hat es noch viele Monate gedauert, ehe die Bewohner der Gegend die Kakteen beseitigen und den Boden für den Maisanbau nutzen konnten. Auch wenn man einmal Gewissen und Emotionen beiseite läßt, bleibt unverständlich, warum der Mensch auch hier, unter diesen ungünstigen Wüstenbedingungen, das natürliche Gleichgewicht stört, wo das Leben in hohem Maße von natürlicher Ausgewogenheit abhängt. Viele Kakteen, Sukkulenten und andere trockenheitsliebende Vegetation bringen dem Menschen keinen direk-

90

91

ten Nutzen; man kann sie nicht essen, ans Vieh verfüttern oder industriell verwerten, doch bedeuten diese Pflanzen eine unendlich wichtige Komponente für das biologische Gleichgewicht in trockenen Gebieten. Ihre Beseitigung bedroht das Leben in der Umgebung, das Klima, die Grundwasservorräte, oft ist Erosion die Folge und eine Landschaft verwandelt sich in eine totale „Sahara".

**Obregonia denegrii** Frič (91) ist ein flacher grüner Kaktus, dessen Stengel in zahlreiche dreieckige Warzen gegliedert ist. Die Stacheln sind nur schwach, unauffällig, die Blüten wachsen aus dem Scheitel die ganze Vegetationszeit über. In freier Natur kommt er nur an einer einzigen Stelle in einem breiten Tal nahe der Siedlung Jaumave im Staat Tamaulipas vor. Hier bewohnt er das Untergeschoß eines dichten Buschwaldes, wo er im feinen Fallaub im völligen Schatten siedelt. Die ausgiebigen Niederschläge der Sommermonate verwandeln das Wüstenklima in feuchte tropische Hitze, die Laubdecke der Hölzer läßt nur wenig Licht durch, so daß hier auch an Sonnentagen eine grünliche Dämmerung herrscht. Bei Kultivierung braucht er ein durchlässiges, am besten mineralisches Substrat, ausreichend Wärme im Sommer, wobei er eine höhere Feuchtigkeit toleriert. Er erfordert aber strenge Trockenheit bei Temperaturabfall und natürlich eine vollkommen trockene Überwinterung.

**Cereus (Ritterocereus) griseus** O. (92). Von der ungeheuren Menge der Säulencereen wird eine ganze Reihe zum Pflanzen von Kakteenhecken verwendet, wie z. B. diese graugrüne, bis zu 4 m hohe Art von der Küste Venezuelas. Sie kommt aber auch auf den Karibischen Inseln vor, namentlich auf Kuba und Jamaika sowie an der mexikanischen Atlantikküste. Es ist nicht uninteressant, daß man diese Kakteen vielfach an Stellen treffen kann, an denen salziges Meerwasser durchsickert. Sie müssen also eine höhere Salzkonzentration im Boden tolerieren.

92

93

**Ortegocactus macdougallii** Alexander (93). Dieser Kaktus wurde Ende der 50er Jahre entdeckt und erst 1961 beschrieben. Dies ist nicht weiter verwunderlich, stammt er doch hoch aus den Bergen von Oaxaca, wo es bis auf den heutigen Tag keine Wege gibt. Die 5 cm großen Pflanzen mit weißblauer Außenhaut und dunklen, abstehenden Stacheln siedeln auf dem Gipfel eines Berges mit eigenartiger geologischer Zusammensetzung, der sich auch im Aussehen von den umliegenden Gipfeln unterscheidet. Obwohl alle Berge in Sichtweite mit dichten Kiefern- und Eichenwäldern bewachsen sind, ist dieser ungewöhnliche Berg fast kahl. Der Fels ist mit schütteren Gräsern, Flechten und Moosen überzogen. *O. macdougallii* ist hier zahlreich, auf 1 $m^2$ haben wir 20—25 Pflanzen gezählt. Zeitig im Frühjahr bringt er seine großen, leuchtendgelben Blüten hervor. Bisher ist ungeklärt, wohin dieser Kaktus eigentlich gehört und deshalb ist er vorläufig der einzige Vertreter dieser Gattung. In durchlässigem Material und bei einer Überwinterung über 12 °C ist seine Zucht nicht allzu schwierig. In den europäischen Breiten blüht er allerdings kaum.

**Pilosocereus chrysacanthus** (Web.) Byl. et Rowley (94) vertritt zusammen mit der folgenden Art eine Gattung hoher Säulenkakteen, die in erwachsenem Zustand an den Spitzen von Stamm und Ästen umgebildete Areolen hervorbringt, an denen meist außer den Stacheln auch Haare, Wolle und Watte wachsen; an diesen Gebilden entstehen auch die Blüten. *P. chrysacanthus* wächst in Südmexiko in relativ feuchten Waldgesellschaften, ähnlich wie

**Pilosocereus palmerii** (Rose) Byl. et Rowley (95), der jedoch aus Ostmexiko stammt. Beide

94

95

96

bilden hübsche Sämlinge mit behaarten Areolen und hellen Stacheln bereits in der Jugend und finden daher eine ausgezeichnete Verwendung in der Kultur. *P. palmerii* ist darüber hinaus eine Art, die etwa bei 1 m Größe auch im Gewächshaus leicht zu blühen beginnt. Angebracht ist eine wärmere Überwinterung über 12 °C; ans Substrat werden keine besonderen Ansprüche gestellt.

97

**Pediocactus (Pilocanthus) paradinei** Benson (96). Die Gattung *Pediocactus* umfaßt Miniaturkakteen aus dem Südwesten der USA, die in Grasgesellschaften leben. Ihre Zucht ist unter europäischen Bedingungen schwierig. Die größten Erfolge kann man durch Pfropfung auf eine harte Unterlage (*Trichocereus,* frostharte Opuntien) erzielen. Der Kaktus erfordert ein Maximum an Wärme und Sonne im Sommer sowie kühle bis frostige Überwinterung in absoluter Trockenheit. *P. paradinei* bringt helle, gelbliche Blüten hervor. Er gehört zu den geschätztesten und teuersten Kakteen.

**Pelecyphora asseliformis** Ehrenb. (97) ist ein Miniaturkaktus aus dem Zentralgebiet von San Luis Potosí. Er hat eigenartige Areolen, deren Stacheln nicht länger als 2 mm werden und die wie Asseln aussehen, woher der Kaktus auch seinen Artnamen hat. Ähnlich wie der zweite Vertreter der Gattung, *P. (Encephalocarpus) strobiliformis,* lebt er in steinigem Gelände, eingesenkt ins Erdreich. Beide haben karminrosa Blüten und blühen den ganzen Sommer über. In der Kultur erfordern sie große Aufmerksamkeit, maximale Wärme und eine sparsame, unregelmäßige Wasserzufuhr. Bei Temperaturabfall ist Trockenheit unerläßlich, ebenfalls bei der Überwinterung.

**Strombocactus disciformis** (DC) Britt. et Rose (98) ist wieder eine außergewöhnliche Art mit spezifischen Anforderungen sowohl an die Bedingungen in der freien Natur, wo sie an steilen Schieferwänden der Cañons von Rio Moctezuma und dessen Zuflüssen lebt, als auch in der Kultivierung. Da sie schattige Nordwände bewohnt, auf die kein Sonnenlicht fällt, fehlen bei ihr sämtliche Schutzvorrichtungen gegen Sonne (Stacheln, Wachsüberzüge auf der Haut, Watte, Haare u. a.). Auch hier finden wir wieder staubartig feine Samen vor, die bei der Existenz in sehr steilem Gelän-

98

de unerläßlich sind. Die Kultur ist nicht leicht; größere Erfolge erzielt man bei der Zucht in einem Substrat aus Pläuer oder Schiefer mit Sand. Gegossen wird ganz vorsichtig, nur einigemale während des Sommers an warmen Tagen. Der Kaktus blüht den ganzen Sommer über. Botanisch steht er *Aztekium ritteri* nahe (Abb. 12).

**Neobuxbaumia (Rooksbya) euphorbioides** (Haw.) Buxb. (99) ist ein mehrmetriger Säulencereus mit schmucken Areolen und dunklen Stacheln. Sein Wachstum ist langsam, daher ist er über Jahre hinweg eine geeignete, anspruchslose Dekoration für größere Glashäuser. Allerdings muß er bei Temperaturen überwintern, die nicht unter 10 °C absinken. Die weiteren rund 9 Arten der Gattung *Neobuxbaumia* haben feine, dichte Bestachelung und sind in bezug auf Feuchtigkeit und Temperaturen unter 10 °C empfindlich.

**Thelocactus bueckii** (Klein) Britt. et Rose (100). Die ganze Gattung umfaßt etwa 12 Arten, die meist im Gebiet von Chihuahua Desert, also an Stellen mit heißem, trockenem Klima, verbreitet sind. Vorwiegend wachsen sie einzeln, eine Ausnahme bildet *T. leucacanthus* — Abb. 105, haben kugelige, abgeplattete Körper, zähes Gewebe und auffällige Bestachelung. Da sie auf Mineralböden wachsen, ist ihre Kultivierung nicht gerade einfach. Sie erfordern ein durchlässiges Substrat und Wassergaben nur an heißen Sommertagen. Sie blühen im Hochsommer. Man kann sie aber gut aus Samen ziehen, wobei die Sämlinge schnell heranwachsen und nach eventueller Pfropfung in 3—4 Jahren mit der Blüte beginnen können. Der Gattungsname ist vom griech. Wort thele = Warze abgeleitet; er charakterisiert den warzenartigen Rippenbau bei allen bekannten 15 Arten. Die Blütenfarbe bewegt sich in der ganzen Gattung in verschiedenen Schattierungen von Rosa, Weiß und Gelb; doch ist sie ähnlich wie bei verschiedenen anderen Kakteengattungen nicht immer im Rahmen einer einzigen Art konstant. *T. bueckii* blüht rosa.

99

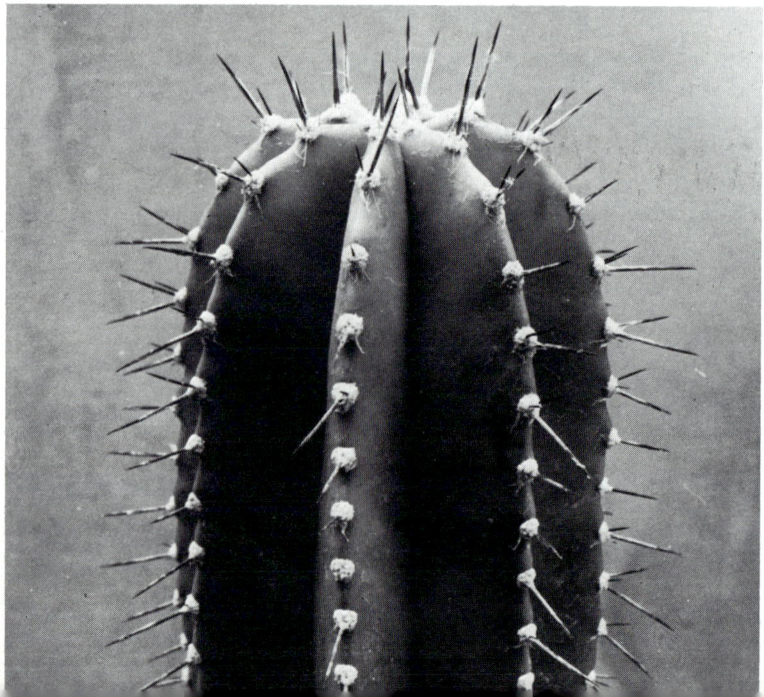

100

**Thelocactus hexaedrophorus** (Lem.) Britt. et Rose (101). Der Artenname *hexaedrophorus* ist eine griechische Wortverbindung und bezeichnet den sechskantigen Bau der Rippen bzw. Warzen. Die Blüten dieser Art sind silbrigrosa bis weiß oder cremefarben-gelblich. Der Kaktus ist im Staat San Luis Potosí verbreitet.

101

102

**Thelocactus bicolor** (Gal.) Britt. et Rose (102). Wie in den vorigen Fällen handelt es sich um kleinere kugelige Pflanzen mit auffallend kräftiger Bestachelung. Sie stammen aus den flachen Anschwemmungsgeländen von Texas und Nordmexiko. Bekannt sind mehrere lokale Varietäten; die schönste weiße dichte Bestachelung hat *T. bicolor* var. *bolansis* aus der Sierra Bola. Eine verwandte Art aus dem Staat Tamaulipas ist *T. schwartzii* oder aus den Staaten Zacatecas und Durango *T. heterochromus* mit auffällig kräftigen, umgebogenen Stacheln. Die Zucht von *T. bicolor* und *T. schwartzii* ist bei europäischen Bedingungen ziemlich leicht. In den Sommermonaten tolerieren sie reichlicheres Gießen, doch muß die Überwinterung trocken sein.

**Thelocactus matudae** et Sanchez-Mejorada Lau (103) ist die jüngste Art der Gattung. Sie wurde erst 1978 beschrieben und zu Ehren von Professor E. Matuda, einem führenden Fachmann des Botanischen Instituts der Universität in Mexiko City, benannt, um dessen Verdienste in der Kakteenforschung zu würdigen. Dieser neue *Thelocactus* stammt aus dem Staat Nuevo Leon, wo er auf Gipsgestein wächst, also an Stellen, die ziemlich feucht und mit Buschwald, Farnen und Moosfarnen bedeckt sind.

Die Kultivierung der neuen Art ist leicht, man kann sie zur Zucht empfehlen. Vor allem die intensiv karmin-violett gefärbten Blüten, die oft wesentlich größere Ausmaße als auf diesem Bild erreichen, dürften ihr gewiß große Popularität sichern.

**Thelocactus conothele** var. **aurantiacus** Glaas et Foster (104) stammt aus den Tälern der westlichen Ketten der Sierra Madre Oriental; in dieser Gegend sind noch weitere Varietäten verbreitet. Erst vor kurzem nahmen amerikanische Autoren eine Durchsicht der bunten Mischung von Formen und Varietäten der Art *T. conothele* vor. Sie unterscheiden sich voneinander unwahrscheinlich stark in der Dichte der Bestachelung und blühen violett oder auch gelb. Wer nie die Möglichkeit hatte, diese Pflanzen in ihrer natürlichen Umgebung zu beobachten, wird nicht glauben wollen, daß man sie alle als eine einzige Art ansieht. In Nordmexiko ist noch eine Gruppe von starkstacheligen Arten mit bläulicher bis grünlicher

103

Haut verbreitet. Der bekannteste Vertreter ist *T. nidulans* mit kräftigen fransigen Stacheln. Er stammt von Mineralböden mit größerem Kalkgehalt, die sehr durchlässig sind. Diese Plätze werden verschwenderisch mit Sonnenstrahlen bedacht. In der Kultivierung ist es nicht einfach, solche Bedingungen nachzuvollziehen und den Anforderungen der Importe Rechnung zu tragen. Die großen Exemplare leben daher meist nur so lange, bis sie ihre Vorräte an organischen Stoffen erschöpft haben; ein eventuelles weiteres Wachstum leidet unter Rückgang der Bestachelung. Viel vorteilhafter lassen sich kleinere Exemplare kultivieren, die zwar nicht so attraktiv sind, sich jedoch mit größerer Wahrscheinlichkeit akklimatisieren und weiterwachsen. Die Zucht von Sämlingen erfordert Geduld, da sie zunächst nur langsam wachsen, doch durch Pfropfung kann man den Prozeß beschleunigen. Die meisten Arten blühen in der Kultur als 4—5jährige Sämlinge.

**Thelocactus leucacanthus** (Zucc.) Britt. et Rose (105) ist ein interessanter Kaktus von den Hochebenen Mittelmexikos. Er bildet in der Natur große Büschel aus frischgrünen Stengeln. Der büschelartige Wuchs ist in den Grasgesellschaften wichtig. Hier sammelt sich trockenes Gras und in der Trokkenzeit droht Feuergefahr. Die Randpartien der Büschel werden zwar von einem solchen Steppenbrand beschädigt, doch in der Mitte bleiben unversehrte „Köpfe“. *T. leucacanthus* hat hell gelbweiße Stacheln und gelbe Blüten. Die Pflanzen aus dem Westteil des Verbreitungsareals haben violettrote bis rosa Blüten. Sie wurden als *T. leucacanthus* var.

105

*schmollii* und var. *sanchez-mejoradai* klassifiziert. Alle Formen und Varietäten lassen sich leichter züchten als die Arten aus dem Norden, ähnlich wie *T. bicolor.*

**Turbinicarpus laui** Glass et Foster (106) sind etwa 2–4 cm große, unterirdisch lebende Kakteenminiaturen. Es gibt insgesamt etwa 6 Arten, die verwandtschaftliche Beziehungen zu den Gattungen *Thelocactus, Neolloydia* und *Gymnocactus* haben. Alle Angehörigen dieser Gattung haben sich an das Leben in der Erde angepaßt, ähnlich wie *Pelecyphora.* Einen Großteil ihres Körpers macht die rübenartige Basis aus, die in der Trockenzeit runzelig wird, ihren Umfang verringert und so die Pflanze ins Erdreich einzieht. Nach Regen saugt sie sich wieder voll, ihr Umfang wird größer, dadurch wird der grüne Scheitel über die Erdoberfläche hinausgeschoben. Die Blüten sind wie bei den weiteren Arten auch saisongebunden; sie erscheinen nur im Frühjahr.

**Turbinicarpus pseudomacrochele** (Backb.) Buxb. et Backb. (107) lebt an der südlichen Verbreitungsgrenze dieser Gattung und ist heute sehr selten. Die Blütenfarbe ist meist rosa, doch sind auch weißblühende Exemplare bekannt. Der eng verwandte *T. krainzianus* hat gelbe Blüten, ähnlich wie *T. flaviflorus.* Alle Arten sind in der Kultur gegenüber zuviel Wasser höchst empfindlich, vor allem *T. pseudomacrochele* und *T. schmiedickeanus.* Sie brauchen ein durchlässiges Substrat und eine längere Trockenpause auch in der Sommerzeit; im Winter tolerieren sie Temperaturabfälle unter 10 °C. Alle lassen sich leicht aus Samen ziehen, im Laufe von 2–3 Jahren erreichen sie eine Größe von rund 1 cm.

**Wilcoxia poselgeri** (Lem.) Britt. et Rose (108). Insgesamt wurden 10 Arten der Wilcoxien beschrieben, doch die enge Verwandtschaft mit den Gattungen *Peniocereus* und *Neoevansia,* aber auch mit *Echinocereus* liefert bis heute den Botanikern Diskussionsstoff. Es handelt sich um niedrige Strauchkakteen mit dünnen, im Querschnitt kreisrunden Stengeln und meist auch mit knolligen, unterirdischen Vorratsorganen. Die Vertreter sind von Texas bis Mittelmexiko verbreitet. Sie erscheinen in Buschgesellschaften mit *Acacia, Fouquieria, Prosopis* u. a., deren Zweige sie als Stützen benutzen, da ihre Stengel an sich nicht aufrecht stehen können. Sie blühen im Sommer, stets in Serie zu mehreren Blüten gleichzeitig in den Farben Purpur, Violettrosa, auch Weiß. In der Kultivierung haben diese Pflanzen nur bei Pfropfung eine Bedeutung (Abb. 108). Als Unterlage lassen sich viele Cereusarten verwenden. Nach dem Pfropfen entfallen nämlich die Probleme mit den relativ emfindlichen rübenförmigen Vorratswurzeln und so erzielt man auch einen wesentlich reicheren Blütenansatz.

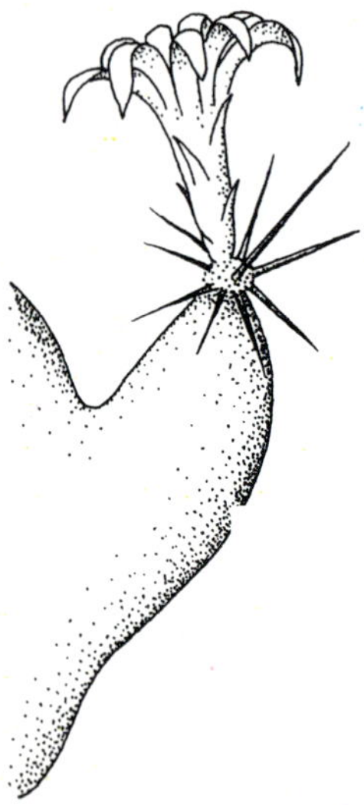

Stellung der Blüte von *Turbinicarpus* – sie wächst aus der Areole.

106

107

108

**Wilcoxia albiflora** Backb. (109) ist eine der Miniaturen dieser Gattung mit kaum 20 cm langen Stengeln. Eine ähnliche Art mit behaarten Areolen ist *W. schmollii.* Im Gegensatz dazu erreichen die Zweige von *W. striata* oder *W. viperina* eine Länge von 1,5 m; deshalb eignen sie sich nicht für kleinere Räume.

**Sclerocactus whipplei** (Engelm. et Bigelow) Britt. et Rose (110). Der Südwesten der USA ist die Heimat einer ganzen Reihe seltener Kakteen. Dank des extrem trockenen, sonnigen Klimas und der spezifischen geologischen Unterlagen haben sich hier nur kleine Populationen von Arten mit spezieller Anpassung entwickelt. Ihre Kultur ist sehr schwierig und man kann sagen, daß die Einfuhr von Importen in europäischen Bedingungen sinnlos ist. Die eingeführten Pflanzen sind praktisch nicht in der Lage, sich anzupassen, auch nicht im Mikroklima der besten Gewächshäuser. Die für die Reproduktion notwendigen Bedingungen — d. h. für den Blütenansatz, für das Hervorbringen von Früchten mit keimfähigen Samen nach der Bestäubung — lassen sich nicht simulieren. Unter diesen Bedingungen ist die Einfuhr von Pflanzen aus der Natur eine Barbarei, um so mehr, als sie im Red Data Book der bedrohten Arten registriert sind.

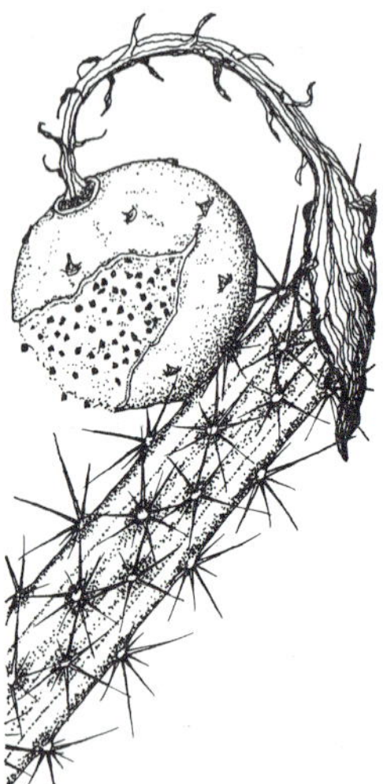

Kaktusfrüchte sind meist fleischige Beeren, oft eßbar und wohlschmeckend.

109

110

Anders liegt die Situation bei der Aufzucht von Sämlingen. Die gehören zwar auch zu den äußerst schwierigen Kakteen, doch nach ihrer Pfropfung auf *Echinopsis* cv. oder *Eriocereus jusbertii* entwickeln sie sich gut und versprechen nach einigen Jahren Blüten. Sogar bei den Bedingungen Mitteleuropas waren wir bereits Zeugen der erfolgreichen Aufzucht einer neuen Generation von Samen, die von Sämlingen geerntet worden waren. *S. whipplei* und *S. polyancistrus* gehören zu den Kakteen mit der auffälligsten Bestachelung. *S. glaucus* und *S. pygmeus* lassen sich wiederum sehr leicht kultivieren. Eine wichtige Vorbedingung bei Zuchtversuchen mit diesen Arten ist die intensive Lüftung in den Nachtstunden, da sich herausgestellt hat, daß die nördlichen Kakteen für ihr Gedeihen einen Temperaturabfall in der Nacht benötigen. Maximale Wärme und Sonne am Tag sind die zweite Bedingung. Die Wintertemperaturen können niedrig sein, auch in der Natur kommen häufig Fröste, in einigen Fällen sogar Schnee vor.

111

# DIE KAKTEEN DER SÜDAMERIKANISCHEN STEPPEN UND BERGE

Der Subkontinent Südamerika ist genauso kakteenreich wie Mittel- und Nordamerika. Die südamerikanischen Kakteen kann man entsprechend den ökologischen Anforderungen grob in zwei Hauptgruppen teilen. Die erste sind die Bewohner der Hochgebirgssysteme von Anden und Kordilleren. Die Westhänge dieser Gebirge sind trocken, Atacama Desert an der Grenze zwischen Chile und Peru ist eine der kritischsten Trockenzonen der Welt. Die Gebirgskakteen sind daher in den meisten Fällen an riesige Unterschiede von Sonne, Trockenheit, Hitze und jähe Temperaturschwankungen gewöhnt. Ihre Körper sind hart, die Stacheln meist kräftig entwickelt. In ihrer Lebensweise ähneln sie den nordamerikanischen Kakteen aus den nördlichen Wüstenlandschaften der USA und aus Chihuahua Desert in Nordmexiko. Im Gegensatz dazu ist der flachere Ostteil des südamerikanischen Subkontinents mit sommergrünem Trockenwald (Caatinga), bedeckt, mit Pampas und Savannen. Im Andenvorland treten dann noch Gesellschaften eines feuchteren Waldtyps auf den Plan. Die hiesigen Kakteen stellen höhere Ansprüche an die Wasserversorgung als die Kakteen aus Mexiko oder aus dem südamerikanischen Westen. Sie tolerieren in der Kultur nicht nur eine wesentlich größere Wasserdosierung während der Vegetationszeit, sondern sind auch gegen Schimmel- und Bakterieninfektionen widerstandsfähiger, sie vertragen also auch Humussubstrat. Aus systematischer Sicht sind in Südamerika unterschiedliche Kakteengattungen verbreitet. Nur einige wenige Ausnahmen bestätigen diese Regel, z. B. die Gattungen *Melocactus, Pilosocereus* u. a., die auch aus Mittelamerika bekannt sind.

**Arrojadoa rhodantha** (Gürke) Britt. et Rose (111) sind Strauchcereen mit knapp 3—4 cm starken Ästen. Alle 5 Arten bilden Sträucher und sind in Brasilien auf den Hochflächen südlich des Amazonas verbreitet. Sie kommen in trockenen Wäldern auf steinigem, durchlässigem Untergrund vor und sind an der Bildung der Strauchzone beteiligt, wobei sie teilweise von der Baumzone beschattet werden. Bei erwachsenen Exemplaren enden mit Ausgang der Vegetationszeit die Zweige in einem filzartigen Cephalium, das von einer Krone aus längeren Stacheln umgeben ist. Zu

112

Ende der Vegetationszeit erscheinen an diesem Gebilde schlanke, porzellanähnlich glänzende, fleischige Blüten. Im folgenden Frühjahr wächst das Cephalium aber aus, die Zweige verlängern sich, um am Ende ein neues Cephalium hervorzubringen.

**Acanthocalycium violaceum** (Werd.) Backb. (112) ist die größte Art dieser Gattung (sie kann Maße von 20 × 13 cm erreichen). Die Gattung zählt etwa 12 über die Nordprovinzen Argentiniens in den östlichen Anden (500—1200 m ü. M. hoch) verbreitete Arten. Das heißt, daß es sich um Hänge und Täler handelt, die mit schütterem Wald, Sträuchern und Grasvorkommen bestanden sind. Die Wasserversorgung ist hier auch während des Sommers auf der Südhalbkugel (November bis März) verhältnismäßig geregelt. Der südliche Winter ist aber trocken und praktisch niederschlagslos. *Acanthocalycium* ist eng mit den Gattungen *Echinopsis* und *Lobivia* verwandt. Sie bildet kugelige, gerippte Körper aus, die Blüten sind becherförmig und wachsen entweder auf dem Scheitel oder aus den seitlichen Areolen. Auf der Blütenröhre, später auch an der Frucht sitzen charakteristische Schuppen, Stacheln und Haare. Bei europäischen Bedingungen ist die Zucht einfach. Ein humushaltiges Nährsubstrat und hinreichend Wasser im Sommer genügen. Nur die gelbblütigen Arten reagieren empfindlicher auf zuviel Feuchtigkeit. Die Überwinterung kann kühl sein (10—5 °C). Blüten erscheinen im Frühjahr und Sommer.

113

114

**Blossfeldia liliputana** Werd. (113) ist der kleinste südamerikanische Kaktus, der schon vor Erreichen einer Größe von 0,5 cm erwachsen ist und blüht. Er stammt aus den Gebirgsklippen in Nordargentinien und Südbolivien. Die Existenz auf den Steilhängen hat hier zu den gleichen Anpassungserscheinungen wie bei dem mexikanischen *Strombocactus* und *Aztekium* geführt; die Samen der Gattung *Blossfeldia* sind sehr klein, kugelig und mit einem großen, korkigen Nabel versehen. Die stachellosen Körperchen bilden im höheren Alter in der Natur rübenartige kräftige Wurzeln; durch Ableger entstehen Kolonien von 50 und mehr Miniaturköpfchen. In der Trockenzeit schrumpfen die oberirdischen Teile zu einer kleinen „Schuppe" zusammen, die scheinbar am Felsen klebt. Die Blüten sind etwa 0,5 cm groß, weißlich, die Früchte kommen oft auch ohne Öffnen der Blüte zur Reife (sog. Kleistogamie). Die Züchtung von importierten Pflanzen ist schwierig. Sie brauchen eine leichte Feuchtigkeit in den Wintermonaten, sonst können sie vertrocknen. Es empfiehlt sich, sie auf Cereus-Unterlagen zu pfropfen. In kurzer Zeit entstehen Büschel von unzähligen Köpfchen, die üppig blühen und in den Wintermonaten auch niedrige Temperaturen um 10 °C vertragen.

**Aylostera pseudodeminuta** (Backb.) Backb. (114) stammt aus den trockenen Gebirgen aus dem nordargentinischen Landesinneren. Sie erscheint in höheren Lagen zwischen Gras und Sträuchern an Steilhägen. In der Kultur ist das eine dankbare, freudig blühende Art. Ähnlich wie die meisten Vertreter der

115

Gattung erfordert sie eine kühlere Überwinterung, da sie bei Temperaturen über 14 °C auch im Winter weiterwächst. Dadurch werden die Vorratsstoffe aufgezehrt, die im Frühjahr zur Ernährung von Knospen und Blüten dienen sollen. Pflanzen, die im Warmen überwintern, blühen daher nur wenig.

**Aylostera albipilosa** (Ritter) Backb. (115) sind kleine, kugelige, später meist büschelartige Kakteen mit dichter Bestachelung und auffälligen, pastellfarbigen Blüten.

116

Systematisch gehören sie zur Gattung *Rebutia*, die Bezeichnung *Aylostera* wird heute meist im Sinne einer *Rebutia*-Untergattung verwendet. Rund 20 Arten sind in Nordargentinien und Südbolivien in gebirgigem Gelände auf steinigen Hängen zwischen Gräsern verbreitet.

**Aylostera spinosissima** Backb. (116) ist ein dicht weiß bestachelter Kaktus aus der Umgebung von Salta in Argentinien. Seine Blüten erscheinen im Frühjahr, im Mai. Die älteren Exemplare blühen üppiger als die jungen; oft sind sie unter ihrer Blütenpracht nicht zu sehen. Die Früchte sind sehr klein und stachelig. Das ist ein charakteristisches Merkmal der Kakteen aus der Untergattung *Aylostera.* Die schönsten Arten sind *A. heliosa* mit ganz kurzen weißen anliegenden Stacheln und orangefarbenen Blüten und die ähnliche *A. albopectinata* mit roten Blüten. Beide gedeihen nach Pfropfung besser. Die Zucht der übrigen Arten ist meist einfach; ihnen genügt ein Nährstoffsubstrat, hinreichend Sonne und frische Luft im Sommer. Gegebenenfalls kann man sie auch den Sommer über im Freien halten. Überwinterung im Kühlen bei 10 °C.

**Buiningia brevicylindrica** Buin. (117) hat bis zu 30 cm hohe und 15 cm breite Körper; gelegentlich schlagen sie auch an der Basis aus und wachsen in Gruppen. Die Art gehört zu den Cereus-Kakteen (sie steht der Gattung *Coleocephalocereus* nahe), die ein seitliches Cephalium und haarig-wollige Areolen bilden, an denen die Blüten entstehen. Die Bestachelung ist gelb, bis zu 6 cm lang und vor allem an den Kultursämlingen ungewöhnlich attraktiv. Bekannt sind 3 ursprünglich im brasilianischen Staat Minas Gerais beheimatete Arten, die dort in saurem, auf Terrassen und in Taschen der Granitfelsen angesammeltem Humus leben. Sie wachsen in der Gesellschaft von Orchideen, Bromelien, Moosen und Flechten, d. h. daß hier hohe Niederschläge herrschen. Die Zucht der Buiningien erfordert ganzjährig Temperaturen über 15 °C, wobei es angebracht ist, die

117

Pflanzen auch im Winter durch gelegentliches Befeuchten und Aufstellung am Licht in leichtem Vegetationszustand zu halten. Kultursämlinge kann man ausgezeichnet auch gepfropft auf *Hylocereus* spp., *Selenicereus* spp. ziehen.

**Dendrocereus nudiflorus** (Engl.) Britt. et Rose (118) ist ein Baumcereus, der nur auf Kuba wächst. Er kann eine Höhe von 10 m und mehr erreichen und bildet eine ausladende Krone aus kahlen, ungestachelten Ästen sowie einen kräftigen, holzigen Stamm, an dem bis zu 7 cm lange nadelartige Stacheln sitzen. Die weißen nächtlichen Blüten erscheinen in großer Zahl und sind genau wie die nach dem Ausreifen apfelgroßen Früchte kahl. Bis heute kann man diesen Kaktus sporadisch an der Nordküste Kubas vorfinden, wo er in der buschartigen Küstenvegetation und in sommergrünen Wäldern „Manigua costera“ zusammen mit weiteren Cereen der Gattungen *Harrisia, Leptocereus* und *Pilosocereus* wächst. Für die Zucht in der Kultur hat er keine große Bedeutung, doch kann man ihn zum Anpflanzen im Freien verwenden, allerdings nur in subtropischen Gebieten. Relativ schnell wächst er zu „Parkformen“ heran.

**Browningia (Azureocereus) hertlingianus** (Backb.) Buxb. (119) ist ein baumartiger, bis zu 8 m hoher und 30 cm breiter kandelaberwüchsiger Cereus mit azurblauer wachsbereifter Außenhaut, gelbbraunen Stacheln und dunkel befilzten Areolen. Seiner blauen Farbe wegen ist er als Dekoration für größere Glashäuser begehrt. In freier Natur kommt er in Südperu in den Fluß-

118

119

tälern von Apurimac und Mantaro vor. Die ganze Gattung *Browningia* ist Kakteen aus Peru vorbehalten. Früher war sie monotypisch mit dem einzigen Vertreter *B. candelaris,* später jedoch haben die verschiedenen Autoren weitere, früher selbständige Gattungen — z. B. *Azureocereus, Castellanosia, Gymnocereus, Rauhocereus* — hinzugefügt. Die ursprüngliche *B. candelaris* gehört zu den bemerkenswerten Kakteen. Der Stamm ist mit langen, kräftigen Stacheln bedeckt, aber im erwachsenen Stadium produziert die Pflanze nur noch kurz bestachelte kandelaberartige Äste in der Krone. Diese fruchtbaren Äste kann man praktisch nicht zum Wurzeln bringen. Es ist auch noch nicht gelungen, sie zu pfropfen. Das zeugt von der Spezialisierung der erwachsenen Reproduktionsäste, was verschiedene Autoren für eine Variante der Cephalien an den anderen Kakteen halten. Die Zucht ist nicht schwierig. Vermehrt man die Pflanze durch Aussaat oder Schnittlinge, toleriert sie humusreicheres Substrat und auch regelmäßige Wassergabe während der Sommersaison. Die Überwinterung empfiehlt sich bei Temperaturen über 12 °C und vollkommener Trockenheit. Um die blaue Farbe der Außenhaut zu erhalten, muß man jedes Benetzen der Pflanze mit Wasser vermeiden.

**Cereus peruvianus** f. **monstrosus** DC (120). Obwohl der Name *„peruvianus“* andeutet, daß dieser Kaktus ursprünglich in Peru gefunden wurde, hat sich das bis auf den heutigen Tag nicht bestätigt. Erneut wurde er nirgends aufgefunden, die Art ist heute nur noch aus den Kulturen bekannt. Außer den immergrünen regelmäßigen Ästen hat dieser Cereus schmucke weiße Nachtblüten ähnlich wie die verwandten *C. hexagonus, C. jamacaru* u. a. Die erste Erwähnung von Monsterformen bei *C. peruvianus* stammt aus dem Jahr 1828. Sie hat sich in der Kultur verbreitet und bis heute erhalten. Monsterformen kommen nämlich normalerweise zur Blüte und produzieren Samen. Ein Teil der Nachkommenschaft erbt dann das Aussehen der Eltern, so daß man aus der Aussaat neue Exemplare mit monsterartigen Abweichungen auswählen kann. Sie unterscheiden sich voneinander oft durch Länge und Färbung der Stacheln wie auch durch die Hautfarbe. Da es sich um dekorative, leicht und schnell wachsende Kakteen handelt, sind sie nicht nur als Zierstücke in Gewächshäusern begehrt, sondern dienen auch zum Schmuck von Wohnungen, Hallen und Patios; im Sommer können sie auch in Parks und Gärten ausgesetzt werden. *C. peruvianus* verträgt allerdings keinen Frost und muß daher rechtzeitig in ein Winterquartier gebracht werden.

Die Gattung *Cleistocactus* ist mit etwa 50 Arten an den Osthängen der Anden von Mittelperu über Bolivien bis Nordargentinien verbreitet. Die strauchartigen, teilweise niederliegenden bis kriechenden, meist dicht bedornten Stengel treiben an der Basis aus und bilden Gruppen. Verschiedene Arten sind frühreif, vielfach schon bei Größen von 30–40 cm (z. B. *C. straussii*), und bringen einen üppigen Ansatz interessanter, röhrenförmiger Blüten mit einer Symmetrieachse hervor. In einigen Fällen wird die Bestäubung von Kolibris durchgeführt.

120

**Cleistocactus wendlandiorum** Backb. (121) hat aufrechte, bis zu 2 m hohe, dicht grauweiß bestachelte Stengel. Auch nach Kultivierung bringt er besonders häufig seine orangeroten, bis zu 5 cm langen Blüten hervor und gehört zu den am häufigsten gehaltenen Kakteen.

121

12

**Cleistocactus candelilla** Card. (122) bildet in seiner Heimat in der Gegend von Cochabamba/Bolivien Dickichte aus aufrechten, in höherem Alter niederliegenden Stengeln, die bis zu 2 m hoch sind. Die jungen Triebe haben helle Stacheln, die zunächst bräunlich sind, später grau werden. Die Röhrenblüten sind rot und haben weißliche Ränder. *C. smaragdiflorus* hat gelbe bis grüne Blüten.

**Cleistocactus grossei** (Wgt.) Backb. (123) ist eine grober bestachelte Art aus dem Grenzgebiet von Argentinien, Bolivien und Paraguay. Sie blüht schon bei geringer Größe üppig orangerot und hat relativ weit geöffnete Blüten. Verwandte Arten sind *C. baumannii, C. colubrinus* und *C. flavispinus.* Kultiviert finden alle Arten in Gewächshäusern Verwendung, wo sie frei in den Boden gesetzt schnell zu üppig blühenden Zierpflanzen heranwachsen. Später kann man sie durch Schnitt der älteren Zweige formen. Sie vertragen Wintertemperaturen um 10 °C. An den Boden stellen sie keine Ansprüche.

Die Gattung *Copiapoa* enthält etwa 45 beschriebene Arten von kugeligen, büschelartigen bis kurz säulenförmigen Kakteen. Ihre Heimat sind die trockenen Gebiete von Nordchile, wo sie unfruchtbare Steinhänge und flache Terrassen an den Westhängen den Anden bewohnen. Die Blüten sind bei allen Arten gelb, verhältnismäßig klein, einfach gebaut; die Früchte klein, unauffällig, die Samen schwarz. Wegen einer einzigen Art, deren behaarte Frucht sich von den sonst kahlen unterscheidet, wurde die Gattung *Pilocopiapoa* geschaffen.

123

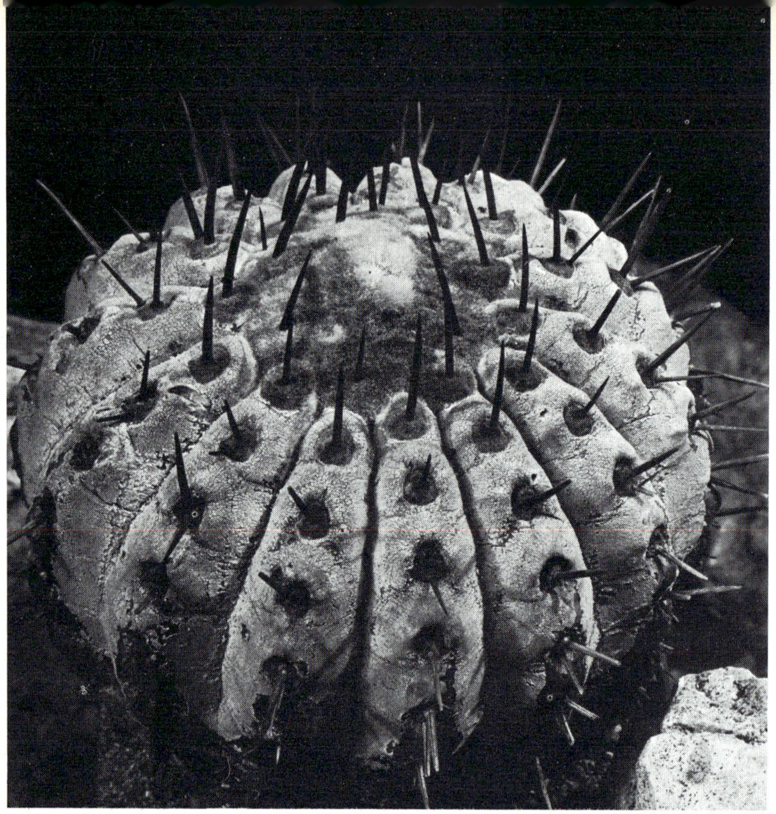

124

125

**Copiapoa cinerea** (Phil.) Britt. et Rose (124) ist der typischste und am längsten bekannte Vertreter von kahlen Sand- und Felsebenen, wo er in der prallen Sonne wächst. Es wurden bis zu 1,30 m hohe Exemplare gefunden. Die Körperoberfläche trägt einen kreideweißen Wachsüberzug, der zweifellos für die Ökologie bedeutsam ist — er reflektiert die Sonne und verhindert Wasserverdunstung durch die Haut. Unter den südamerikanischen Kakteen stellt *C. cinerea* den härtesten und an extrem trockenes Klima angepaßten Vertreter dar.

**Copiapoa krainziana** Ritt. (125). Einzelne kugelige Körper mit maximal 12 cm Durchmesser, die aber im Laufe der Zeit reichlich auschlagen und so polsterartige Büschel von 1 m Größe entstehen lassen. Seine Haut hat eine rötliche bzw. bräunliche Farbe, während die Bestachelung grauweiß bis weiß, relativ lang und abstehend ist.

**Copiapoa humilis** (Phil.) Hutch. (126) ähnelt den massiven Verwandten nicht. Die Miniaturkörperchen sind kaum 2 × 2 cm groß und leben im Boden eingesenkt, die Rippen sind zu Höckern gegliedert, die Stacheln fein. Auch in der Kultur blüht er leicht (im Gegensatz zu den bereits genannten und den anschließenden) und läßt sich auch leicht pflegen. Wieder muß man vorsichtiges Gießen und genügend frische Luft empfehlen. Weitere Miniaturarten sind *C. hypogaea* mit kräftigen, rübenförmigen Wurzeln, *C. montana, C. longispina* und *C. tenuissima.* Die Miniaturen haben verhältnismäßig weiches Gewebe und lassen sich leicht pfropfen. Sie verlieren zwar auch auf kurzen Unterlagen ihren ursprünglichen Charak-

126

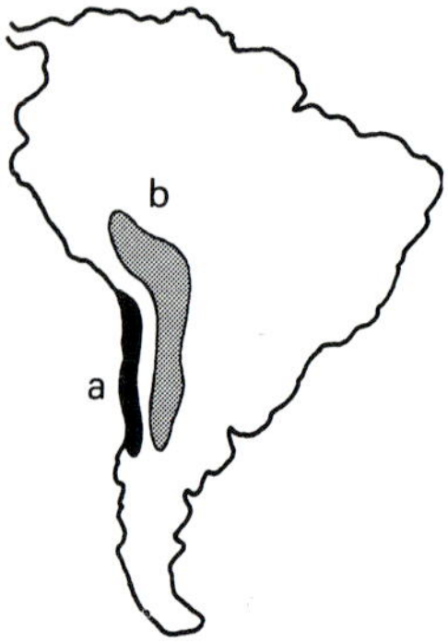


Verbreitungsareal der Gattungen *Copiapoa* (a) und *Lobivia* (b).

127

ter, ihr Gewebe wird dünner, die Pflanzen erreichen in kurzer Zeit unnatürliche Ausdehnungen, doch blühen sie gern und üppig. Einige bringen auch nach Selbstbestäubung Samen hervor; sie sind autogam. Erwähnenswert ist der Umstand, daß diese Pflanzen, auch wenn sie aus offenen, der vollen Sonne ausgesetzten Geländen kommen, sich in der Kultur leicht verbrennen, vor allem in den Frühjahrsmonaten, falls sie zu nahe am Gewächshausfenster aufgestellt wurden. Intensive Lüftung ist also eine Vorbedingung.

**Copiapoa columna-alba** Ritt. (127) ist offensichtlich nur eine Varietät von *C. cinerea* (Abb. 124). Sie hat einen kräftigeren Stengel (bis zu 20 cm Durchmesser), einen weißen Wachsbelag auf der Haut und schwarze Stacheln. Der Scheitel ist von hell orangefarbenem Filz eingehüllt, der als Wärmeisolierung dient. Messungen im Gelände haben gezeigt, daß so das junge Keimgewebe und die sich entwickelnden Knospen vor der Überhitzung geschützt werden.

**Copiapoa dealbata** Ritt. (128) wächst in mächtigen, halbkugelförmigen Büscheln und hat längliche Areolen. Mit größter Wahrscheinlichkeit handelt es sich wieder um eine Varietät von *C. cinerea.* Die weiteren eng verwandten Arten *C. lebckei, C. gigantea* u. a. haben aber meist keinen so kreideweißen Wachsbelag auf der Haut. An die Zucht aller hier aufgeführten „harten" *Copiapoa* kann man nicht mit besonderem Optimismus herangehen. Importierte Pflanzen halten meist nur einige Jahre aus, so lange, wie die gespeicherte Energie reicht. Weiteres Wachstum ist nur bei optimalen Gewächshausbedingungen möglich. Bei der Zucht von Sämlingen ist die Pfropfung auf *Echinopsis, Trichocereus* und *Eriocereus* unvermeidlich. Kulturpflanzen ähneln nicht den Exemplaren aus der Natur; ihnen fehlt das kreidige Aussehen der wachsüberzogenen Importe.

Erst unlängst haben Süd- und Südwestbrasilien ihren Kakteenreichtum preisgegeben und so wurde die einst unbedeutende Gattung *Discocatus* zu einer Gattung mit über 30 beschriebenen Arten. Alle sind flach-kugelförmig und haben in der Trockenzeit eine abgeplattete Gestalt. Sind sie erwachsen, endet der Wuchs des Stengels und auf dem Scheitel erscheint ein wattiges Gebilde, das Cephalium, das duftende Nachtblüten produziert. Dies Terminalcephalium ist auch für die Gattung *Melocactus* charakteristisch. Es ist interessant, daß die Gebiete Südbrasiliens, in denen die meisten *Melocactus*arten existieren, praktisch dem reichsten Vorkommen der Gattung *Discocatus* entsprechen. Beide Gattungen haben wichtige gemeinsame Merkmale (Körperform,

128

Vorhandensein von Cephalien, Oberflächenstruktur der Samen), doch finden sich auch hier unterschiedliche Merkmale, vor allem die Blüten. Daher scheint auch die Theorie einleuchtend, daß *Discocactus* und *Melocactus* miteinander verwandt sind und daß sich bei jeder dieser Gattungen die Blütenökologie und -morphologie anders entwickelt hat.

**Discocactus silicicola** Buin. et Bred. (129). Es handelt sich um die am leichtesten zu züchtende Art der ganzen Gattung, die schnell eine blütenfähige Größe von 7–8 cm erreicht. Das dauert etwa 5 Jahre, falls hinreichend Wärme und Nährstoffe vorhanden sind. Sehr ähnlich sieht *D. magnimammus* aus mit charakteristischen hellen, umgebogenen Stacheln und kräftig entwickelten Höckern. Beide stammen aus Südbrasilien. Andere hübsche, allerdings empfindlichere Arten sind *D. araneispinus, D. boomianus* und der reinweiß bestachelte *D. albispinus.* Alle wurden in den 70er Jahren beschrieben.

**Discocactus albispinus** Buin. et Bred. (130) gehört gleichfalls zur Verwandtschaft von *A. araneispinus* und *D. boomianus.* Er hat weiße Stacheln, die mittleren sind bis zu 3 cm lang und abstehend. Nach Erreichen der Fruchtbarkeit beginnt der Kaktus in größerem Maße Seitentriebe zu bilden, so daß im Laufe der Zeit zahlenstarke Büschel entstehen. Für die ganze genannte Gruppe sind relativ kleine. 3–5 cm lange Blüten charakteristisch, die sich nur für eine Nacht öffnen. *D. albispinus* wächst in der Serra do Francisco in Bahía. Wahrscheinlich ist er identisch mit *D. zehntneri,* den Britton und Rose anhand von zugesandtem Material schon 1921 beschrieben haben.

129

130

31

**Discocactus horstii** Buin. et Bred. (131, 132) ist der kleinste und merkwürdigste Angehörige der Gattung *Discocactus*. Er erreicht maximal 6 cm im Durchmesser und hat ganz kurze, anliegende Stacheln. Er stammt aus dem brasilianischen Staat Minas Gerais. Hier lebt der Kaktus verborgen in Anschwemmungen aus Quarzsand zwischen Gräsern, Moosen und Flechten. Über die Geländeoberfläche ragt er kaum einige Millimeter heraus und das nur nach Regenfällen in der feuchten Jahreszeit. Über die Discokakteen kann man in der Literatur lesen, daß sie sich nicht leicht züchten lassen. Eine solche Behauptung beruht unserer Meinung nach auf einem Mißverständnis der ökologischen Bedingungen ihrer Fundstellen; sie leben an Stellen mit ganzjährig hohen Temperaturen und Niederschlägen um 1200 mm im Jahr. Das entspricht dem Klima in einem Orchideentreibhaus mit einem Temperaturminimum von 15 °C und leichtem Vegetationsfortgang mit Wassergaben auch in der Winterzeit. Das Bodensubstrat muß durchlässig sein, bestehend aus saurem Humus und gröberem Splitt. In basischem Substrat verlieren die Kakteen ihre Wurzeln. Im Sommer vertragen sie auch dauernde Bodenfeuchtigkeit, wenn die Temperaturen über 25 °C liegen.

132

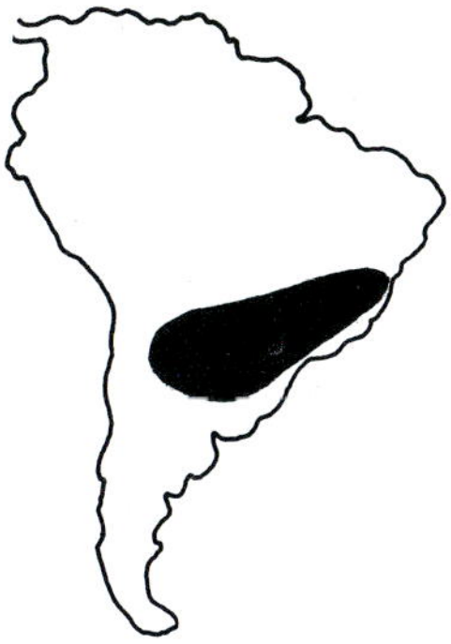

Verbreitungsareal der Gattung *Discocactus.*

133

**Brasilicactus haselbergii** (Haage) Backb. (133) sind kugelige, 10 × 10 cm große, dicht weiß bestachelte Pflanzen mit einem etwas zur Sonnenseite abgeschrägten Scheitel. Die Blüten erscheinen zeitig im Frühjahr, gelegentlich wiederholt noch vor Sommerausgang. Die ursprünglichen Formen hatten leuchtendrote Blüten, später kamen auch gelbblütige Formen in die Kultur. Der Kaktus stammt aus Südbrasilien, wo er Felsgelände aus saurem, moosüberzogenem Gestein mit angesammeltem Humus in Ritzen und Terrassen bevorzugt. Derzeit ordnen die Autoren den *Brasilicactus* in die Gattung *Notocactus* zusammen mit *Malacocarpus (Wigginsia)* und *Eriocactus.* Die Zucht ist nicht schwierig; saures Humussubstrat genügt vollauf sowie häufige Wassergabe während der Vegetation. Der Kaktus toleriert auch eine kühlere Überwinterung bei 8–10 °C. Durch Aussaat läßt er sich leicht vermehren, doch ist dank der winzigen Samen der Zuwachs in den ersten Jahren recht langsam. Durch Pfropfen kann man das Wachstum beschleunigen; als Unterlage empfiehlt sich *Selenicereus, Hylocereus,* ggf. *Echinopsis, Eriocereus* u. a.

13

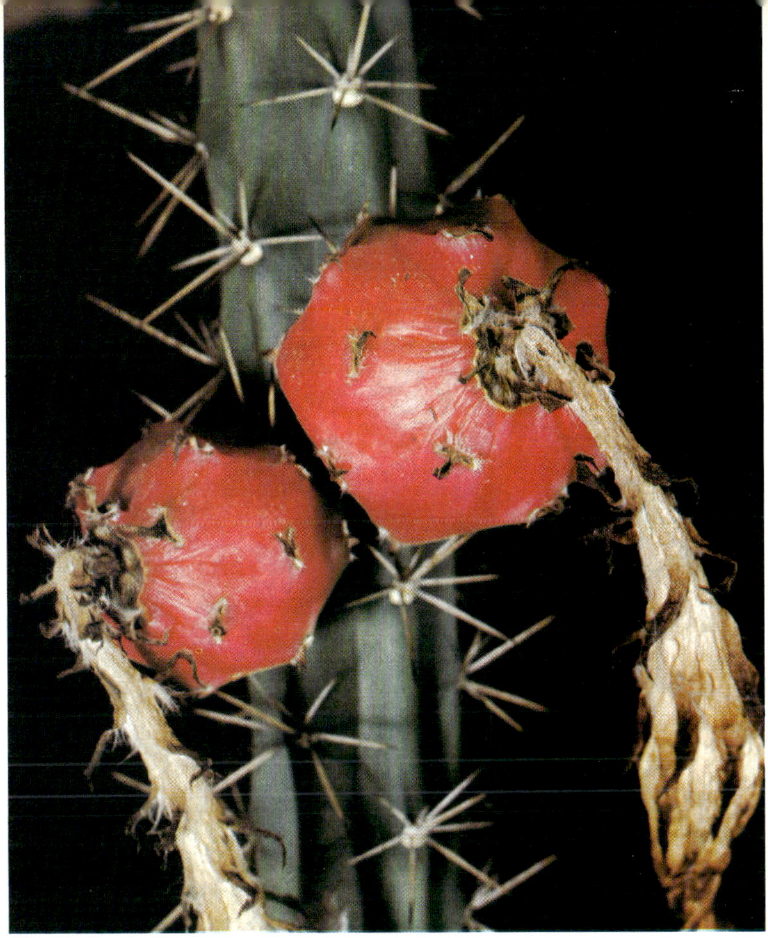

135

**Denmoza erythrocephala** Britt. et Rose (134). Die beiden bekannten Arten dieser Gattung sind massive, zunächst kugelige (bis zu 30 cm Durchmesser), später säulenförmige, bis 1,5 m hohe vielrippige Pflanzen. Ihre Bestachelung ist rotbraun; im Erwachsenenstadium produzieren die Areolen noch helle, längere haarartige Stacheln. Die roten, bis 7 cm langen Röhrenblüten wachsen auf dem Scheitel. *D. erythrocephala* und *D. rhodacantha* sind über Westargentinien verbreitet. Sie bewohnen abschüssiges Gelände, wo sie auf steinigen Mineralunterlagen in Höhen um 1000 m wachsen. Die Zucht ist nicht schwierig, sofern man ihnen durchlässiges Substrat verschafft, viel frische Luft und eine kühle Überwinterung. Die Pflanze im Bild ist ein etwa 50 Jahre alter Sämling, dessen einziger Schmuck vorerst nur die Stacheln sind. Blüten haben sich bisher aus unbekannten Ursachen noch nicht eingestellt.

**Eriocereus pomanensis** (Web.) Berg. (135) ist ein kletternder, gelegentlich überhängender Cereus mit 3–5 cm breiten Stengeln. Andere Arten der Gattung können aufrechte oder auf den Felsen liegende, gelegentlich auch auf der übrigen Vegetation kletternde Stengel haben. Alle haben weiße, große und duftende Nachtblüten, ähnlich denen von *Hylocereus* und *Selenicereus*. Die genannte Art ist über Argentinien, Paraguay, Bolivien und Brasilien verbreitet.

136

**Eriocactus leninghausii** (Haage) Backb. (136) sind kugelige, später kurz säulenförmige, bis 1 m hohe, häufig büschelartige, dicht bestachelte Kakteen aus dem Grenzgebiet zwischen Brasilien und Paraguay. Sie bewohnen ähnliche Gelände wie *Brasiliocactus* und *Notocactus,* d. h. felsige und steinige Hänge in trockenen, sommergrünen Wäldern, den Caatingas. In den Caatingas sind auch Flechten und Moose reich vertreten, häufig überziehen sie die unteren Körperteile der Kakteen. In der Winterzeit sind die Pflanzen Trockenheit und Sonne ausgesetzt. Das Sommerwetter ist hier eigentlich recht feucht; die Niederschläge machen insgesamt rund 1000 mm aus. Das bedeutet praktisch täglich Regenschauer, die sich mit Minutengenauigkeit in den Nachmittagsstunden einstellen. Heute unterscheidet man etwa 8 Arten: Z. B.: *E. leninghausii* hat elegante schlanke Stengel und eine dichte goldgelbe Bestachelung. *E. schumannianus* (Abb. 137) hat eine weniger dichte Bestachelung und eine geringere Rippenzahl, wächst aber zu bis 30 cm breiten und 1 m hohen säulenartigen Formen heran. Die jüngste und schönste Art ist *E. magni-*

*ficus* mit blaugrüner Haut und goldgelben Stacheln. Bereits bei einem Durchmesser von etwa 8 cm ist er erwachsen und bringt im Hochsommer ähnlich wie die beiden anderen offene hellgelbe Blüten hervor. Bei allen Arten sind die Samen sehr klein. *E. magnificus* und *E. leninghausii* bilden an der Basis Ableger, die in der Natur zahlenstarke Büschel entstehen lassen, welche in der Kultivierung zur schnellen Vermehrung genutzt werden können.

**Eriocactus schumannianus** (Nic.) Backb. (137) ist der mächtigste Vertreter dieser Gattung. Er bildet keine Ableger und hat auch mit den Blüten mehr Schwierigkeiten, daher ist er in den Sammlungen selten. Ähnlich wie die übrigen *Eriocactus* und auch *Brasilicactus* wächst seine sonnenabgewandte Seite kräftiger, daher werden seine Scheitel schräg und neigen sich der Sonne entgegen. Diese Erscheinung kann man in stärkerem Maße an Pflanzen beobachten, die nicht genügend oder nur einseitig Licht erhalten. In der Natur haben die Exemplare aus offenem Gelände fast gerade Scheitel, während solche im Schatten unter Sträuchern stark geneigte Scheitel haben. Die Zucht in europäischen Kulturen ist leicht. Der Kaktus braucht ein saures Substrat, reichlich Wasser an warmen Sommertagen, Trockenheit und eine Temperatur von 12–14 °C in der Winterzeit.

137

**Echinopsis aurea** Britt. et Rose (138) sind kugelige, im Alter kurz säulenförmige, manchmal ableger- bis büschelbildende gerippte Kakteen mit gelben Blüten, die sich vor Sonnenuntergang öffnen. An bewölkten Tagen halten die Blüten noch den folgenden Tag aus; in der Sonne verwelken sie aber schon während des Vormittags. *E. aurea* stammt aus der argentinischen Provinz Cordoba von steinigen, moos- und grasbewachsenen Hängen. Zur Gattung *Echinopsis* werden heute etwa 45 in Nordargentinien, Bolivien, Brasilien, Paraguay und Uruguay verbreitete Arten gerechnet, meist in den Gras- und Buschformationen niederer Höhenlagen. Die Skala der Blütenfarben und -formen ist im Rahmen dieser Gattung größer; längliche, kelchartige Formen und weiße Farbe überwiegen. Bekannt sind aber auch gelbe, rosa (Abb. 139) oder karminviolette, orange und andere Rottöne.

**Echinopsis werdermannii** Frič ex Fleischner (139) ist eine massive, frischgrüne Pflanze mit mächtig entwickelten Rippen, filzigen Areolen und pfriemartig entwikkelten Stacheln. Die Blütenfarbe bewegt sich von Hellrosa bis Hellrot. Der Kaktus stammt aus verhältnismäßig feuchten und warmen Gebie-

138

ten Paraguays von gras- und buschbestandenen Sandböden. Ihm ähnelt die sehr bekannte Art *E. eyriesii* mit reinweißen Blüten, die man oft auch auf der Fensterbank bei Kaktusfreunden antreffen kann. Sie toleriert nämlich auch eine sehr feuchte Kultur, nährstoffreichen Boden, Sonnenmangel usw. Durch Hybridisierung verschiedener *Echinopsis*-Arten mit anderen Gattungen, vor allem mit *Lobivia, Trichocereus, Epiphyllum, Harrisia* u. a., entstanden im Laufe der Zeit viele attraktive Kreuzungen, die Blüten in vielen Farben hervorbringen. Durch Hybridisierung und Selektion enstanden auch Kulturklons (Kultivare) der Gattung *Echinopsis,* die als Unterlage zum Pfropfen verwendet werden, vor allem von Sämlingen. Die Kulturechinopsen nehmen Sämlinge aller Kaktusarten gut an und es wurde noch nie eine spätere Unverträglichkeit der Unterlage mit dem Pfropf beobachtet. Bei der Zucht der Kultivare ist es wichtig, ihre Ansprüche an den Nährstoffgehalt des Humusbodens zu kennen; dazu brauchen sie eine ständige leichte Feuchtigkeit des Bodens und Halbschatten. Das Temperaturminimum während des Winters kann bis zum Nullpunkt absinken, nur die brasilianischen und bolivischen Arten brauchen höhere Temperaturen.

139

140

**Eriosyce ceratistes** (O.) Britt. et Rose (140) sind riesige, faßförmige Kakteen mit einem Durchmesser und einer Höhe von 1 m, die man mit den mexikanischen Gattungen *Ferocactus* und *Echinocactus* vergleichen könnte. Sie sind kräftig und dicht bestachelt; die roten bis bräunlichen Blüten erscheinen auf dem Scheitel in Kränzen. Heute ist nur eine einzige Art anerkannt, allerdings sind wegen der großen Variabilität in Anordnung, Färbung und Länge der Stacheln zahlreiche Varietäten beschrieben. In der Natur ist sie über ein ausgedehntes Gebiet in den westlichen küstennahen Andenkämmen in Chile verbreitet. Man kann sie in Tälern knapp 200 m ü. M., aber auch in Gebirgslagen über 2000 m hoch antreffen. In der Kultur ist das keine einfach zu behandelnde Pflanze; die eingeführten Exemplare erfordern ein durchlässiges Mineralsubstrat und ein Maximum an Sonne und Wärme. Auch dann ist ihr Zuwachs meist enttäuschend. Die Stacheln wachsen nur schwach und sind weniger gut gefärbt. Ganz gut kann man aber Sämlinge ziehen, die nach dem Pfropfen auf *Eriocereus, Myrtillocactus* u. a. eine farbige, wenn auch kürzere Bestachelung entwickeln.

141

Die Gattung *Espostoa* stellt strauch- bis baumartige, dicht bestachelte Cereen dar, meist mit weißen Haaren und Borsten. Im Erwachsenenstadium entwickeln sie wollige Seitencephalien (ähnlich wie die mexikanische Gattung *Cephalocereus*). Die Gattung ist über Peru verbreitet, reicht aber auch in den Süden von Ecuador. Anzutreffen sind diese Kakteen in Gebirgslagen 2400 m hoch, in trockenen Gebirgstälern mit Halbwüstenklima, aber auch auf Steinplateaus im immergrünen Wald. Der Morphologie nach kann man strauchartige (z. B. *E. nana* oder *E. melanostele*) und baumartige Formen unterscheiden, mit einer kandelaberartigen Krone. Am bekanntesten sind *E. lanata* (Abb. 142), *E. ritterii* u. a. Diese auffälligen, weißlichen Kakteen wurden von A. Humboldt gemeinsam mit A. Bonpland in Nordperu und Ecuador zu Beginn des vorigen Jahrhunderts entdeckt. Im Jahr 1828 haben sie sie als *Cereus lanatus* publiziert.

**Espostoa nana** Ritt. (141) ist wahrscheinlich nur eine Varietät der Art *E. melanostele*, allerdings feiner, mit kleineren Ausdehnungen und schwächeren Stengeln.

**Espostoa lanata** (HBK) Britt. et Rose (142) ist ein baumartiger Typ der Gattung mit einer Maximalhöhe von rund 5 m. Seine weißliche Bestachelung verdankt er zum größten Teil den weichen, herabhängenden Haaren, während die scharf pfriemenartigen Mittelstacheln glasigweiße Farbe haben und nicht leicht zu sehen sind. An den erwachsenen Ästen dringen sie später durch die feine haarartige Bestachelung und können 3 cm lang werden. Alle Angehörigen der Gattung *Espostoa* gehören zu den begehrten Zierkakteen. Schon als Sämlinge können sie kleine Sammlungen schmücken. Größere Exemplare setzt man im Gewächshaus am besten frei in den Boden. Zur Blütenreife gelangen sie in Europa aber nur schlecht (der blühende Ast im Bild ist aus der Natur importiert). An den Boden hat *Espostoa* keine besonderen Ansprüche; sie toleriert humushaltige, im Sommer feuchte Substrate. Zur Überwinterung empfiehlt sich eine Mindesttemperatur von 12 °C.

Die Gattung *Haageocereus* (143) enthält rund 50 Arten von dicht bestachelten Cereen mit unterschiedlich gestaltetem Stengel. Sie stammt ausschließlich aus Peru sowohl aus höheren Lagen als auch aus der Küstenwüste. In größeren Gewächshäusern sind sie ein unentbehrlicher buntbestachelter Schmuck mit vertikalen Linien. C. Backeberg hat die Gattung in *Decumbentes* mit niederliegenden und kriechenden

142

144

145

Stengeln, *Versicolores* mit farblich interessanten, höchstens 3 m hohen, strauchartigen Stengeln und *Acranthi* mit kräftigen Stacheln, *Setosi* mit borsten- und haarartiger Bestachelung und *Asetosi* mit kombinierter Bestachelung eingeteilt. Über diese Einteilung könnte man zwar streiten, doch im Hinblick auf die Veränderlichkeit der Arten wird sie auch von anderen Autoren bestätigt. Diese Kakteen sind Nachtblüher; die Blüten öffnen sich schon in kühlen Nachmittagsstunden, voll geöffnet überdauern sie die Nacht, um sich am folgenden Tag gegen 10 Uhr vormittags zu schließen und zu verblühen. Die Früchte sind auffällig rote bzw. gelbliche Beeren. Die Pflanze hat manchmal Spuren von weißer Watte oder Stacheln.

**Haageocereus versicolor** (Werd. et Backb.) Backb. (144). In freier Natur ist das ein bis 1,5 m hoher Strauchcereus mit bunter Bestachelung in gelblicher, rostiger und brauner Farbe. Beschrieben wurden mehrere Varietäten, die sich durch Gruppierung, Länge und Farbe der Stacheln unterscheiden. In der Kultur ist er ein dekorativer, relativ widerstandsfähiger Kaktus, doch muß man ihm das ganze Jahr ein Maximum an Sonne, eine warme Aufstellung sowie Trockenheit im Winter verschaffen. Einige Arten blühen auch im Gewächshaus bei mitteleuropäischen Bedingungen.

**Haageocereus acranthus** var. **crassispinus** Rauh et Backb. (145) ist eine niederliegende, kräftig bestachelte Art aus Mittelperu, die bis in Höhen über 2000 m ü. M. aufsteigt. Die Stacheln sind gelb bis dunkelbraun.

**Haageocereus chosicensis** (Werd. et Backb.) Backb. (146) ist einer der am häufigsten gezüchteten Vertreter, der schon bei geringerer Größe als 1 m zum Blühen kommt. Die Bestachelung ist in der Jugend fein, borstig, später wachsen die kräftigen Mittelstacheln heran. Die Blüten sind rot.

146

147

*Gymnocalycium* ist eine aus züchterischer Sicht interessante Gattung mit annähernd 70 beschriebenen Arten. Die Kakteen sind kugelig bis kurz gestreckt, wachsen manchmal in Büscheln und haben kahle, porzellanartige und auffallende Beerenfrüchte. Ihre Verbreitung erstreckt sich vom feuchten brasilianischen Flachland (z. B. *G. horstii, G. fleischerianum*) über Paraguay bis Bolivien, wo viele interessante Arten leben *(G. chiquitanum, G. marsoneri, G. hammerschmidtii)* und bis Südargentinien, in dessen kühlem Bergland z. B. die Art *G. gibbosum* vorkommt.

**Gymnocalycium denudatum** (Lk. et O.) Pfeiff. (147) ist eine kugelige, frischgrüne Pflanze mit spinnenartig anliegenden Stacheln, weißen bis blaßrosa Blüten und schwarzen Samen. Sie stammt aus den feuchteren Savannen Paraguays.

148

Wegen ihrer leichten Kultivierung ist die Art beliebt. Interessant blühende Hybriden entstanden durch Kreuzungen z. B. mit *G. netrelianum,* die orangefarben und gelb blühen, und mit *G. baldianum,* rosa bis karmin blühend. Der Kaktus braucht in den Wintermonaten einen wärmeren Platz etwas über 12 °C.

**Gymnocalycium zegarrae** Card. (148) ist ein Vertreter der härteren Arten; er stammt aus den bolivianischen und argentinischen Gebirgen. Er hat interessante kelchförmige ansitzende Blüten. Eine ähnliche Art ist der große *G. saglionis,* der einen Durchmesser von 30 cm erreichen kann und aus der argentinischen Salta stammt, ebenso wie *G. tilcarense,* für den C. Backeberg eine selbständige Gattung — *Brachycalycium* — geschaffen hat.

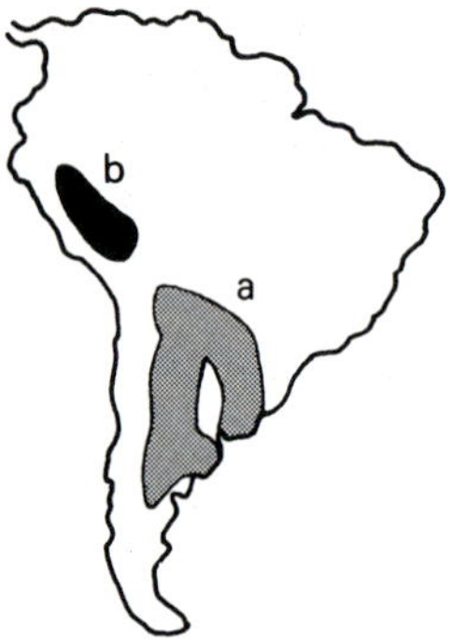


Verbreitungsareal der Gattungen *Gymnocalycium* (a) und *Matucana* (b).

149

150

**Gymnocalycium asterium** Ito (149) ist eine platte, graubraune Pflanze mit kurzen Stacheln und weißen Blüten, die einen braunen Schlund haben. Er ist ein Vertreter der Arten mit helmförmigen Samen, z. B. *G. quehlianum, G. riojense, G. vatteri* aus den argentinischen Provinzen Salta, La Rioja und Cordoba.

**Gymnocalycium spegazzinii** Britt. et Rose (150) sind bis zu 20 cm hohe und 15 cm breite Pflanzen von den steinigen Hängen Nordargentiniens. Sie weisen eine ziemlich variable Bestachelung auf. Die Sämlinge wirken schon bei geringer Größe dekorativ. Ihre Kultivierung ist aber nicht so leicht wie die der anderen Arten, da sie kräftige, rübenartige Wurzeln ausbilden, die empfindlich gegenüber langfristiger Feuchtigkeit sind. Bei einer Größe von etwa 7 cm bringen sie Blüten hervor. Die rund 5 cm großen Blüten haben einen hellen Rand und ein rötliches Zentrum. Die Samen sind relativ fein und schwarz.

**Gymnocalycium carminanthum** Berth et Koop (151) ist eine der neuen Arten mit auffälliger gelblicher Bestachelung und roten Blüten. Sie stammt aus den westargentinischen Gebirgstälern aus Höhenlagen von 1300—1800 m ü. M. Eine andere rotblütige Art *G. baldianum* stammt aus südlicher gelegenen Gebirgen und ist daher widerstandsfähiger. Alle diese Gebirgs-Gymnocalycien sind gegenüber winterlichen Temperaturabfällen bis zum Nullpunkt tolerant. In der warmen Sommerzeit brauchen sie intensive Belüftung. In einem heißen, trockenen Raum verfallen sie in Sommerruhe. An den Boden stellen sie keine besonderen Ansprüche; ihnen entspricht ein neutrales, durchlässiges Substrat.

151

**Gymnocalycium mihanowichii** (Frič et Gürke) Britt. et Rose (152, 153) ist ein kugeliger, bis zu 12 cm hoher Kaktus mit scharfen, quergestreiften Rippen und nicht stechenden Stacheln. Er stammt aus dem Gebiet Gran Chaco in Nordargentinien. Dieser Kaktus bewohnt die angeschwemmten Sandbänke austrocknender Flüsse. Er ist in einer ganzen Reihe von Varietäten bekannt, von denen einige weiß, andere rosa bzw. grün blühen. In der Kultur reagiert er empfindlich auf Temperaturen unter 10 °C sowie auf basische Bodenreaktion. Leicht kommt er schon bei einer Größe von 3–4 cm zur Blüte. Er ist die Art, aus der chlorophyllose Mutationen veredelt wurden.

**Gymnocalycium mihanowichii** forma **rubra** (152) ist der in den letzten Jahren wohl auf der ganzen Welt populärste Kaktus. Er wirkt sowohl durch seine leuchtendrote Farbe als auch durch seine vollendete Symmetrie. Hier handelt es sich um einen Mutanten, der 1941 in Japan herausgezüchtet wurde. Ähnliche Mutationen, bei denen die Pflanzen den grünen Farbstoff Chlorophyll verloren haben, gibt es recht viele; doch meist sind diese Pflanzen zum Untergang verurteilt. Lebensfähig sind sie nur nach Pfropfung, wenn ihnen die Unterlage Nährstoffe zuführt. In den meisten Fällen sind Mutanten aber auch nach dem Pfropfen empfindlich und nur selten gelingt es, sie am Leben zu erhalten und zu vermehren. Wichtig für die Erhaltung der chlorophyllosen Mutation *G. mihanowichii* waren zwei Dinge — einmal die Lebensfähigkeit des Mutanten, zum andern auch die Ablegerbildung. Die roten Mutanten blühen sogar üppig; aus den Samen wachsen wieder chlorophyllose Exemplare. So entstanden im Laufe der Zeit weiter unterschiedliche Farbabweichungen; gelbe, orangefarbene, violette, rosafarbene, weiße und sogar fast schwarze. Die Färbung kommt durch Karotinoide zustande, das sind Farbstoffe, die auch in normalen Pflanzen anzutreffen sind, z. B. in Möhren.

153

154

**Gymnocalycium quehlianum** (Haage) Berg. (154) ist die von allen Arten dieser Gattung widerstandsfähigste. Die unauffälligen flach-kugeligen graugrünen Pflanzen blühen von Frühjahr bis Winter; ihre Blüten sind cremefarben oder weiß mit einer blaßrosa Mitte. Auch im Alter bleiben sie platt, bei größten Ausmaßen von 7 × 7 cm. Die Art stammt aus höheren Lagen der Provinz Cordoba/Argentinien.

**Islaya grandiflorens** Rauh et Backb. (155). Diese Gattung besteht aus annähernd 10 Arten von kugeligen, etwa 10 – 20 cm großen Kakteen aus den trockenen Küstengebieten Chiles und Perus. In verschiedenen Systemübersichten wird sie von den Autoren in die Gattung *Neoporteria* als Untergattung eingereiht. *Islaya* stellt aber eine ziemlich homogene Gruppe dar. Dies gilt sowohl für ihr Aussehen, Bestachelung, Form und Farbe der Blüten, Früchte und Samen als auch für ihre Existenz in mineralhaltigen, sterilen Anschwemmungen, Steingeröll und Sandanwehungen. Ihre ökologischen Ansprüche verraten, daß es sich um beträchtlich harte, an ex-

155

treme Trockenheit angepaßte Kakteen handelt. An Pflanzen in der Natur fällt die dichte, kräftige Bestachelung auf, die als Schutz gegen Sonne und Überhitzung auf den offenen, Sonne und Wind ausgesetzten Ebenen und Hängen dient. Die Blüten bei der Gattung *Islaya* haben gelbe Farbe; die Blütenblätter sind außen behaart und haben rote Mittelstreifen bzw. die ganze Außenseite geht ins Rote. Die geschlossenen Knospen wecken den Anschein, daß sie eher rote Blüten enthalten. Die Blüten erscheinen im Laufe des Sommers je nach Wetter in mehreren Wellen. Die Früchte können auch ohne Bestäubung heranwachsen, dann sind sie aber nur Zierelemente und samenlos. *I. grandiflorens* stammt von der Südgrenze Perus.

**Islaya minor** Backb. (156) lebt gemeinsam mit *I. grandiflorens* an den windzugewendeten Hängen über dem Pazifik, wo viele Tage im Jahr die einzige Feuchtigkeitsquelle der dichte vom Meer kommende Nebel „Garua" ist, der sich über der Sandwüste als Tau niederschlägt. Die Zucht aller Islayas ist schwie-

156

riger; sie erfordert ein durchlässiges Substrat mit einem großen Sandanteil sowie eine helle Aufstellung das ganze Jahr über. Ausgezeichnete Erfahrungen wurden mit gepfropften Sämlingen gemacht, die schon in einer Größe von 3 cm Durchmesser blühen.

**Eulychnia spinibarbis** var. **taltanensis** Ritt. (157). Ein baumartiger, bis zu 4 m hoher Cereus mit relativ dünnen, dabei aber kräftig bestachelten Stengeln. Er kommt in den Nordprovinzen Chiles vor, in den trockenen Gebieten der chilenischen Wüste, wo er gelegentlich auch in höhere Lagen hinaufgeht. Man kennt annähernd 9 Arten und eine ganze Reihe provisorischer Bezeichnungen für die numerierten Funde von F. Ritter. Darunter finden sich schön bestachelte Pflanzen mit langen, verschieden gefärbten Haaren. In der Kultur können sie in größeren Gewächshäusern als strauchartige Zierkakteen dienen, die man durch Schnitt in annehmbare Formen bringen kann. Sie blühen in höherem Alter und haben weiße Blüten.

**Frailea castanea** Backb. (158) ist eine kaum 3–4 cm große Miniaturpflanze mit braunrot bis schwarz gefärbter Außenhaut und winzigen schwarzen Stacheln. Die Blüten sind gelb. Der Kaktus stammt aus dem Grenzgebiet zwischen Brasilien und Paraguay von grasbestandenen, flachen Geländen, wo er in den Boden eingesenkt lebt. Die Gattung *Frailea* umfaßt rund 35 durchweg sehr kleine Arten mit relativ großen, helmförmigen Samen, die auf dem Wasser schwimmen und so von der Flut der Som-

157

158

merregen über die ebenen Grassavannen geschwemmt werden. Interessant ist die Bestäubung ihrer Blüten. Sie vollzieht sich oft ohne das Öffnen der Blütenblätter; in einem solchen Fall spricht man von Kleistogamie. Die Pollenkörner reifen in den Knospen vor der vollen Entwicklung der Blütenblätter heran und da sie in direktem Kontakt mit der Narbe stehen, befruchten sie die Eizellen im Fruchtknoten bereits zu einer Zeit, in der die Blüte noch im Knospenstadium steht. Aller Wahrscheinlichkeit nach entstand die Kleistogamie bei der Gattung *Frailea* als ökologische Schutzmaßnahme gegen Regenwetter, das eine Bestäubung verhindern könnte. Die Pflanzen blühen nämlich im Sommer, wenn es jeden Tag regnet. Bei einem gewissen Prozentsatz der Blüten geht die Pollenreifung verlangsamt vor sich; diese Blüten öffnen sich normal. Das ist in größerem Maße bei warmem Wetter der Fall.

Im Jahr 1921 publizierten Britton und Rose den Namen *Lobivia*, der scherzhaft durch Buchstabenumstellung aus dem Namen Bolivia enstanden war. So sollte die Tatsache zum Ausdruck kommen, daß gerade dort die meisten Arten dieser Gattung verbreitet sind. Viele weitere wurden auch im benachbarten Nordargentinien festgestellt. Alle bewohnen ein aus geographischer Sicht gut definierbares Areal. Darüber hinaus gehen die einzelnen Arten fließend ineinander über (sog. clinespecies). Eine weitere interessante Tatsache ist der Umstand, daß fast

159

160

alle Arten Stellen mit annähernd gleichen ökologischen Bedingungen bewohnen. Es sind die steinigen, mit Gras und niederwüchsiger Strauchvegetation besiedelten östlichen und mittleren Täler sowie Hänge der Kordilleren, also Orte mit geringen und unregelmäßigen Niederschlägen. Es ist nicht leicht, eine knappe Charakteristik der Lobivien zu geben: zu ihnen gehören Arten mit einem kaum 1 cm breiten kriechenden Stengel als auch solche von Faßumfang, die bis zu 70 cm breit und 1 m hoch werden. Meist handelt es sich aber um kleine einzeln bzw. büschelweise wachsenden Kakteen mit auffälliger Bestachelung. Ihre Blüten sind rot, gelb und auch weiß. Die meisten Arten haben Blüten, die sich am Tag öffnen, oft noch vor Sonnenaufgang. Bei weißblütigen Arten sind sie meist schon vom Vorabend an geöffnet.

**Lobivia (Pseudolobivia) carmineoflora** Hoffm. et Backb. (159) ist eine flache Pflanze mit karminroter Blüte an langer Röhre. Die Blütenform sieht aus wie bei *Echinopsis.* Die Blütezeit ist eine andere; sie öffnet sich vormittags und überdauert den ganzen Tag und die folgende Nacht. Aus diesem Grund wurde eine Gattung *Pseudolobivia* geschaffen, deren Arten Merkmale besitzen, die sowohl bei *Echinopsis* als auch *Lobivia* vorkommen. Die Erklärung könnte aber auch einfach darin liegen, daß es eigentlich keine Unterschiede zwischen ihnen gibt. Wenn fließende Übergänge existieren, ist es schwierig, die Gattungen klar voneinander zu unterscheiden. Daher schließen heute andere Autoren beide Gattungen zusammen. Nichtsdestoweniger sind die *Lobivien* genau wie *Echinopsis* dankbare Kakteen. Man kann sie auch unter sehr ungünstigen Bedingungen mit minimalem Sonnenlicht halten. Sie tolerieren Trockenheit und Feuchtigkeit, Kälte und Hitze. Günstige Ergebnisse werden bei der Kultur unter freiem Himmel erzielt, in den Wintermonaten muß die Pflanze allerdings bei Temperaturen von 5—10 °C untergebracht werden.

**Lobivia (Pseudolobivia) kermesina** Krainz (160) ist eine robuste, bis zu 15 × 15 cm große frischgrüne Art mit rostbraunen Stacheln und auffälligen karminfarbenen Blüten, die sich nachmittags öffnen und bis zum Abend des folgenden Tages aushalten. Blüten kann man von Mai bis September erwarten; in dieser Zeit wiederholt sich in mehreren Serien der Knospenansatz. Die Pflege ist einfach, an die Ernährung werden größere Ansprüche gestellt.

**Lobivia jajoiana** var. **nigrostoma** (Krzg. et Buing.) Backb. (161) ist ein kleiner, bläulichgrüner Kaktus mit hakigen Mittelstacheln und rübenförmiger Wurzel. Bei dieser Varietät sind die Blüten gelb, doch hat die Varietät *jajoiana* rosa und rote Blüten.

161

**Lobivia (Pseudolobivia) longispina** (Britt. et Rose) Backb. (162) ist ein verhältnismäßig robuster, bis zu 25 cm hoher, im fortgeschrittenen Alter Ableger bildender, kräftig bestachelter Kaktus mit weißen, über Nacht geöffneten Blüten, die bis zum folgenden Tag aushalten. Die Stacheln können 8 cm lang werden und die von Krainz beschriebene Varietät, var. *ducis-pauli,* hat sogar über 10 cm lange, dunkel bis hell strohbraun gefärbte Stacheln. Eine ähnliche Art ist *L. ferox.*

**Lobivia (Pseudolobivia) ancistrophora** (Speg.) Backb. (163) sind flache, in höherem Alter kugelige Pflanzen mit spinnenartig anliegenden, hellen Stacheln. Die weißen Blüten öffnen sich abends und halten bis zum Mittag des folgenden Tages aus. Eine eng verwandte Art ist *L. obrepanda* mit massivem, dunkelgrünem Körper und weißen Stacheln. Die Blüten dieser Art können weiß bis rosa sein.

**Lobivia winteriana** Ritt. (164) ist ein kleiner, in braune Stacheln eingehüllter Kaktus mit auffallend großen Blüten an langer Röhre. Die Blüten wachsen unablässig von Frühjahr bis Herbst und haben eine karminrosa Farbe. Es handelt sich um eine der attraktiven neuen Arten mit leichter Kultivierung.

162

163

**Lobivia famatimensis** (Speg.) Britt. et Rose (165). Ein Miniaturkaktus mit vielen Rippen und feinen, hellen Stacheln. Die gelblichen kurzröhrigen Blüten erscheinen im Juni/Juli. Wegen der kräftigen, rübenartigen Wurzel, die empfindlich gegen dauernde Feuchtigkeit ist, ist er etwas schwieriger in der Behandlung. Ähnlich wie für andere empfindliche Lobivien empfehlen sich als geeignete Unterlage zum Pfropfen *Cereus peruvianus, Trichocereus schinckendantzi, T. spachianus* und *T. pasacana.* Viele andere Lobivien haben eine attraktive Bestachelung, z. B. *L. kupperiana, L. staffenii, L. pentlandi,* oder schöne Blüten, *L. chrysantha, L. drijveriana, L. haageana, L. rebutiodes.* Durch Hybridisierung mit *Echinopsis* und *Trichocereus* entstanden interessante, farbig blühende Hybriden.

164

165

166

Die Berge und tiefen Cañons in Mittelperu sind von kleinen, kugeligen bis kurzsäuligen Kakteen besiedelt, die Blüten mit einer Symmetrieachse (zygomorphe Blüten) hervorbringen. Von der Stadt Matucana erhielt die ganze Gattung ihren Namen. Einige Systematiker verbinden diese Gattung mit weiteren, z. B. mit *Borzicactus, Oreocereus, Morawetzia* u. a.

**Matucana haynei** (O.) Britt. et Rose (166) sind kurzsäulige, bis zu 60 cm hohe Pflanzen mit dichter weißlicher Bestachelung und auffälligen, dunkelgefärbten Mittelstacheln. Die roten Blüten erscheinen auf dem Scheitel. Die Früchte sind kahl. Alle 20 Arten der Gattung *Matucana* stammen aus den Tälern und Hochflächen im Binnenland, oft gehen sie über 2500 m hoch. *M. haynei* wurde noch in einer Höhe von 3200 m gefunden und *M. yanguanucensis* sogar noch 4500 m hoch. Diese Lagen werden reichlich mit Niederschlägen bedacht, vor allem im Sommer der Südhalbkugel von Dezember bis April. Auch herrscht hier empfindliche Kühle. Meist kann man diese Kakteen in Büscheln von Gras und Farnen finden, oft auch in Gesellschaften von strauchwüchsigen Gehölzen.

167

**Matucana aureiflora** Ritt. (167). Das Areal dieser Art sind die Bergwiesen in Höhen über 3000 m. Erwachsene Exemplare können einen Durchmesser von 30 cm erreichen. Im Unterschied zu anderen Arten sind sie abgeplattet und ihre gelben Blüten haben eine kurze Röhre. Sie ähneln den Blüten der Gattung *Oroya,* die ebenfalls aus Nordperu stammt. *M. aureiflora* hat symmetrische Blüten, was sie gleichfalls von anderen Matucanen unterscheidet. Die Zucht der Hochgebirgsmatucanen ist in unseren Bedingungen im ganzen problemlos. Sie tolerieren niedrige Wintertemperaturen und reichlich Wasser im Sommer; saures Substrat, viel Lüftung und hinreichende Nährstoffe unterstützen die Entwicklung der schönen, dichten, buntgefärbten Bestachelung. Die Blüten wachsen sogar mehrmals im Jahr heran, im Frühjahr und Frühherbst; nur einige Arten, z. B. *M. aurantiaca* mit orangefarbenen Blüten, blühen erst in den kürzer werdenden Herbsttagen.

**Matucana yanguanucensis** Backb. (168) stammt aus extrem hohen Lagen über 4000 m, wo er auf den Felsen zwischen Moosen und Flechten wächst. Diese Orte sind den größten Teil des Jahres reichlich mit Wasser versorgt. In der Kultur machen dieser Matucane weder niedere Temperaturen noch dauernde Feuchtigkeit etwas aus. Bei zu wenig Sonne wachsen sie aber zu schnell in die Länge (in der Natur erreichen sie bis 1 m Höhe). Eine sehr hübsche Art ist *M. weberbaueri* mit dichter, borstiger, gelber bis rostroter Bestachelung und schwefelgelben bis rosa Blüten (var. *flammea*); ebenfalls hübsch ist *M. comacephala* mit dichten weißlichen, miteinander verflochtenen Stacheln und roten Blüten.

**Matucana krahnii** Donald (169). Eine ganz andere Gruppe stellen die Pflanzen aus tieferen Lagen (rund 1000 m) aus den tief eingeschnittenen Cañons des Flusses Marañon und seiner Nebenflüsse in Peru dar. Ihr Aussehen unterscheidet sich von den Verwandten aus dem Hochgebirge. Sie haben keine dichte Bestachelung, sind intensiv grün gefärbt und stellen in der Kultur höhere Ansprüche an die Temperatur in der Winterruhe (Tempera-

168

turen unter 10 °C sind gefährlich). *M. krahnii* wurde erst 1979 beschrieben. Die Pflanze stammt aus der Gegend der Ansiedlung Balsas, wo sie in höherem Alter auf den steinigen Hängen Gruppen und Büschel bildet. Nahestehend sind *M. calliantha* und *M. formosa*. Eine bekanntere Art aus dieser Gruppe ist *M. paucicostata*. Interessant ist auch *M. ritteri*, die aber aus höheren Lagen stammt. Alle diese Kakteen haben elegante, leuchtendrote Blüten an einer dünnen, langen, behaarten Röhre.

Eine sehr interessante Gattung ist *Melocactus*. Die ersten Exemplare wurden schon in der Zeit von Christoph Kolumbus nach Europa gebracht. Der Botaniker J. T. Tabernaemontanus hielt sie 1588 für eine Melonendistel — *Melocarduus*. C. Linné nannte sie *Cactus*. Dieser Name ging dann auf andere Pflanzen und dann auch auf die ganze Familie der *Cactaceae* über. Sind diese Kakteen nach etwa 5—10 Jahren erwachsen, hört ihr Wachstum auf. In der Scheitelmitte entsteht das Cephalium, das sich aus dicht angehäuften Areolen zusammensetzt, in denen sich die Dornen zu nichtstechenden Borsten und reicher weißer Watte und Wolle umgewandelt haben. Jede dieser Areolen bringt eine kleine Blüte hervor. Im Rahmen der Gattung ändert sich die Blü-

169

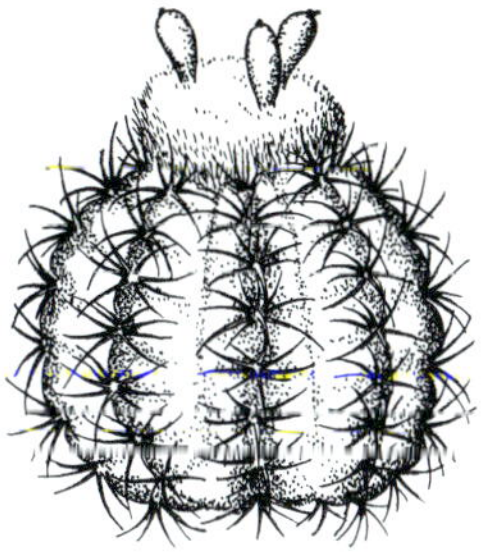

Cephalium bei *Melocactus violaceus.* Aus diesem Gebilde wachsen Blüten und Früchte, die übrigen Pflanzenteile sind noch nicht im Erwachsenenstadium und können nicht blühen.

170

tenfarbe nur wenig: sie ist karminrosa bis hell weißrosa. Bei einigen Arten bleibt das Cephalium niedrig, kaum 2—5 cm hoch; bei anderen, z. B. *M. communis* aus Jamaika, erreicht es im Laufe der Jahre sogar 1 m Höhe. Das Verbreitungsgebiet der Melokakteen umfaßt praktisch die ganzen amerikanischen Tropen.

**Melocactus harlowii** (Britt. et Rose) Vpl. (170) ist ein Vertreter aus der Verwandtschaft der größeren Arten wie *M. communis,* die über die Karibischen Inseln verbreitet sind. Stets sind sie in der Nähe des Meeres zu finden. Auf Kuba wachsen sie auf Kalksteinterrassen, mit Gräsern und Bäumen bestanden, sowohl in der prallen Sonnen als auch im Schatten der Gehölze. Der Boden enthält hier Meersalz; darauf deutet die Anwesenheit von speziell angepaßten salzliebenden Pflanzen hin. In der Kultur gehört dieser Kaktus zu den ganz seltenen Stücken. Er läßt sich nur sehr schwer kultivieren, ähnlich wie die folgende Art.

Verbreitungsareal der Gattung *Melocactus*.

171

**Melocactus acunai** Leon (171) stammt ebenfalls aus Ostkuba. In Europa kann man ihn nur als gepfropften Sämling kultivieren; er bildet dichte, hübsche, gelb oder orange gefärbte Stacheln und wächst in die Länge.

**Melocactus caesius** Wendl. (172) sind kugelig bläulich-grüne Pflanzen, höchstens 25 cm im Durchmesser mit rötlichen Stacheln. Ihr Cephalium besteht aus weißer Watte und roten Borsten. Diese Art kann man in riesigen Mengen an

172

173

der Küste Venezuelas finden, von der kolumbianischen bis an die östliche Grenze. Hier kommt sie in verschiedenen Formen vor, ebenfalls auf den Inseln in Küstennähe. Vor nicht langer Zeit wurden verwandte Pflanzen auch im venezuelischen Binnenland längs des Orinokostromes entdeckt. Hier wachsen sie an erhöhten Stellen, wo sie gemeinsam mit verschiedenen Arten der Gatt. *Pilosocereus* siedeln, z. B. mit *P. claroviridis, P. moritzianus* u. a.

**Melocactus matanzanus** Leon (173). Obwohl er gleichfalls aus Kuba stammt, unterscheidet er sich von den dortigen Melokakteen in vieler Hinsicht. Seine spezifischen Eigenschaften bestehen darin, daß er sehr anspruchslos ist, recht bald, d. h. im Laufe von 4—5 Jahren bei einer Größe von knapp 8—10 cm ausgewachsen ist und ein rostfarbenes Cephalium bildet. Nach unseren Erfahrungen handelt es sich um eine für die Kultur sehr geeignete Art, auch wenn das Temperaturminimum im Winter nicht für längere Zeit unter 15 °C sinken darf. Sämlinge, die auf *Cereus peruvianus* und *Eriocereus jusbertii* gepfropft wurden, blühen schon im 4.—5. Jahr.

**Melocactus delessertianus** Lem. (174) stammt von der mexikanischen Ostküste. In der Literatur kann man lesen, daß alle Melocactusarten schwierig zu züchten sind. Gönnt man ihnen aber Wärme und Licht im Winter sowie feuchte Hitze im Sommer, besteht kein Grund zur Befürchtung. Trotzdem muß man sie ihrer Empfindlichkeit nach in zwei Gruppen einteilen. Am schwierigsten gedeihen die Arten von der Karibenküste (Gruppe um *M. communis*), die aber auch die größten Ausmaße annehmen. Ebenso empfindlich erweisen sich die Arten aus den östlichen Gebirgen von Peru und Ecuador, z. B. *M. peruvianus, M. equatorialis, M. bellavistensis* u. a. Ihnen gegenüber lassen sich die meisten Arten aus Brasilien leicht kultivieren, z. B. *M. oreas, M. bahiensis, M. ernestii, M. grisoleoviridis.* Schlechter lassen sich *M. azureus, M. diersianus, M. deinacanthus* u. a. halten. In den letzen Jahren haben Buining und Brederov viele neue Namen aus Brasilien eingeführt, doch bleibt die Frage offen, wie diese Pflanzen bei näherem Studium eingestuft werden.

Eine der züchterisch dankbarsten südamerikanische Gattung ist *Neochilenia,* die kleine Kakteen aus den chilenischen Nordprovinzen umfaßt. Die heutigen Fachleute gliedern diese Gattung meist der Gattung *Neoporteria* an, doch gibt es hier Unterschiede in der Bildung von Blüten, Früchten und beim Freisetzen der Samen. *Neochilenia* und *Neoporteria* werden ähnlich behandelt und haben auch ähnliche Ansprüche.

**Neochilenia glabrescens** Ritt. (175) ist eine braungrün gefärbte Miniaturart mit rübenartigen Wurzeln. In der freien Natur lebt sie unter der Erdoberfläche, ähnlich wie die Miniatur *Copiapoa hypogea.* Sie blüht im Sommer weiß bis rosa, die Blüten sind etwa 4 cm breit.

174

175

176

**Neochilenia jussieui** (Monv.) Backb. (176) hat einen dunkelgrünen Körper mit schwarzen bzw. braunen Stacheln; die Blüten sind rot. Da die meisten Arten der Gattung *Neochilenia* empfindlich gegenüber Substratfeuchtigkeit sind, empfiehlt sich die Pfropfung auf niedrige Unterlagen. Auch die Blüte wird dadurch wesentlich beschleunigt.

**Neochilenia pygmaea** (Ritt.) Backb. (177) ist ein kleiner, 3—5 cm großer Kaktus mit auffälligen rosa bis cremefarbenen Blüten aus den Küstenwüsten. Am besten gedeiht er nach Pfropfung. Er toleriert winterliche Temperaturabfälle unter 10 °C.

Die Gattung *Neoporteria* steht in vieler Hinsicht der Gattung *Neochilenia* nahe. Sie bewohnt die gleichen Gebiete im Süden Mittelchiles, reicht darüber hinaus auch in kühlere Gegenden. Im Alter sind die Neoporterien gestreckt, ihr Stachelkleid steht ab und ist stechend bis feinhaarig. Ihre kleinen Blüten sind farblich hübsch und erscheinen zur Zeit der kurzen Tage, also im Frühjahr, Herbst und Winter.

**Neoporteria wagenknechtii** (Ritt.) (178) ist ein bis zu 30 cm hoher und 11 cm breiter Kaktus aus Nordchile. Ähnlich wie bei den anderen Arten empfiehlt sich die Pfropfung auf *Eriocereus jusbertii* und *E. martinii.*

**Neoporteria villosa** (Monv.) Berg. (179) bringt Pflanzen von länglicher Gestalt hervor mit dunkler, bräunlicher Außenhaut, haarartigen Stacheln von weißer bis schwarzer Farbe sowie violettroten Blüten mit heller Basis. Eine ähnliche Art ist

177

178

179

**Neoporteria nidus** (Söhr.) Britt. et Rose (180). Eng verwandt und sehr hübsch bestachelt sind *N. gerocephala* und *N. cephalophora.* Es steht nicht fest, ob alle nicht nur Formen einer einzigen veränderlichen Art von verschiedenen Standorten sind. Alle tolerieren niedrigere Wintertemperaturen unter 10 °C.

**Oreocereus neocelsianus** Backb. (181) ist ein strauchartiger, 1—2 m hoher Cereus mit dichten weißen Haaren, die den Körper restlos einhüllen, sowie mit gelblichen und braunschwarzen Mittelstacheln. Der Kaktus stammt aus Nordchile resp. Südbolivien, wo er in Lagen über 2000 m hinaufgeht. Er siedelt in

180

181

182

Spalten und Ritzen von Felsplateaus und Klippen. In der Kultur sind es dankbare, attraktive Pflanzen, die sich vor allem für größere Räume eignen.

**Oreocereus hendriksenianus** Backb. (182). Kommt in Bolivien und Südperu vor. Er bildet große, dichte Kolonien mit schwächeren Stengeln als die vorige Art. In der Kultur gedeiht er am besten nach Pfropfen auf eine kräftige Unterlage. Je nach Dichte und Länge der Stacheln werden die Varietäten *„densilanatus"* und *„spinosissimus"* unterschieden. Der Kaktus wirkt in der Kultur sehr dekorativ.

**Oreocereus trollii** (Kupp.) Backb. (183) ist mit kräftigeren und farbigeren Stengeln ausgestattet als *O. hendriksenianus.* Vor allem einige Formen mit farbigen Mittelstacheln sind ganz hervorragende Dekorationsstücke. Sowohl in freier Natur als auch in der Kultivierung wächst der Kaktus langsam, auch nach dem Pfropfen.

Unter den südamerikanischen Kakteen ist die Gattung *Notocactus* für die Zucht von großer Bedeutung. Sie enthält kugelige bis kurz säulenförmige Arten aus den tiefer gelegenen Gebieten im Ostteil des Kontinents — Argentinien, Paraguay, Uruguay, Brasilien. Die Notokakteen stammen aus grasigen und bewaldeten Landschaften mit genügend Niederschlägen in den Sommermonaten. Alle Arten bevorzugen in der Kultur ein saures bis neutrales Substrat mit Humuszusatz, Feuchtigkeit und Wärme in den Sommermonaten.

**Notocactus rauschii** V. Vliet (184) ist eine der neuesten Arten; sie stammt aus dem Grenzgebiet zwischen Brasilien und Uruguay von steinigen Hügeln in niedrigen Höhen und gehört zum Umkreis der härteren Arten aus der Verwandtschaft von *N. mammulosus.* In der Bestachelung fallen die Mittelstacheln auf. Eine interessante ähnliche und schon lange gezüchtete Pflanze ist *N. rutilans* mit rosa Blüten.

**Notocactus succineus** Ritt. (185). Die feine weiße Bestachelung und die verhälnismäßig kleinen gelben Blüten bringen diese Art in die Verwandtschaft von *N. scopa.* Ihre Kultivierung ist nicht schwierig. Ihr genügt hinreichende Wassergabe in der warmen Zeit und eine Überwinterung bei Temperaturen über 12 °C sowie ein saures Substrat. Die vorteilhafteste Zuchtmethode ist freilich das Pfropfen der Sämlinge. Eine interessante Gruppe stellen die Vertreter der Untergattung *Malacocarpus (Wigginsia)* dar mit ihren scharfen, höheren Rippen und den wattegefüllten Scheiteln. Die schönste Art ist die erst kürzlich beschriebene *N. buiningii,* die an die Wintertemperaturen höhere Ansprüche stellt. Ihr gegenüber sind *N. erinaceus* oder die häufig gezüchteten Arten *N. ottonis* und *N. apricus* von den Ebenen und Hügeln Uruguays tolerant und gedeihen auch in den Händen eines weniger erfahrenen Züchters. Keine der Notocactusarten verträgt einen höheren pH-Wert des Substrats.

**Notocactus uebelmannianus** Buin. (186). Nur verhältnismäßig wenige Notokakteen blühen rot wie diese Art. Aller Wahrscheinlichkeit nach geht die rote Blütenfarbe auf das Konto einer Mutation in der Farbstoffsynthese; daher kennt

**183**

184

man bei den rotblütigen Arten auch ihren gelbblühenden Zwilling. Die eng verwandten *N. crassigibbus* und *N. arachnacanthus* stammen genau wie *N. uebelmannianus* aus Südbrasilien, aus warmen, niedrigen Lagen mit sommergrünem Trockenwald. Eine andere interessante Gruppe sind die Notocactusarten aus Westbrasilien mit hakigen Mittelstacheln, deretwegen eine selbständige Gattung *Brasiliparodia* in Vorschlag gebracht wurde. Am bekanntesten sind *N. brevihamatus*, *N. bueneckerii* und ihre Varietäten.

185

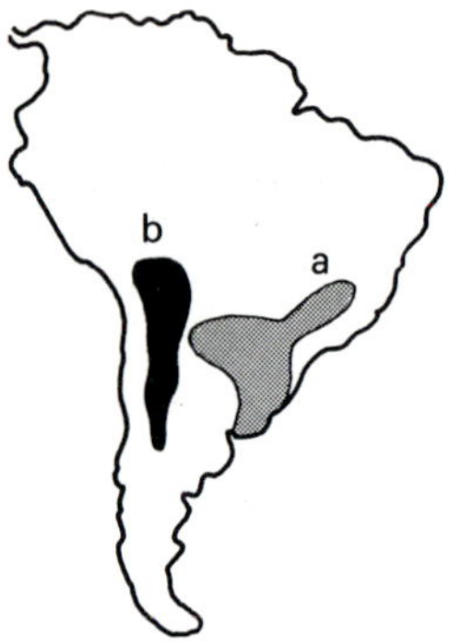


Verbreitungsareal der Gattungen *Notocactus* (a) und *Rebutia* (b).

186

Die südamerikanischen Opuntien *(Opuntia)* kann man sich in ihrem ganzen Reichtum überhaupt nicht vorstellen. Eine größere Aufmerksamkeit der Züchter hätte ganz gewiß die Hochgebirgsgattung *Tephrocactus* verdient, die in den Anden sogar noch über 4500 m hoch vorkommt. Die meisten Arten lassen sich zwar in der Kultur züchten, doch erlangen sie hier nie ihre natürlichen Formen und Farben. Besonders schöne Arten mit weißen, dichten Haaren sind *T. rauhii, T. malyanus, T. floccosus* u. a.; sie gedeihen hier nur schlecht.

**Opuntia chakensis** Speg. (187) ist ein Baumkaktus aus dem heißen Gran Chaco im Grenzgebiet von Bolivien, Argentinien und Paraguay. In der Kultur bildet er schnell Sträucher und kleine Bäumchen und blüht willig den ganzen Sommer über. Eine ähnliche Art ist *O. elata.* Beide kann man in den Sommermonaten in den Garten setzen oder auf die Dauer frei in den Boden des Gewächshauses pflanzen. Ähnlich wie die meisten Arten mit flachen

Gliedern *(Platyopuntia)* vermehren sie sich leicht durch Schnitt der einzelnen Glieder, die schnell wurzeln. Manchmal werden die Glieder auch als Unterlagen beim Pfropfen benutzt, doch ist die Arbeit mit ihnen schwierig, da sie viel Schleim enthalten. Nach dem Verwachsen geben sie allerdings ausgezeichnete Unterlagen ab, vor allem für die empfindlicheren *Cylindropuntia, Tephrocactus* u. a.

Von den östlichen Kämmen der Kordilleren und ihrem Vorland in Argentinien, Bolivien und Paraguay stammt die reiche und vielgestaltige Gattung *Parodia.* Sie enthält kleine, kugelige, gelegentlich kurzsäulige Pflanzen mit dichter, farbiger Bestachelung. Auch bei geringer Größe kommen sie leicht zur Blüte und wachsen vor allem in der Kultur gut. Die Botaniker halten die Gattung für einen nahen Verwandten von *Notocactus.* Während aber *Notocactus* die flachen Gelände im Osten Südamerikas einnimmt, hat *Parodia* die Hanglagen in den Bergen besetzt. Die ökologischen Besonderheiten der Standorte haben bei ihnen zur Entwicklung einer dichteren Bestachelung und zur Reduzierung der Samengröße geführt. Vor allem die argentinischen Arten haben sehr feine Samen, denn sie wachsen an Steilhängen. Die Arten aus Bolivien haben etwas größere Samen. Parodien sind Zuchtpflanzen par excellence; wir kennen nur wenige so üppig und bunt blühende süd-

187

amerikanische Kakteen. Vergleichbar sind wohl nur die mexikanischen *Echinocereus* und *Mammillaria.*

**Parodia camblayana** Ritt. (188) gehört in die Artengruppe mit langen, farbigen Stacheln, welche die relativ kleinen, orangefarbenen Blüten zurücktreten lassen. Die ganze Gruppe stammt aus Südostbolivien. Am bekanntesten ist *P. massii,* doch kann man auch auf weitere Namen stoßen: *P. camargensis, P. cintiensis, P. carrerana* usw. In den letzten Jahren wurden derart viele neue Arten beschrieben, die kaum mehr darstellen als stark unterschiedene Populationsformen in der freien Natur, daß die Orientierung in dieser Namensflut auch für den Fachmann schwierig wird.

**Parodia penicillata** Fechs. et Steeg. (189) ist ein Vertreter der kleinsamigen argentinischen Arten, die durch ihre herrlichen Blüten überraschen. Die Art wird bis zu 70 cm hoch und trägt dichte weiße, gelbe bis rostrote Bestachelung. Ihre Zucht ist ähnlich wie die der vorigen einfach. Sie erfordert saures Substrat, reichlich Wasser in den Sommermonaten und eine trockene, kühlere Überwinterung. Die Vermehrung durch Samen setzt Geduld voraus. Sind die Sämlinge erst einen halben Zentimeter groß, wachsen sie schneller.

**Parodia tilcarensis** (Werd. et Backb.) Backb. (190) ist eine kurz säulenförmige Pflanze mit kräftigen, hakigen Stacheln. Sie stammt aus Nordargentinien und toleriert kühle, trockene Überwinterung, ähnlich wie die meisten Kakteen aus diesen Gebieten (z. B. *P. stuemeri, P. jujuyensis, P. uhligiana, P. rauschii*).

188

189

190

191

192

**Parodia schuetziana** Jajo (191) ist eine kugelige Art mit feiner, hakiger Bestachelung und dunkelroten Blüten aus Nordargentinien. Von den weiteren Arten wären zu nennen: *P. sanagasta, P. mutabilis, P. aureicentra, P. catamarcensis.* Sie brauchen ein saures Substrat, ansonsten bereiten sie keine Schwierigkeiten und vertragen auch Behandlungsfehler durch Anfänger. Die Vermehrung aus den winzigen Samen erfordert allerdings Geduld.

**Parodia echinus** Ritt. (192) ist eine kurzsäulige Art mit dichten, geraden Stacheln. Sie stammt aus Bolivien und gemeinsam mit den verwandten bzw. ähnlichen *P. comosa, P. gracilis, P. mairanana* kann man sie zur Zucht empfehlen. Den ganzen Sommer über blüht sie leicht.

**Parodia subterranea** Ritt. (193). Die dunkelgrüne Außenhaut und die schwarzen Stacheln in Kombination mit der weißen Watte in den Areolen und den roten Blüten machen diese Art zu einer der schönsten Kulturkakteen. Wegen der rübenförmigen, auf dauernde Feuchtigkeit empfindlich reagierenden Wurzeln ist die Zucht etwas schwieriger. Eine ähnliche Art ist *P. suprema.*

Aus den gleichen Gebieten wie *Parodia* stammt auch die Gattung *Rebutia.* Heutigen Autoren zufolge gehören in diese Gattung z. B. *Aylostera, Mediolobivia, Cylindrorebutia* u. a. Zur Gattung *Rebutia* gehören kleine Miniaturkakteen, die vorwiegend im Erdreich, in Felsritzen oder Moospolstern leben. Die Mehrzahl der Arten ist dicht fein bestachelt, so daß die Haut völlig bedeckt ist. Auffällig sind die Blüten in

193

verschiedenen Farben; sie erscheinen zu Beginn der Vegetationszeit an älteren Areolen.

**Rebutia krainziana** Kesselr. (194) sind etwa 5 cm große, vorwiegend einzeln wachsende Pflanzen mit auffälligen weißen Areolen und leuchtendroten Blüten. Bekannt sind auch gelb und orange blühende Formen. Die weitaus bekannteste Art ist *R. minuscula* mit einem unauffälligen Stengel, die aber oft und üppig Blüten trägt.

**Rebutia senilis** Backb. (195) unterscheidet sich von den übrigen Arten durch dichte, weiße Stacheln, die 3 cm lang werden können. Man kennt auch Varietäten, die rot, orange (var. *stuemeri*), aber auch gelb (var. *kesselringiana*) blühen. Ähnlich wie die meisten Arten der Gattung sind auch diese Varietäten autogam, d. h. Früchte und Samen entstehen nach Bestäubung mit eigenem Pollen. Die Rebutienzucht ist einfach. In der Sommerzeit brauchen sie reichlich Sonne, frische Luft und Wasser, dazu ein durchlässiges, neutrales Substrat. In der Ruhezeit benötigen sie völlige Trokkenheit und Temperaturen um 10 °C. Nur einige neu eingeführten Arten aus tiefer gelegenen Landstrichen Boliviens bevorzugen eine wärmere Überwinterung.

**Pterocactus tuberosus** (Pfeiff.) Britt. et Rose (196) sind kleine Pflänzchen mit großen Vorratswurzeln und dünnen, walzenförmigen, niederliegenden Stengeln. Ihre

194

195

Bestachelung ist fein borstenartig, nicht stechend. Die Blüten wachsen terminal an den Stengelenden. Die Früchte mit den geflügelten Samen, die sich von denen aller anderen Arten der Familie *Cactaceae* unterscheiden, sind in den Kaktuskörper eingelassen. Alle etwa 7 Arten stammen aus Süd- und Westargentien, sogar aus den kühlen Gebieten an der Küste der Magellanstraße. Exemplare mit eigener Wurzel, also

196

nicht gepfropfte Kakteen, lassen sich nur unter Schwierigkeiten halten, denn die rübenartigen Wurzeln sind empfindlich gegenüber zuviel Feuchtigkeit. Es empfiehlt sich daher ein maximal durchlässiges Mineralsubstrat. Pterokakteen vertragen Temperaturabfälle bis zum Nullpunkt, doch einen Winter im Freien überleben sie ohne Schutzmaßnahmen nicht. Systematisch gehört die Gattung *Pterocactus* zu den Opuntien, die engsten Beziehungen bestehen mit der Gattung *Tephrocactus.*

**Reicheocactus pseudoreicheanus** Backb. (197) sind kugelige, 6—7 cm große Pflanzen mit schwarzgrüner bis braunroter Außenhaut, kurzen, nicht stechenden Stacheln und gelben Blüten. In den modernen Botaniksystemen wird *Reicheocactus* zu *Neoporteria* gerechnet bzw. zu *Neochilenia.* Er hat aber auch sehr enge Beziehungen zur Gattung *Lobivia,* vor allem was Bau und Anordnung der Blüten an den unteren Partien des Pflanzenkörpers angeht. Zwei weitere Arten, *R. floribundus* und *R. neoreichei,* gehören allen Anzeichen nach tatsächlich in die Gattung *Neochilenia.* Sie stammen aus Nordchile. Die Fundstelle von *R. pseudoreicheanus* ist allerdings nicht bekannt und es ist nicht gelungen, sie aufs neue zu entdecken. Die Pflanze im Bild wurde schon über 30 Jahre in Europa gehalten. Bei allen drei Arten empfiehlt sich Pfropfung, ähnlich wie bei den Miniaturen der Gattung *Neochilenia,* darüber hinaus eine kühle helle Überwinterung bei 10 °C.

197

198

**Sulcorebutia arcnacca** (198 — Text siehe Seite 181)

Die Gattung *Trichocereus* stellt etwa 60 Kakteenarten von allen möglichen Wuchsformen vor mit länglichen Stengeln, kräftiger Bestachelung und kelchartigen Blüten. Die größten Arten sind *T. pasacana, T. santiaguensis* und *T. pachanoi,* die Höhen von mehr als 5—8 m erreichen. Man kennt aber auch den kleinen, kaum 25 cm hohen, truppweise wachsenden *T. schickendantzii.* Die Trichocereen sind in den Bergen der Anden verbreitet, von Südecuador über Bolivien bis nach Chile und Argentinien. In der Kultivierung sind sie widerstandsfähige, gut wachsende und oft dank ihrer Bestachelung sehr dekorative Arten.

**Trichocereus fulvilanus** Ritt. (199) kann 1,5 m hoch werden und bildet große Büschel aus etwa 7 cm breiten Stengeln. Die Stacheln an verschiedenen Exemplaren können eine Länge von über 10 cm erreichen. Die Blüten erscheinen auf dem Scheitel, sind 10—12 cm lang und ähneln denen von *Echinopsis;* sie haben eine weiße Farbe und duften angenehm. Der Kaktus stammt aus den trockenen Gebieten von Nordchile. Eine eng verwandte Art ist *T. chilensis,* die Dickichte und Kolonien bildet und auf einem großen Areal in den chilenischen Küstenwüsten verbreitet ist. Die größte Art ist *T. pasacana* aus Westargentinien, die über 10 m hoch wird. An den Berghängen entstehen so wirkliche Kakteenwälder. Die Sämlinge von *T. pasacana* dienen in den Kulturen als ausgezeichnete Unterlagen, die gut alle möglichen Pfropfe annehmen. Auch weitere Arten, *T. schickendantzii, T. candicans, T. chilensis, T. macrogonus, T. spachianus,* sind widerstandsfähige, ausdauernde Unterlagen und tolerieren Temperaturen unter 10 °C. Ein Nachteil besteht darin, daß sie den Pfropf zu einer späteren und geringeren Blütenbildung veranlassen.

**Trichocereus candicans** (Gill.) Britt. et Rose (200) wird selten 1 m hoch, bildet aber mit seinen bis zu 12 cm starken Stengeln reiche Kolonien. Er hat eine helle Epidermis und gelbliche, maximal 4 cm lange Stacheln. Dieser Cereus stammt aus den Westprovinzen Argentiniens von steinigen Berghängen. In den Sammlungen bringt er monumentale kräftige Säulen hervor, doch dauert dies viele Jahre. Genau wie andere Arten stellt er keine großen Ansprüche an den Boden, doch tun ihm viel frische Luft und reichliche Wassergaben gut. Kleinere, in der Kultur üppig und schön blühende Arten sind z. B. *T. crassicaulis* und *T. grandiflorus* mit leuchtendroten Blüten.

199

Die Gattung *Sulcorebutia* existierte vor 20 Jahren noch nicht. *S. steinbachii,* schon vor 1960 bekannt, wurde noch als *Rebutia* eingeordnet. Seither wurde eine Flut neuer Arten entdeckt und unter dem neuen Namen beschrieben. Heute, nach einer Reihe von Jahren, lehnen verschiedene Taxonomiefachleute die Existenz einer selbständigen Gattung *Sulcorebutia* ab und wollen sie wieder unter die Gattung *Rebutia* einordnen. *Sulcorebutia* unterscheidet sich von Rebutia durch gröbere Bestachelung, längliche Areolen und Furchen, die sich von den Areolen aufwärts ziehen. Die *Sulcorebutien* bilden eine charakteristische Gruppe von kleinen, oft büschelartigen, dicht bestachelten und interessant blühenden Bergpflanzen. Aus züchterischer Sicht sind sie interessante, herrlich blühende Miniaturen, die allerdings nach Pfropfung besser gedeihen, da so das Risiko einer Beschädigung der rübenartigen Wurzeln entfällt (z. B. bei *S. rauschii, S. zavaletae, S. tarabucensis* u. a.). Sie tolerieren eine kühle Überwinterung und Temperaturen unter 10 °C.

**Sulcorebutia arenacea** (Card.) Ritt. (198) ist eine hübsche kugelige Art mit kurzen, hellen Stacheln und goldgelben Blüten. Sie ist verhältnismäßig anfällig.

200

201

**Sulcorebutia mizquensis** Rausch (201) ist ein büschelartig wachsender Kaktus mit zierlichen Stengeln, hellen, anliegenden kurzen Stacheln und karminroten Blüten, die im Mai erscheinen wie bei den meisten anderen Arten auch. Sie hat empfindliche Knollenwurzeln, daher empfiehlt sich Pfropfen auf *Cereus peruvianus, Eriocereus jusbertii* u. a.

**Sulcorebutia lepida** Ritt. (202). Der dunkelgrüne zierliche Körper bildet nur selten Ableger; die abstehenden Stacheln sind rotbraun und bis zu 7 mm lang. Blüten rot. Ähnlich sind *S. mentosa, S. tunariensis* und *S. totoriensis.* In neutralem bzw. saurem Substrat kann man sie ganz gut auch auf den eigenen Wurzeln ziehen. Will man aber größere Büschel und größeren Knospenansatz erzielen, greift man besser zum Pfropfen auf bewährte Unterlagen.

**Vatricania guentheri** (Kupp.) Backb. (203) ist die einzige Art der Gattung. Einige Autoren ordnen sie aber in die Gattung *Espostoa* ein, wozu einige Berechtigung vorliegt. Vatrikanien sind strauchartige, bis zu 2 m hohe, dicht bestachelte Cereen. Im Erwachsenenstadium bilden sie ein seitliches Cephalium aus, bestehend aus dichten, feinen rostfarbenen Borsten. Die Art stammt aus den östlichen Andentälern in Bolivien aus nicht zu großer Höhe (800 – 1000 m). Daher verträgt dieser Kaktus keine kühle Unterbringung; er ist ähnlich wie die anderen schönen Cereen aus Ostbolivien und Peru (z. B. *Austrocephalocereus, Neobinghamia, Thrixanthocereus*) eine außergewöhnlich dekorative Pflanze für die Kultur. Ganzjährig muß er so aufgestellt sein, daß die Temperatur nicht unter 10 °C sinken kann, im Sommer braucht er hinreichend Feuchtigkeit und Sonne. Das Substrat muß neutral und gut durchlässig sein. Unter solchen Bedingungen weisen die Sämlinge einen Zuwachs von mehr als 25 cm im Jahr auf und nach Erreichen von 1 m Höhe kann man mit der Entstehung des Cephaliums rechnen. Wesentlich schneller geht die Wurzelung von ausgewachsenen Zweigen mit einem Cephalium vor sich. Meist kommt es schon in der folgenden Saison zur Ablegerbildung an der Basis und diese bilden schnell weitere Cephalien.

**Uebelmannia pectinifera** Buin. (204). Diese Art, für die später eine selbständige Gattung eingeführt wurde, ist erst vor 13 Jahren entdeckt worden. Es war eine richtige Sensation, als Horst und Baumhardt diese Pflanze im Süden von Minas Gerais/Brasilien fanden. Mit ihrer grauweißen Oberfläche ähnelt sie *Astrophytum* aus Mexiko und *Copiapoa* aus Chile, doch ist es sehr unwahrscheinlich, daß Verwandtschaftsverhältnisse bestehen. Die neuesten Studien bewiesen, daß die engsten Verhältnisse zu den südamerikanischen Gattungen *Notocactus* und *Frailea* vorliegen. Die Ue-

202

203

belmannien sind außergewöhnlich attraktive, aber sehr rare Kakteen. Zwar wurden sie zu Tausenden in die ganze Welt exportiert, doch wie viele haben das überlebt? Die importierten Pflanzen stellen nämlich sehr hohe Ansprüche an die Temperatur, müssen bei mehr als 15 °C überwintern, brauchen ständige Beleuchtung und ein saures bis neutrales Substrat. In der Kultur blühen sie selten. Dazu brauchen sie ein Maximum an feuchter Tropenwärme und zwar den ganzen Sommer über, müssen dicht unter dem Glas des Gewächshauses untergebracht werden und reich mit Mineralnährstoffen versorgt sein. Die besten Ergebnisse wurden bei der Kultur von gepfropften Sämlingen (siehe Abb. 204) erzielt. *U. buiningii* blüht schon im 4. Jahr, *M. pseudopectinifera* und *U. meninensis* nach 5 Jahren und schließlich nach 6 Jahren auch *M. pectinifera* und *M. flavispina.* Die Blüten sind aber so klein, daß man sie kaum wahrnimmt. Sie erscheinen im Winter zwischen den Stacheln auf dem Scheitel, halten nur kurze Zeit aus und werden kaum größer als 12 mm im Durchmesser.

204

205

**Weingartia cumingii** (Werd.) Marsh. (205) sind kleine, kugelige Pflanzen, bedeckt mit kräftigen, abstehenden Stacheln. Sie haben relativ kleine, kahle Blüten. Heute sind etwa 17 Arten bekannt, die vor allem aus Bolivien und nur am Rande *(W. vorwerkii)* auch aus Nordargentinien und Chile stammen. Sie leben auf Geröll- und Grashängen zusammen mit Vertretern von *Rebutia, Lobivia, Gymnocalycium, Oreocereus, Trichocereus* u. a. Hutchinson hat sie in die Gattung *Gymnocalycium* eingeordnet, doch scheint es, daß sie mit dieser nicht viel gemeinsam haben, ausgenommen die kahlen Blüten. Viel auffälligere Bindungen zeichnen sich zur bolivianischen Gattung *Sulcorebutia* ab. Hier liegen Übereinstimmung sowohl bei den kahlen Blüten, den austrocknenden Früchten, der Samenstruktur, dem geographischen Areal usw. vor. Die meisten Arten blühen üppig goldgelb; ihre Blüten sind zwar nicht groß, doch erscheinen sie im Laufe des Sommers in mehreren Wellen und stets in Serien. Bekannt sind aber auch rotblühende Arten, die in den letzten Jahren im bolivianisch-argentinischen Grenzgebiet entdeckt wurden. Das sind *W. torotorensis,* und *W. rubriflora.* Die Kultivierung der meisten Arten außer *W. westii, W. fidaiana* und *W. vorwerkii,* die auch als *Neowerdermannia* bekannt ist, macht keine Schwierigkeiten Es genügen ein Nährstoffsubstrat, regelmäßige Wassergabe und Aufstellung an einem sonnigen, luftigen Ort.

206

# EPIPHYTEN UND ANDERE WALDKAKTEEN

Nicht nur trockene Wüsten, Halbwüsten, spärlich mit Wasser versorgte Savannen, dornige oder sommergrüne Wälder sind die Heimat von Kakteen. Man kennt einige hundert Arten, die sich im Laufe der Evolution an das Leben in feuchten Gebieten angepaßt haben. Antreffen kann man sie in den Nebelwäldern hoch im Gebirge, in den Galeriewäldern längs der Flüsse oder sogar in den immergrünen Tropenwäldern in geringer Höhe über dem Meer. Da hier aber eine starke Konkurrenz der übrigen Pflanzen herrscht und da die Kakteen mit den schnellwachsenden massiven Kräutern nur schlecht wetteifern können, sind die meisten an Orte ausgewichen, an denen ihnen ihre Sukkulenz Vorteile verschafft. So z. B. besiedeln sie die Baumkronen – hier finden sie mehr Sonne, nach dem Regen trocknen sie schneller ab und ganz gewiß ist hier die Konkurrenz geringer. Diese Kakteen werden Epiphyten genannt – sie leben nämlich auf anderen Pflanzen, die ihnen Lebensraum gewähren. Sie wurzeln also nicht direkt im Erdreich, sondern halten sich mit ihren Wurzeln an der Rinde fest, in Astgabeln, Stammritzen usw. Allerdings fügen die Kakteen ihren Trägerpflanzen keinen direkten Schaden zu; sie sind keine Parasiten. Die Epiphyten muß man auch nicht immer in den Baumkronen antreffen. Diese Kakteenepiphyten suchen auch die steilen Felswände von Schluchten und Cañons auf bzw. einzeln stehende Felsen, die sich über die Baumkronen erheben. Gemeinsam mit ihnen kann man auch Blattkakteen *(Pereskoideae)* vorfinden, die sich nur schlecht von anderen Waldbäumen unterscheiden lassen.

**Aporocactus conzattii** Britt. et Rose (206). Der Blick in die schütteren Eichenwäldchen von Südmexiko in Höhen über 2000 m entdeckt herabhängende, etwa 1,5–2,5 cm starke Stengel, die in Astgabeln siedeln, in deren grober Borke sich Humus angesammelt hat. Im Laufe der Zeit entstehen so ganze hängende Gärten, bestehend aus einigen unzähligen Arten verschiedener Pflanzen, von Insekten und kleinen Wirbeltieren bewohnt. Sehr oft kann man hier auch kugelige Kakteen antreffen – z. B. *Mam-*

207

*millaria elegans* und *Ferocactus macrodiscus*, die so einige Meter über der Erde blühen. Ähnlich wie die Samen der Kakteenepiphyten wurden auch die Samen dieser Arten von Vögeln verschleppt, die sich von Kaktusfrüchten ernähren.

**Aporocactus flagelliformis** (L.) Lem. (207) stammt wiederum aus den höheren Lagen Mittelmexikos, wo die Temperaturen nicht häufig über 24 °C steigen. In der Kultur ist er der häufigste Vertreter der Gattung. Ganz gut gedeiht er sogar in der Wohnung am Fenster, in den Sommermonaten auch im Freien. Dabei ist es wichtig, das Gefäß mit der Pflanze so anzubringen, daß die dünnen, strickartigen Stengel herabhängen können. Im Unterschied zu anderen Epiphyten toleriert die Art auch einen höheren pH-Wert des Substrats, doch entwickelt sie sich in saurem Humusboden besser und blüht reicher. Bei Überwinterung in einem wärmeren Raum empfiehlt sich ein schwaches Gießen mehrmals während der Wintersaison.

**Hylocereus undatus** (Haw.) Britt. et Rose (208, 210). In den Tropen Amerikas ist sie eine der bekanntesten Kakteen, die oft in Parks und Gärten gepflanzt wird. Es genügt, einen kleinen Schnittling an den Fuß eines Baums oder einer Mauer zu setzen und nach kurzer Zeit klammert sich die Pflanze mit

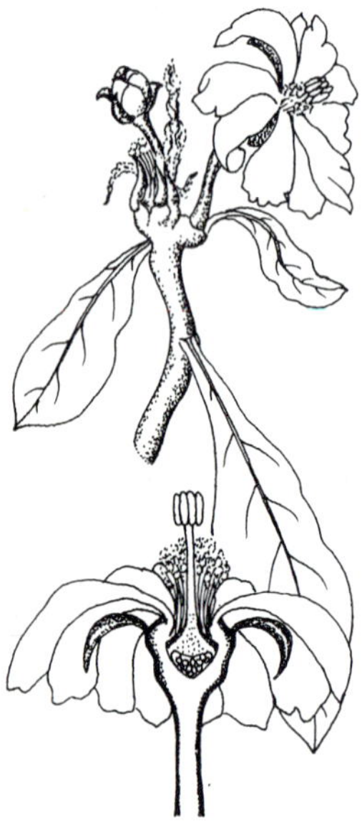

Der primitive Blattkaktus *Pereskia aculeata* mit Blüten in terminalen Blütenständen.

208

209

ihren Kletterwurzeln an der Unterlage fest und beginnt, schnell aufwärts dem Licht entgegen zu klettern. In geeigneter Lage beginnt sie dann Nebenäste zu treiben, die eine ganz beträchtliche Masse darstellen. Auf einer gefällten Palme *Roystonea regia* wurden Hylocereusäste im Gewicht von fast 300 kg festgestellt. Auf eine ähnliche Weise existiert in den Baumkronen auch die Gattung *Selenicereus.* Oft keimen die Samen dieser Pflanzen im Boden, die jungen Exemplare klettern vermittels ihrer Wurzeln in die Baumkronen hinauf, wo sie erst ihre eigene Krone entwickeln und zur Blütenreife gelangen. Die Verbindung mit der Erde bleibt auch danach wichtig — so wird die Pflanze mit Feuchtigkeit und Nährstoffen versorgt; es handelt sich nicht um echte Epiphyten. Unter optimalen Bedingungen, d. h. bei tropischer Wärme und Feuchtigkeit, geht das Wachstum dieser Halbepiphyten unglaublich schnell voran; 3 m lange Jahrestriebe sind nichts Außergewöhnliches. Deswegen werden *Hylocereus* und *Selenicereus* auch als Unterlagen verwendet. Dazu schneidet man etwa 15 cm lange Kopfschnittlinge, die schnell wurzeln. Nach 2–3 Jahren erreichen die Pfropfe ein zu hohes Gewicht, man muß daher die Unterlagen verkürzen oder zum Umpfropfen schreiten.

**Selenicereus urbanianus** (Gürke et Wtg.) Britt. et Rose (209) ist ein häufiger Epiphyt auf einzeln stehenden Bäumen in den Savannen oder Trockenwäldern an den Küsten von Westkuba und Haiti. Sehr oft besiedelt er auch Felsen, die er als grüner Teppich überzieht.

**Selenicereus grandiflorus** (L.) Britt. et Rose (211). Dieser Kaktus, der seine riesigen weißen Blüten bei Sonnenuntergang öffnet, erhielt seinen Namen von der griechischen Mondgöttin Selene, die für ihre Schönheit berühmt war. Dabei fällt uns eine Mainacht in der ostkubanischen Provinz Oriente ein. An den einzelnen, über die grasigen Weideflächen verstreuten Bäumen hingen im warmen Abend große goldene Knospen zu Dutzenden aus jeder Baumkrone. Mit fortschreitender Dämmerung haben wir immer weiter geöffnete Knospen gefunden — bis schließlich nach Eintritt der Dunkelheit leuchtendweiße Blütensterne in den Kronen sichtbar wurden. Auch bei nüchterner Betrachtung läßt sich nicht annähernd schätzen an wie viele Tausende an jenem einen Abend aufgeblüht waren! Am anderen Tag hingen von diesen herrlich duftenden Blüten nur schlaffe Überreste herab. Welche Zauberkraft aber alle Knospen in einer einzigen Nacht aufblühen ließ, ist ein Geheimnis geblieben. *S. grandiflorus* wird sehr passend als „Königin einer Nacht" bezeichnet. Beschrieben wurden etwa 25 Arten, die von Südtexas über Mexiko, die Karibischen Inseln bis in die nördlichen Länder des südamerikanischen Subkontinents verbreitet sind. Das angebliche Vorkommen von *S. mac-*

○

210

211

*donaldiae* in Paraguay und Argentinien ist umstritten. *Selenicereus* findet zusammen mit *Hylocereus* seinen Platz in größeren Warmhäusern, wo sie den ganzen Sommer über blühen. Darüber hinaus können sie auch das Mauerwerk bedecken. Von den weiteren Arten wäre noch

212

213

*S. hamatus* mit schnabelartigen Auswüchsen unter den Areolen zu nennen oder *Selenicereus (Deamia) testudo* mit breiten, vierflügeligen Stengeln. Beide stammen aus Mexiko und haben ebenso schöne Blüten wie *S. grandiflorus.* Alle Arten brauchen eine Wintertemperatur über 12 °C.

**Epiphyllum hookeri** (Lk. et O.) Haw. (212) gehört zu den echten Epiphyten. Seine Samen müssen an geeigneten Stellen in den Baumkronen keimen bzw. auf Felsen; klettern wie die vorige Art kann diese nicht. Im Laufe der Zeit bildet sie ausladende Sträucher, die einzelnen Stengel sind etwa 5–9 cm breit und frischgrün. *E. hookerii* stammt aus den Nordteilen Südamerikas und aus Mittelamerika bis Mexiko.

**Epiphyllum anguliger** (Lem.) G. Don. (213). Der größte Unterschied zur vorigen Art besteht in den tieferen Einschnitten der Zacken an den Zweigrändern. Die Blüten sind kleiner, etwa 8–9 cm im Durchmesser. Genau wie bei allen übrigen rund 20 Arten sind sie nur eine Nacht geöffnet, manchmal noch den darauffolgenden Tag. Eine interessante Art ist *Epiphyllum (Mar-*

*niera) chrysocardium* mit tief eingeschnittenen, geflügelten Stengeln und Stacheln an Fruchtknoten und Blütenröhre. Ähnliche Epiphytengattungen sind *Nopalxochia* und *Heliocereus* mit weißen und roten Tagblüten. Gemeinsam mit *Epiphyllum* und *Selenicereus* sind sie die Eltern vieler Kulturhybriden (eher als „*Phyllocactus*" bekannt), die in allen nur möglichen Tönen und Farbkombinationen blühen (Orchid cactus). Während die Eltern eher ein saures Humussubstrat und wärmere Überwinterung benötigen, erfordern die hybriden Kultivare nährstoffhaltige Gartenerde, Halbschatten und Sommertemperaturen nicht über 28 °C.

**Wittia panamensis** Britt. et Rose (214) hat einen kletternd-rankenden, dünnen Stengel, der mehrere Meter Länge erreichen kann und später aus Baumkronen und an Stämmen herabhängt. Er braucht eine feuchte, warme Umgebung und ist wie die meisten anderen Epiphytenkakteen auch ein dekoratives Element für Epiphytenstämme, Vitrinen, Blumenfenster u. ä.

**Schlumbergera orssichiana** Barthlott et McMillan (215) ist eine neue, erst 1978 beschriebene Art, die aber zu den sehr hübschen Kakteen gehört. Sie hat gezipfelte Glieder und bis zu 9 cm lange, hell karminrosa Blüten. Blütezeit von August bis Dezember. Wesentlich bekannter ist

**Schlumbergera truncata** (Haw.) Moran (216). Sie wird oft auch von Blumenfreunden, die sich nicht auf Kakteen spezialisiert haben, als Weihnachtskaktus gehalten. In der älteren Literatur lautet der Name *Zygocactus* oder auch *Epiphyllum*. Im Unterschied zu den übrigen Angehörigen der Gattung wächst diese Art auch auf den eigenen Wurzeln gut, sofern sie ein neutrales bis leicht saures Substrat hat. Geeignet ist eine Mischung aus Torf und Gartenerde mit Sand. In den Herbst- und Wintermonaten verträgt die

214

215

216

217

Pflanze keinen Ortswechsel; darauf reagiert sie mit Abwurf der Knospen. Aus der ursprünglichen botanischen Art wurde eine Reihe von Hybriden veredelt, deren Blütenfarbe von Karminrosa bis Reinweiß geht. *S. orssichiana, S. opuntioides, S. russelliana* und verschiedene andere empfindliche Hybriden pfropft man besser auf höhere Stämmchen von *Pereskia, Pereskiopsis, Opuntia* oder *Eriocereus.*

**Rhipsalidopsis rosea** (Lag.) Britt. et Rose (217) hat kleine frischgrüne Glieder, die an die Gattung *Schlumbergera* erinnern, doch unterscheiden sie sich von ihr durch die vierkantige Frucht und die symmetrischen Blüten. Genau wie die bekanntere *R. gaertneri* stammt die Art aus Südbrasilien. Man kann sie auch unter der Bezeichnung *Epiphyllum, Epiphyllopsis* antreffen, doch wesentlich bekannter sind sie als Osterkaktus, da sie im April blühen. Genau wie die weiteren Kultivare pfropft man diese Arten besser, denn so blühen sie üppiger.

**Rhipsalis heptagona** Rauh et Backb. (218). *Rhipsalis* ist die größte Gattung der Epiphytenkakteen; sie besitzt von Mexiko bis Argentinien über 60 Arten. Einige Arten wurden auch in Ostafrika, auf Madagaskar und Ceylon gefunden. Sie unterscheiden sich von den amerikanischen in der Chromosomenzahl. Es ist also wahrscheinlich, daß sie vor sehr langer Zeit von Vögeln dorthin verschleppt wurden. Rhipsalis sind hängende Epiphyten von meist büschel- bis strauchförmigem Wuchs, mit zylindrischen Stengeln und kleinen Blüten. Einige haben abgeplattete Stengel, ähnlich wie die verwandte Gattung *Disocactus.* Ihre Kultivierung erfordert tropische Bedingungen; *Rhipsalis* stellt hohe Ansprüche an Feuchtigkeit, Temperatur und ein leicht saures Humussubstrat.

218

219

# HUNDERTJÄHRIGE AGAVEN

Die Agavengewächse *(Agavaceae)* sind eine Familie von einkeimblättrigen Pflanzen aus der Verwandtschaft der Lilien- *(Liliaceae)* und Amaryllisgewächse *(Amaryllidaceae)*. Die Mehrzahl der Arten bewohnt trockene bzw. halbtrockene Gebiete. Daher sind sie mit fleischigen Vorratsblättern ausgestattet, z. B. *Agave, Sansevieria*, bzw. mit mehr oder weniger fleischig-holzigen Vorratsstengeln *(Nolina, Dasylirion, Calibanus)*. Zu den *Agavaceae* gehören auch skleromorphe Xerophyten, d. h. Pflanzen mit zähen, riemenartigen Blättern und faserigen Stämmen, die zwar kein Wasser im Vorratsgewebe speichern, aber trotzdem sehr gut der Trockenheit trotzen, wie z. B. *Yucca*. Alle Agavengewächse haben zu Rosetten geordnete Blätter und Blüten in Rispen oder Trauben. Bei den meisten Gattungen erscheinen die Blüten erst nach vielen Jahren, wenn die Pflanzen genügend Vorratsstoffe gespeichert haben. Bei Agaven kann das einige Jahrzehnte dauern (vor allem in der Kultur). Diese Tatsache ließ den Aberglauben entstehen, daß Kakteen nur einmal in hundert Jahren blühen. Dieser Aberglaube bezieht sich auf die Agaven und nicht auf die Kakteen (auch wenn die Agaven in der Vorstellung des Laien als Kakteen gelten); außerdem ist es nicht wahr. Alle Agaven blühen nämlich wesentlich früher. Außer dem Umstand, daß sie auch in der Neuen Welt wachsen und gut Trockenheit ertragen, haben die Agaven mit den Kakteen nichts gemeinsam. Erst vor gar nicht so langer Zeit hat Hutchinson die Familie *Agavaceae* von den Lilien- und Amaryllisgewächsen getrennt, daher wird der Leser diese Einteilung in der älteren Literatur nicht finden.

Als Verbreitungsschwerpunkt der Gattung *Agave* kann man Mexiko nennen; eine Reihe von Arten wächst aber auch in den umliegenden Gebieten in Mittelamerika, den USA und auf den Karibischen Inseln. Beschrieben wurden über 100 Arten. Eng verwandte Gattungen, gelegentlich auch zu *Agave* gerechnet, sind *Fourcroya, Manfreda* und *Hesperaloe*. In der Natur können manche Arten, z. B. *A. lechuguilla, A. stricta, A. horrida* u. a. ganze Gesellschaften hervorbringen (Matorral), wo sie vor der übrigen Vegetation dominieren.

**Agave cochlearis** Jacobi (219) ist wahrscheinlich die größte Art der Gattung und stammt aus den Hochgebirgen Südmexikos von feuchten Stellen in Höhen bis zu 3000 m ü. M.

220

**Agave horrida** Lem. (220 + 228) stammt aus Mittelmexiko, wo man sie auf den ausgedörrten Lavaströmen der Pedregals nördlich der Stadt Cuernavaca antreffen kann. Ihre Blattrosetten erreichen Höhen um 1 m, die einzelnen Blätter sind an den Rändern mit kräftigen, scharfen Zacken verziert. Die gelben Blüten sind zu einer dichten, zylindrischen Ähre geordnet. In der Kultur sind die Pflanzen empfindlicher gegenüber Substratfeuchtigkeit; bei Temperaturen unter 12 °C vertragen sie keine Feuchtigkeit. Ein Maximum an Sonne und die Unterbringung unter freiem Himmel in der Sommerzeit unterstützen die Ausbildung und Färbung der Blätter, wie z. B. bei var. *gilbeyi* (Abb. 228). Die kleinste Art der Gattung ist *A. pumila.* Die größeren Arten brauchen meist aber noch länger zum Speichern von genügend Vorratsstoffen, erst danach kommen sie zur Blüte. Gleichzeitig sind das ihre letzten Blüten, da die Blattrosetten alle ihre Energie in die Samen übertragen haben und nach dem Abblühen eingehen. Einige Arten bringen noch vor dem Ausreifen seitliche Ableger und Tochterrosetten hervor. Nur ganz wenige haben keine Ableger, z. B. *A. victoriae-reginae, A. utahense, A. purpusorum* u. a.

221

Verbreitungsareal der Gattung *Agave* (einschließlich *Manfrede*).

222

**Agave americana** f. **marginata** Trel. (221) ist ein Kultivar der bekanntesten Agavenart *A. americana* aus Mittelmexiko. Die an den Rändern gezackten, becherförmigen Blätter sind bei der erwachsenen Pflanze kleiner als bei der Naturform. *A. americana* gehört gemeinsam mit vielen weiteren Agaven zu den alten Nutzpflanzen. Die vorkolumbianischen Kulturen Mexikos nutzten nicht nur die festen Blattfasern zur Textilherstellung; die Agaven waren z. B. für die Otomi-Stämme aus Mittelmexiko eine wichtige Nahrungsquelle — der sog. „agua miel" (Wasserhonig). Zu dem Zeitpunkt, an dem die *Agave* mit der Blütenbildung beginnt, sind in der Blattrosette viele nährende organische Stoffe gespeichert (Zukker, Eiweiß u. a), die der Blütenbildung dienen sollen. Durch Abschneiden des Blütenstengels und Entzug der Flüssigkeit wurden die Agaven für die Indios zur Nahrungsquelle, aber auch (und das bis auf den heutigen Tag) zur Quelle gewisser Annehmlichkeiten. Nach Gärung verwandelt sich nämlich der wässerige Saft in „pulque", ein erfrischendes und berauschendes, schwach alkoholisches Getränk, das an jungen Wein erinnert. Andere Arten, z. B. *A. tequilana,* liefern Rohstoff für die Destillatherstellung, für den berühmten Tequila oder Mezcal. Natürlich ist die *Agave* auch eine Zierpflanze. Viele Arten werden fast überall in den Tropen und Subtropen zu Dekorationszwecken gepflanzt, am meisten natürlich in den Trockengebieten Amerikas. Man könnte fast meinen, daß sie in Europa nur den Glashäusern der großen botanischen Gärten oder für die Sommerbepflanzung in Parks und Anlagen vorbehalten sind. In Wirklichkeit ist das nicht so. Wir kennen eine Reihe kleiner, langsam wachsender Arten, die eine schöne Auflockerung in Privatsammlungen darstellen. Allerdings sind sie in der Kultur anspruchsvoll.

223

224

**Agave potatorum** var. **verschaffeltii** Bgr. (222) hat eine wunderschön blaßblau bereifte Haut und ornamental ausgeschnittene Blätter mit schwarzen Stacheln. Es handelt sich zwar um eine größere Art, doch ist ihr Zuwachs in der Kultur nicht besonders groß und auch zehnjährige Sämlinge haben kaum 40 cm im Durchmesser. Ähnlich wie bei den meisten Angehörigen der ganzen Familie ist Aussaat die geeignetste Vermehrungsmethode. Die Keimfähigkeit der Samen geht ziemlich schnell zurück, vor allem bei solchen mit platten Schalen. Die meisten Sämlinge brauchen in den ersten Monaten ständige Feuchtigkeit und ein nährstoffreiches Humussubstrat bei nur indirekter Sonnenbestrahlung. Im Stadium mit 2–3 Blättern kann man sie bereits im Gewächshaus an ihren endgültigen Platz bringen, am besten im vollen Sonnenlicht. Die meisten Arten stellen keine großen Ansprüche an den Boden und tolerieren auch größere, regelmäßige Wasserdosierung. Empfindlicher sind die Wüstenarten aus Baja California und Nordmexiko.

**Agave stricta** Salm. (223) stellt in der Kultur größere Ansprüche, gehört aber dafür zu den schönsten Arten. Sie stammt aus Mittelmexiko, wo sie vielerorts zusammenhängende Teppiche bildet. Die scheinbar zierliche Matte aus vielen hundert saftiggrünen Blättern sieht zwar sehr unschuldig aus, aber die nadelspitzen Stacheln machen jedem klar, daß er sich in einem solchen Gelände sehr vorsichtig bewegen muß. In der Kultur kommen sie vor allem in größeren Gewächshäusern zur Geltung, wo man eine größere Anzahl dieser dekorativen Rosetten pflanzen kann.

225

226

**Agave purpusorum** Bgr. (224) ist ein Vertreter der breitblättrigen Arten aus Südmexiko, wo sie an sonnigen Standorten in höheren Lagen wächst. Ihre Blätter sind etwa 75 cm lang, die Blütenrispe 3 m hoch. Eine interessante Art ist auch *A. karwinskii,* deren Rosette an einer verlängerten Achse sitzt, so daß sie den Arten der Gattung *Yucca* ähnelt. Beide Arten sind sehr dekorativ, wenn man sie frei im Gewächshaus pflanzt. Sie brauchen maximale Sonne und Wärme, im Winter bevorzugen sie völlige Trokkenheit.

**Agave victoriae-reginae** T. Moore (226). Hier kehren wir zur Gattung *Agave* zurück, um wunderschöne, allerdings auch nicht gerade leicht zu kultivierende Pflanzen vorzustellen. Diese Art stammt von den Kalksteinwänden und Geröllhängen Nordmexikos. Ihre Blattrosetten nehmen nur langsam zu und können auch noch nach vielen Jahren in Kultur auftreten, ähnlich wie die folgende Art.

**Agave utahensis** Engelm. (227) stammt aus Utah, Nordarizona und Colorado aus sehr trockenen Gebieten. Sie bildet niedrige Rosetten aus schlanken, bläulichgrünen Blättern, die in langen, scharfen, dunkel gefärbten Spitzen enden. Diese Art ist eine der Miniaturen, 12—20 cm groß, deren Kultur allerdings sehr schwierig ist. Weitere hübsche Verwandte sind *A. parryi, A. chrysantha* und *A. bracteosa.* Als dekorative Garten- oder Parkpflanze wird in wärmeren Gegenden *A. attenuata* aus Mittel- und Ostmexiko gezüchtet. Sie hat bläulichweiße, bereifte Blätter, meist ohne seitliche Stacheln. Viele der kleinen Arten sind in den Sammlungen dankbare Sukkulenten, z. B. *A. geminiflora* mit dünnen Blättern, die im Unterdrittel eine weiß gefranste Außenhaut haben.

**Dasylirion glaucophyllum** Hook. (225). Alle rund 15 Arten der Gattung haben einen holzigen Stamm und riemenförmige feste Blätter mit gezahntem Rand. Das Blattbüschel von *D. glaucophyllum* ist bläulichgrün, bei den Arten *D. longissimum, D. acrotrichum* u. a. frischgrün und wirkt sehr elegant. Aus diesem Grund werden viele Arten zu ornamentaler Dekoration benutzt, vor allem in Mexiko. Es liegt aber kein Grund vor, warum sie nicht auch außerhalb ihrer Heimat weit mehr in Gewächshäusern, Hallen usw. gehalten werden könnten. Im Hinblick auf die Kultur sind sie dankbare, anspruchslose Pflanzen, die nur ein durchlässiges Substrat und während der Überwinterung gelegentlich Wasser brauchen. Die Vermehrung durch Samen ist einfach.

**Agave horrida** (228 — Text siehe Seite 198).

227

228

229

**Yucca filifera** Chabaud (229). Die Gattung *Yucca* hat etwa 20 Arten. Es sind riemenblättrige Pflanzen, meist mit einem holzigen, mehr oder weniger verzweigten Stamm, die ein hohes Alter erreichen. Ihre Verbreitung liegt in den USA sowie Nord- und Mittelmexiko. Einige Arten, wie z. B. *Y. carnerosana, Y. periculosa* oder *Y. dactylis,* bilden in einer Landschaft auffällige Dominanten. Im Gegensatz dazu ist aber auch die bescheidene *Y. endlichiana* bekannt, die kaum 30 cm hoch wird. Bei ihr entwickelt sich aber ein unterirdischer Stengel, ähnlich wie bei der in Nordamerika bekanntesten Art *Y. filamentosa,* die man in europäischen Bedingungen auch unter freiem Himmel kultivieren kann. Die mexikanischen Arten sind ausschließlich Treibhaus- oder Zimmerpflanzen. Ausgezeichnet bewähren sie sich beim Pflanzenschmuck großer Hallen, Treppenhäuser usw. In den Sommermonaten sind sie in Anlagen und Parks ausgezeichnete Elemente, ähnlich wie *Dasylirion* und *Nolina.* Sie stellen keine besonderen Ansprüche an die Pflege und tolerieren unregelmäßige und inkonsequente Behandlung.

**Nolina (Beuacarnea) gracilis** Lem. (230) ist eine Pflanze mit ähnlichen Eigenschaften wie *Yucca.* Schon im Alter von 2–3 Jahren wirken ihre Büschel aus feinen, frischgrünen Blättern sehr dekorativ. *Nolina* ist mit etwa 10 Arten in Mittelmexiko verbreitet. *N. gracilis* stammt aus der Gegend von Tehuacan im Staat Puebla; die ähnliche *N. stricta* ist eine nördliche Verwandte. In der Kultur lassen sie sich gut durch Samen vermehren. Die Sämlinge brauchen nährstoffreichen Boden und tolerieren in den ersten Jahren ausgiebige Wassergaben während des Sommers. Zuerst entsteht

230

231

232

ein fleischiger Stengel, der im Lauf der weiteren Jahre allmählich verholzt. Dann können den Sämlingen auch lange Pausen ohne Wasser nichts mehr anhaben. In den Wintermonaten vertragen sie völlige Trockenheit und Temperaturabfälle um 10 °C.

*Sansevieria* stellt eine Ausnahme in der Familie *Agavaceae* dar; sie stammt nämlich aus Afrika und Asien. Es sind kleinere Pflanzen mit Blättern und meist unterirdischen, ggf. kriechenden Stengeln. Ähnlich wie die übrigen Agavengewächse haben sie in ihren Blättern feste Fasern, die mancherorts als Fasermaterial und zur Textilherstellung dienen.

**Sansevieria hahnii** Hort. (231) ist ein in den USA entstehender Kultivar mit unbekanntem Ursprung, der aber zu einer weit verbreiteten Zierpflanze geworden ist. Er bildet dichte, niedrige Rosetten. Neben dieser panaschierten (buntstreifigen) Form existiert auch eine grünblättrige, die reiche Ableger bildet und in kurzer Zeit große Kolonien hervorbringt. In der Kultur macht sie keinerlei Schwierigkeiten. Sie toleriert reichliches Gießen ebenso wie trockene Zeiten. In den Wintermonaten sollte man sie aber bei einer Temperatur von 12—15 °C am Licht aufstellen.

**Sansevieria stuckyi** Good. (232) ist eine kleine, etwa 20—30 cm hohe Art mit marmorierten Blättern und üppiger Ablegerbildung. In der Kultur ist sie gegenüber zu regelmäßigen Wassergaben und winterlicher Kühle empfindlich.

Sehr bekannt ist ferner *S. trifasciata* mit aufrechten schwertförmigen Blättern. Gelegentlich ist *S. cylindrica* mit grünen walzenförmigen Blättern in den Sammlungen vertreten. Sie erreicht allerdings schon ganz beträchtliche Ausmaße.

**Calibanus hookerii** Trel. (233) bildet halbkugelige, von rissiger Borke überzogene knollige „Stämme". Sie wachsen auf der Erdoberfläche und erreichen eine Breite von höchstens 40—50 cm. Im Innern der holzigen Stengel befindet sich (vor allem in der Jugend) fleischiges Gewebe. Die dünnen grasartigen Blätter sind zu Rosetten geordnet, die weißlichen Blüten wachsen in Trauben an kurzen, aufrechten Stengeln. Die Samen sind ähnlich wie bei den verwandten Arten der Gattung *Nolina* kugelige Schließfrüchte mit häutigem Flügel. *C. hookerii* ist über Mittelmexiko verbreitet. Die Art bewohnt Kalksteinhügel, wo sie zwischen den Steinen wegen der perfekten Tarnung der groben Stämme nicht leicht auszumachen ist. Die Blätter werden von der einheimischen Bevölkerung zur Korbflechterei verwendet. Die Pflanze ist ähnlich wie verschiedene *Dasylirion,* z. B. *D. longissimum,* unter ihrem bodenständigen Namen „Sotol" bekannt. *C. hookerii* ist für die Glashauskultur eine interessante Pflanze. Ihren Ansprüchen genügt eine warme, sonnige Aufstellung, ein durchlässiges Mineralsubstrat und reichliche Wassergaben im Sommer.

233

234

# DIE VERWANDTSCHAFT „FRANGIPANI“

In den Tropen der ganzen Welt kann man in Parks und Gärten ausladende Sträucher mit kräftigen Zweigen und lanzettlichen Blättern sehen, die das ganze Jahr über Blüten tragen. In Mittelamerika handelt es sich um eine Pflanze, die hier den Namen „Frangipani“ *(Plumeria)* trägt. Die Familie Hundsgiftgewächse *(Apocynaceae),* zu der die Frangipani gehören, ist in erster Linie aus den Tropen bekannt, wo etwa 1500 Arten wachsen. Unter den vielen nicht sukkulenten Zierpflanzen gehört z. B. die rankende Liane *Alamanda* hierher; ein europäischer Vertreter der Familie ist *Vinca minor,* das Kleine Immergrün. Für den Züchter sind vor alle drei Sukkulentengattungen von Bedeutung, die aus Amerika *(Plumeria),* Afrika und Asien *(Pachypodium* und *Adenium)* stammen. Sie sind Stengelsukkulenten mit dünnen bzw. ledrigen Blättern. Bei den meisten Arten erreichen die Stengel in höherem Alter beträchtliche Ausmaße; sie sind strauch- bzw. baumwüchsig. Das Gewebe dieser Pflanzen enthält eine Milch (Latex). Ihre Blüten sind fünfzählig, weiß, gelb bis rot. Die Samen der meisten Arten sind leicht und mit einem häutigen bzw. flaumigen Flugapparat ausgestattet, der ihre Verbreitung durch den Wind erleichtert. Die aus Wüstenregionen stammenden Arten (einige *Pachypodium* und *Adenium*) sind in der Kultur relativ anspruchsvoll; andere afrikanische Arten derselben Gattungen tolerieren genau wie *Plumeria* in der Kultur stärkere Wassergaben. Ihr Wachstum geht meist schnell vonstatten und in kurzer Zeit erreichen die Pflanzen stattliche Ausmaße.

**Plumeria rubra** L. (234). Die ganze Gattung ist in den Trockenwäldern Mittelamerikas, auf den Karibischen Inseln und im Nordteil des südamerikanischen Subkontinents verbreitet. Aus den botanischen Species wurden Kultivare veredelt, die fast das ganze Jahr über in vielen Farbtönen blühen; von Weiß über Gelb, Orange bis Rot und Violett. Kultiviert eignen sie sich nicht nur für größere Gewächshäuser, wo sie schnell Sträucher oder Bäumchen hervorbringen und den ganzen Sommer über blühen, sondern sind auch ein ausgezeichneter Pflanzenschmuck für helle, trockene Büroräume, Hallen in öffentlichen Gebäuden usw. Sie tolerieren Wintertemperaturen bis zu 14 °C. Im Sommer vertragen sie unregelmäßige Wassergaben, auch wenn sie eigentlich reiche und regelmäßige Wasserzufuhr bevorzugen. Es empfiehlt sich, für die Kultur Schnittlinge aus erwachsenen blühenden Pflanzen zu entnehmen.

235

Verbreitungsareal der Gattung *Plumeria.*

236

**Plumeria alba** L. (235) ist eine botanische Art mit schneeweißen Blüten. Sie blüht weniger häufig als die Kultivare und stammt von den Karibischen Inseln.

**Adenium obesum** Balf. (236) ist die bekannteste Art; Verbreitung Ostafrika. Die Pflanze entwickelt kräftige, fleischige Stengel, an der Basis breit und in einer Krone aus dünnen Zweigen endend, an denen in der feuchten Jahreszeit frischgrüne Blätter erscheinen, die an Oleander erinnern. Die Gattung *Adenium* wächst auf der arabischen Halbinsel, auf der Insel Sokotra, in Mittel-, Süd- und Westafrika. In der Kultur sind sie herrlich blühende Pflanzen, die sich aber nur unter Schwierigkeiten in hinreichender Menge vermehren lassen. Bewährt hat sich ihre Pfropfung auf *Nerium oleander;* so kann man in einigen Monaten schöne Blüten erhalten. Allerdings gewinnt man so nur einen Teil der Pflanze; den hochinteressanten und sehr begehrten massiven Stengel erhält man so nicht.

Den Pfropf kann man im Laufe der Zeit auf eigene Wurzeln überführen. Da das Gewebe von *Adenium* aber nur langsam und unwillig Wurzeln treibt, empfiehlt sich der Einsatz von wurzelbildenden Hormonen. Alle Arten der Gattung *Adenium* sind gegenüber Temperaturabfällen empfindlich, auch Wasser in der Ruhezeit, d. h. nach Abwurf der Blätter, tut ihnen nicht gut.

**Adenium swazicum** Stapf. (238). Die heutigen Fachleute haben Schwierigkeiten mit der Unterscheidung der einzelnen Arten dieser Gattung. Meist handelt es sich nur um geringfügige Unterschiede in den Vegetationsmerkmalen. Die Blüten aller Arten ähneln sich beträchtlich. Ihre Farbe ist rosa, die Ränder sind etwas dunkler.

**Pachypodium brevicaule** Bak. (237) ist der kleinste Vertreter der etwa 20 Arten umfassenden Gattung. *Pachypodium* unterscheidet sich von der Gattung *Adenium* durch das Vorhandensein von Stacheln an der Stengeloberfläche und im Bau der Samen, die nur an einem Ende haarige Fortsätze tragen. Ihr Verbreitungsareal umfaßt Südwestafrika und Madagaskar. *P. brevicaule* ist ein seltener, aber auch sehr schöner winziger Vertreter der madagassischen Arten. Die Pflanze stammt von saurem Quarzgestein. Vermehrung ist nur durch Samen möglich, die Sämlinge wachsen sehr langsam. Andere Arten sind widerstandsfähiger und wachsen schneller, z. B.

**Pachypodium lamerei** Cost. (die beiden Pflanzen links) und **Pachypodium geayi** Cost. et Bois. (mit schmaleren, längeren Blättern) (239) stammen ebenfalls aus Ma-

237

dagaskar. *P. lamerei* kann man als Unterlage zum Pfropfen von langsam wachsenden und empfindlichen Arten verwenden, etwa für *P. brevicaule. P. geayi* ist dank der grauen Bereifung des Stengels und der langen Stacheln ein wunderschönes Zierstück für das Gewächshaus. Beide Arten blühen erst, wenn sie über 1 m groß sind, was eine langjährige Kultivierung voraussetzt. *P. lamerei* ist am einfachsten zu züchten; die Pflanze verträgt reichlichen Beguß und reichen Nährboden. Genau wie die übrigen *Pachypodium* und *Adenium* bekommen ihr Temperaturabfälle unter 12 °C nicht, wenn sie mehrere Tage anhalten. Von den übrigen interessanten Arten könnte man noch *P. namaquanum* mit einem kräftigen, bestachelten Stamm nennen, an dessen Ende eine Blattrosette in Kohlkopfform sitzt. *P. leali, P. baronii* und *P. rosulatum* sind große, strauchwüchsige Pflanzen. Ihre Sämlinge blühen schon bei geringerer Größe und nach etwaigem Pfropfen auf *P. lamerei* werden sie im Laufe von 4—5 Jahren zu dekorativen Sträuchern. Bei praktisch allen *Pachypodium*-Arten ist die Vermehrung in der Kultur nur durch Aussaat möglich. Die Samen keimen leicht. Im ersten Jahr brauchen die Sämlinge einen warmen und ständig feuchten Standort mit Schutz vor der prallen Sonne. Als Schnittlinge verwendete fleischige Stämmchen und Zweige von *P. lamerei, P. geayi* und *P. namaquanum* wurzeln sehr schlecht und es kommt leicht zu Infektionen des weichen Gewebes. Etwas besser wurzeln die dünnen Zweigenden der strauchwüchsigen Arten *(P. lealii, P. baronii, P. saudersii),* doch bilden die Schnittlinge keine verdickten „Elefantenbeine" oder Flaschenformen wie die Sämlinge.

238

Verbreitungsareal der Gattung *Pachypodium.*

239

240

# BLÜTEN, DIE NICHT DUFTEN

Die Familie *Asclepiadaceae* umfaßt etwa 2000 überwiegend tropische Arten, von denen man nur einen Teil als trockenheitsliebende Pflanzen bzw. Xerophyten oder Sukkulente bezeichnen kann. Das Verbreitungszentrum der sukkulenten Formen ist Afrika, besonders die östlichen und südlichen Gebiete. Die *Asclepiadaceae* unterscheiden sich von der nah verwandten Familie *Apocynaceae* durch eine fortgeschrittenere Spezialisierung in der Blütenbildung. Ihre Bestäubung könnte man mit der Bestäubung der Orchideen vergleichen. Auch hier kleben die Pollenkörner im sog. Pollinium zusammen. Darüber hinaus hat es den Anschein, als ob bei vielen Arten nur ganz bestimmte Insekten die Bestäubung vollziehen können, die morphologisch den Organen im Blüteninneren angepaßt sind, etwa wie ein bestimmter Schlüssel in ein ganz bestimmtes Schloß paßt. Das ist auch der Grund, warum die Blüten dieser Pflanzen meist nicht duften, sondern übelriechen. Sie werden nämlich vorwiegend von Fliegen bestäubt, die von dem Gestank angelockt werden und auf den übelriechenden Blüten ihre Eier ablegen. In dieser Familie findet man rankende Lianen mit fleischigen Blättern *(Hoya)*, die gelegentlich mit mächtigen Vorratsknollen ausgestattet sind *(Ceropegia, Fockea, Marsdenia)*, Strauchgewächse mit verdicktem Stengel und dünnen Zweigen *(Rhaphionacme)*, niedrige Stengelsukkulenten *(Caralluma, Stapelia)*, aber auch die kaktusähnlichen, seltenen und empfindlichen Miniaturgattungen *Whitesloanea* und *Pseudolithos* aus den Trockengebieten Ostafrikas.

**Duvalia sulcata** N. E. Br. (240). Die Gattung *Duvalia* umfaßt kleine, kriechende Pflänzchen mit büschelartigen, gelegentlich gerippten, kantigen oder zylindrischen Stengeln, die meist eine warzige Oberflächenstruktur haben. Verbreitet sind sie in West-, Süd- und Ostafrika; einige Arten reichen auch bis nach Sokotra und Südarabien (Jemen). Die Blüten erscheinen einzeln, wie etwa bei *D. sulcata,* wo sie zu zweien bis dreien wachsen. Sie sind bei allen Arten sehr dekorativ, schön gefärbt und erscheinen im Laufe des Sommers zu wiederholten Malen. Die größten Blüten, etwa 5 cm, hat *D. sulcata;* die Blütenoberfläche ist gerieft.

Eine zahlreiche und bedeutende Gattung ist *Ceropegia,* die sowohl schlingende Lianenhalbsukkulenten als auch Stengelsukkulenten mit

241

242

rückgebildeten Blättern besitzt. Ihre Verbreitung erstreckt sich über die Tropen West-, Süd- und Ostafrikas. Sie reichen auch bis Asien.

**Ceropegia distincta** N. E. Br. (241) sind dünne Schlingpflanzen aus dem südostafrikanischen Trockenwald und Busch. Der lebhaft grüne Stengel bringt während der Regenzeit dünne, nur wenig sukkulente, lanzettliche Blätter hervor. Für die Vegetation hat auch der grüne Stengel eine große Bedeutung. Die Blüten wachsen den ganzen Sommer über bis in den Herbst; mit den ähnlichen Arten *C. haygartii* und *C. saudersii* gehört *C. distincta* zu den leicht und interessant blühenden Vertretern, die man für die meisten Sammlungen empfehlen könnte. Man kann sie auch als überdeckenden Wandschmuck der Wände im Treibhaus benutzen. Sie erfordern ein durchlässiges Substrat. Im Winter kommen ihnen gelegentliche schwache Wassergaben und eine Temperatur um 12—15 °C zugute, im Sommer müssen sie reichlich begossen werden.

**Ceropegia stapeliiformis** Haw. (242) ist eine niederliegende Art mit einem dünnen, oft viele Meter langen Stengel, dessen neu gewachsene Teile wurzeln, während die alten Partien absterben. Die Blätter sind reduziert, knapp einige Millimeter groß, der Stengel ist sukkulent. Die Art ist nicht besonders blühwillig, doch sind die Blüten wunderschön geformt und gefärbt. Die Pflanze stammt aus dem südafrikanischen Busch.

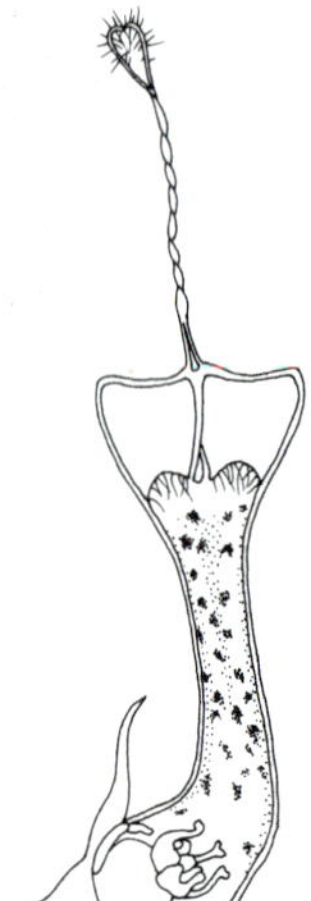

Blütenschema von *Ceropegia*. Das bestäubende Insekt muß einen komplizierten Weg bis in die Blütenunterpartie zur Narbe und zu den Staubgefäßen zurücklegen.

243

244

245

246

247

**Ceropegia juncea** Roxb. (243). Eine rankende Art mit kräftigen Knollenwurzeln und einem dünnen, schlingenden Stengel. Die kleinen sukkulenten Blätter wachsen nur während der feuchten Vegetationszeit. In den trockenen Monaten wird ihre Funktion vom grünen Stengel übernommen. *C. juncea* stammt aus Indien, mancherorts wird sie von der einheimischen Bevölkerung gegessen. Eine interessante Gruppe stellen die Ceropegien von den Kanarischen Inseln dar — *C. fusca* mit grauweiß bereifter Oberfläche und *C. dichotoma* mit grünen Stengeln. Beide Arten bringen dichte aufrechte Sträucher hervor und blühen leicht. Im Gewächshaus erreichen sie bald größere Ausdehnungen, daher muß man sie durch Schnitt reduzieren. Die Schnittlinge kann man zur Vermehrung heranziehen. Bei beiden Arten sollten die Wintertemperaturen nicht unter 12 °C liegen. Während dieser Zeit ist völlige Trockenheit angebracht.

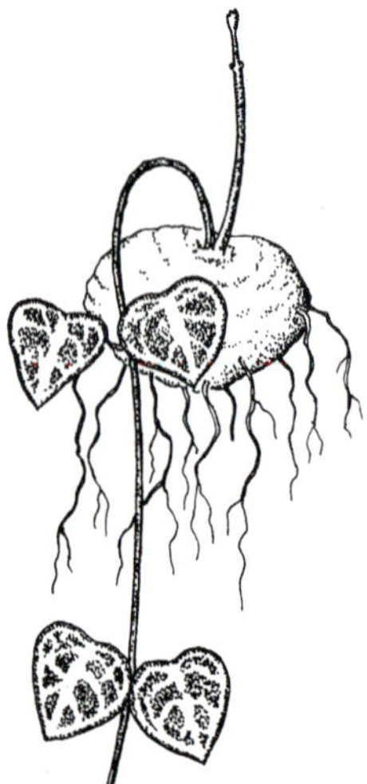

Auf die Knollen von *Ceropegia woodii* lassen sich empfindliche Arten der Familie *Asclepiadaceae* pfropfen.

248

**Ceropegia haygartii** N. E. Br. (244) ähnelt *C. distincta* und stammt aus Südafrika. Man kann die Pflanze auch in Blumenampeln oder auf der Fensterbank halten. Ihre Blüten sind hellrosa mit violetten Flecken. Eine bekannte Art ist *C. woodii*, die alle Züchter von empfindlichen Arten aus dieser Familie zu schätzen wissen, da ihre Knollen als Pfropfunterlage verwendet werden können. (Abb. 259). Die Zucht ist sehr leicht. Sie erfordert ein durchlässiges Substrat, reichlich Wasser im Sommer, im Winter toleriert die Pflanze Kühle und Trockenheit.

**Huernia confusa** Phillips (245) ist eine zierliche Art mit frischgrünen, kantigen Stengeln. Sie bildet rasch Büschel aus und bringt bald bunte Blüten hervor, daher steht sie der dekorativen *H. zebrina* nicht nach. Beide stammen aus Transvaal/Südafrika.

**Huernia pilansii** N. E. Br. (246) ist ein weiterer Vertreter dieser artenreichen Gattung. Er hat eine warzige Stengeloberfläche und erreicht nur sehr kleine Ausdehnungen, etwa 5–6 cm Höhe. Oft wird er in Kultur gehalten. Seine Farbe bewegt sich von frischem Grün über Gelbbraun bis Rotbraun; vor allem an der Sonne geht sie in dunklere Schattierungen über. Die Blüten erscheinen in der zweiten Sommerhälfte und im Herbst; sie haben eine dunkelbraune Farbe mit hellgelben Flecken. Die Pflanze stammt aus dem Kapland, wo sie im trockenen Busch schattige Stellen unter Sträuchern und im Gras bevorzugt. Ihre Zucht bereitet keine

249

Schwierigkeiten, wenn man für eine trockene, helle Überwinterung bei Temperaturen über 10 °C sorgen kann.

**Huernia zebrina** N. E. Br. (247). Die Gattung *Huernia* enthält etwa 100 Arten und ähnelt der Gattung *Caralluma,* hat allerdings einen komplizierteren Blütenbau. Diese entwickeln sich meist einzeln. Gelegentlich öffnen sich an einem Blütenstiel nacheinander 2–3 Blüten. *H. zebrina* ist der in der Kultur bekannteste Vertreter; seine Haltung ist leicht. Die Pflanze erfordert einen durchlässigen Humusboden, genügend Feuchtigkeit im Sommer, vorsichtige, gelegentliche Wassergaben und helle Aufstellung im Winter. Viele Arten stellen vor allem an ihr Winterquatier hohe Ansprüche. Es muß relativ warm sein (rund 14 °C) und vor allem hell. Das Humussubstrat führt oft zu Infektionen und Fäulnis. Bei empfindlichen Arten ist es daher angebracht, im Herbst durch Spritzen oder Gießen mit einem Fungizidpräparat (z. B. Captane, Benlate, Dexon u. a.) Vorbeuge zu treffen. Infektionen machen sich durch schwarze Verfärbung und Weichwerden der Stengel von der Basis, gelegentlich auch von der Spitze her bemerkbar. In diesem Fall kann die Pflanze durch Überführung in einen Raum mit Temperaturen um 25 °C gerettet werden. Das befallene Gewebe wird abgeschnitten, die Schnittwunden werden durch ein fungizides Mittel ausgetrocknet. Aus diesen Gründen ist es besser, empfindliche Arten nicht mehr als unbedingt notwendig zu gießen. Die Bodenmischung für empfindliche Pflanzen sollte nur gut ausgereifte, alte, abgelagerte Bestandteile enthalten, die man vor der Verwendung sterilisiert.

Die Gattung *Caralluma* umfaßt zierliche Pflänzchen mit sukkulenten, niederliegenden und kriechenden, meist kantigen, seltener warzigen oder zylindrischen Stengeln. Die Blüten wachsen an den Enden der aufrechten Zweigspitzen terminal oder seitlich, sind meist zu Trauben geordnet oder bilden in einigen Fällen große, gleichzeitig aufblühende Blütenstände *(C. retrospiciens).* Ihre Verbreitung erstreckt sich von Südeuropa über West- und Ostafrika bis in die Spitze von Südafrika, doch wachsen sie auch in Arabien, auf Sokotra und Madagaskar.

**Caralluma europaea** (Guss.) N. E. Br. (248) ist die einzige sukkulente Asclepiadaceenart, die frei auf dem europäischen Kontinent und in Nordafrika zu finden ist. Ihre vierkantigen Stengel tragen in der Jugend kleine Blättchen, die im Laufe der Zeit vertrocknen und abfallen. Die Pflanze blüht reichlich; ihre gestreiften Blüten erscheinen fast den ganzen Sommer über. Ihre Haltung ist einfach; ähnlich wie bei den meisten anderen Arten genügt ein durchlässiges Humussubstrat und regelmäßiges Gießen.

**Caralluma ramosa** (Mass.) N. E. Br. (249) stammt aus Südafrika, wo sie dichte, große Polster aus reich verzweigten Stengeln hervorbringt. Die Stengel sind grün, an der Sonne mit einem grauen Wachsbelag überzogen, die Blüten erscheinen zum Sommerausgang. Ihre Färbung ist ausgefallen: eine braunviolette Grundfarbe mit gelben Streifen. Eine ganze Reihe weiterer Arten ist nicht weniger attraktiv. Bekannt sind Pflanzen mit 1 m hohen Stengeln *(C. retrospiciens, C. penicillata).* Diese haben an ihren Blüten feine Pinselchen aus haarigen Fortsätzen, die nach einer Erschütterung der Pflanze, etwa durch einen Windstoß, noch minutenlang in zuckender Schwingbewegung verharren.

**Fockea crispa** (Jacq.) Schum. (250) sind robuste Stengelsukkulenten mit einer kräftigen, verholzten und fleischigen Basis (Caudex) und relativ dünnen, schlingenden Zweigen. Bekannt sind etwa 5 aus Südwest- und Südostafrika stammende Arten, die Steppenlandschaften und sommergrüne Trokkenwälder bewohnen. *F. crispa* ist die bekannteste Art, die allerdings nicht häufig in Kulturen zu sehen ist. Attraktiv ist sie vor allem in höherem Alter, wenn sich der runzelige Fuß als Bonsai-Sukkulent verwenden läßt. Eine vegetative Vermehrung durch Schnittlinge ist zwar möglich, doch entwickelt sich an solchen Exemplaren kein Caudex. Die Zucht ist einfach. Im Sommer schadet reichliches Gießen nicht, im Winter, wenn die Pflanze ihre Blätter verliert, muß man auf völlige Trockenheit und Temperaturen über 10 °C achten. Die Blüten erscheinen im Hochsommer und halten bis in den Herbst aus.

Die Zimmerblumenfreunde kennen die Gattung *Hoya* gut — die Wachsblume. Die schönen, wächsernen Blüten dieser Pflanzen verströmen keinen üblen Geruch, sondern einen angenehmen Duft. Einige Arten stammen aus den trockenen Tropenwäldern von Indien, China,

250

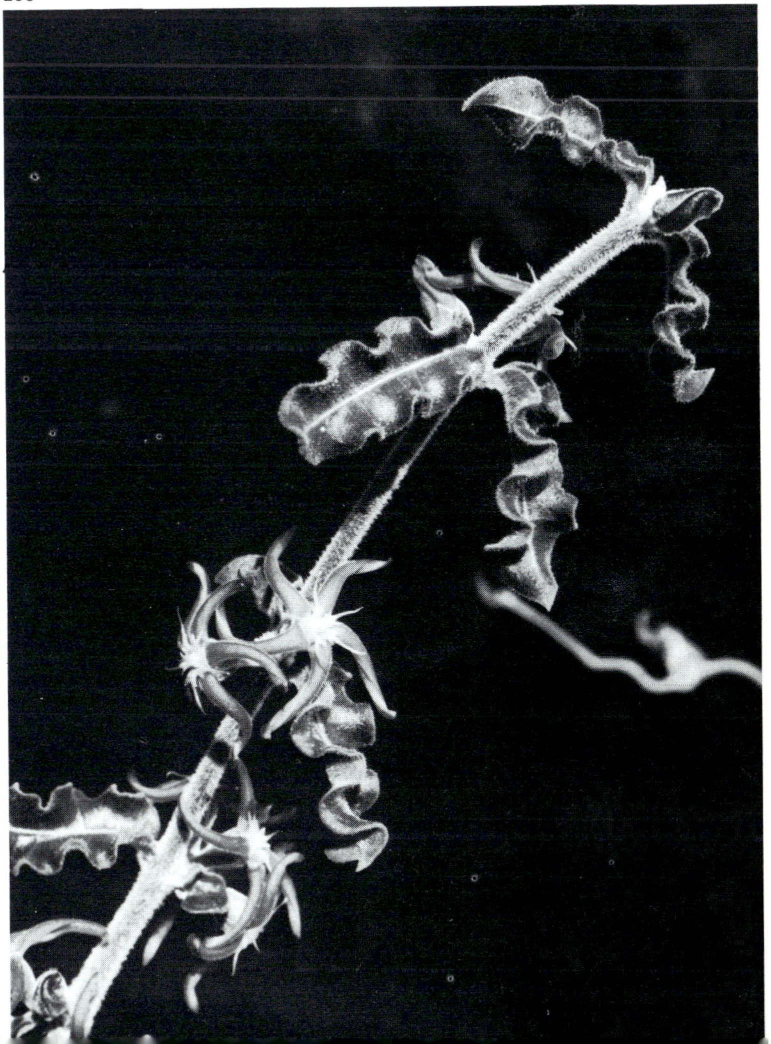

Indonesien und Australien. Oft klettern sie als kleine Lianen an der übrigen Vegetation, wachsen auf Felsen und vegetationslosen Hängen, hängen von Klippen oder abgestorbenen Stämmen herab bzw. bilden Sträucher. Nicht alle sind sukkulent. Sie werden häufiger auf Fensterbänken und im Zimmer gehalten als in Gewächshäusern. Außer *H. carnosa* und ihren Kultivaren sind alle Arten kälteempfindlich; sinkt die Temperatur im Winter unter 14 °C, besteht die Gefahr, daß sie eingehen. In den Sommermonaten erfordern sie reichlich Wasser, humushaltige Gartenerde und einen Platz an der Sonne als Vorbedingung für eine reiche Blüte.

**Hoya bella** Hook. (251) ist eine strauchwüchsige Art mit aufrechten Hauptästen und herabhängenden Zweigenden. Ihre Blätter sind nur schwach sukkulent; sie haben eine glänzende grüne Oberfläche und sind nur etwa 1–2 cm groß. Die Blüten wachsen im Sommer, sie sind porzellanartig-fleischig, haben ein wachsartiges Aussehen und einen angenehmen Duft. Verschiedenen Angaben zufolge soll *H. bella* nach Pfropfung auf die widerstandsfähigere *H. carnosa* schnell Sträucher bilden, die den ganzen Sommer über üppig blühen.

**Hoya carnosa** 'Variegata' L. (252) ist ein Kultivar mit sukkulenten, wächsernen Blättern. Die

251

252

weiße Fleckung bewirkt schwächeren Zuwachs und schwächeren Blütenansatz. Da es sich aber um eine Blattzierpflanze handelt, ist das nicht weiter schlimm. Die natürlichen Exemplare und Kultivare von *H. carnosa* sind vor allem in größeren Räumen von Bedeutung, wo sie als rankende Zier von Treppenaufgängen, Veranden usw. sehr attraktiv wirken. An geschützten, sonnigen Stellen gedeihen sie in den Sommermonaten auch im Freien. An den Boden stellt die Art keine Ansprüche. Sie toleriert reichlich Wasser und Temperaturabfälle unter 14 °C. Die übrigen Arten lassen sich nur im warmen Tropentreibhaus verwenden, auch sie haben beträchtliche Ausmaße. Eine Ausnahme stellen nur *H. longifolia* und *H. linearis* dar mit länglichen, zierlichen Blättern und hängenden Stengeln. Bei beiden sind die Blüten wie bei *H. bella.*

**Piaranthus pulcher** N. E. Br. (253). Die ganze Gattung enthält etwa 17 sehr kleine und einander recht ähnliche Arten mit gegliederten Stengeln. Die einzelnen Ästchen sind kantig bis zylindrisch, meistens grün bis braungrün gefärbt. Sie stammen aus dem südafrikanischen Kapland. Hier leben sie in dichten, büschelartigen Kolonien im Halbschatten unter der übrigen Vegetation geschützt, nur selten im offenen Gelände. In der Kultur erfordern sie ähnliche Bedingungen wie *Huernia, Caralluma* und *Stapelia,* also ein durchlässiges Nährsubstrat, reichliche Wassergabe an warmen Sommertagen und eine gewisse Fürsorge im Winter; dann kommt ihnen ein Platz am Licht bei Temperaturen von 10–14 °C und gelegentliches, vorsichtiges Gießen zustatten. Auch hier droht Schimmelinfektion, die sich durch schwarze Verfärbung und Absterben der Stengel bemerkbar macht. *P. pulcher* ist am häufigsten in Sammlungen zu finden. Die kleinen, etwa 15–25 mm großen Körperchen haben eine grüne bis graugrüne Farbe. Die 1–1,2 cm großen Blüten erscheinen zu Sommerausgang, haben eine gelbe Grundfarbe mit rotbraunen Flecken und bürstenartige Härchen. Weitere schön blühende Arten sind *P. punctatus, P. foetidus, P. decorus* u. a.

**Echidnopsis dammanniana** Spr. (254) ist der Vertreter einer Gattung, deren Arten längliche, kriechende bis liegende Stengel mit winzigen Blüten an kurzen Stielchen haben. Alle rund 15 Arten sind aus Südarabien, den östlichen Trockengebieten Afrikas, aus dem Kapland und den trockenen Küstengebieten Westafrikas bekannt, wo sie auf ähnliche Weise leben wie *Caralluma, Huernia* und *Piaranthus.* Die Blütenfarbe von *E. dammanniana* ist braunrot; bekannt sind auch Arten mit gelblichen Blüten. Ihre Zucht ist nicht schwierig. Vermehren kann man sie im Frühling und Sommer durch einfaches Abschneiden der Stengel, die manchmal an den Stellen, wo sie den Boden berühren, Wurzeln bilden. Man läßt sie 4–6 Tage antrocknen und im Sand verwurzeln.

**Stapelia grandiflora** Mass. (255) ist wohl der bekannteste Vertreter einer Gattung, die etwa 110 Arten umfaßt, von denen leider nur wenige in den Sammlungen Verbreitung finden. Im Aussehen ähneln diese Pflanzen den niederliegen-

253

254

255

den und kriechenden Stengeln von *Caralluma, Huernia* und *Duvalia.* Meistens erreichen sie aber größere Ausmaße und haben in den meisten Fällen auch größere und auffälligere Blüten. Für die Fensterkultur sind *S. variegata* und *S. hirsuta* zu empfehlen, die genau so widerstandsfähig wie *S. grandiflora* sind. Weniger angenehm ist der Umstand, daß ihre Blüten sehr unangenehm riechen; oft findet man 2–3 Tage nach dem Aufblühen Fliegeneier.

**Tavaresia glandiflora** (K. Schum.) Brg. (256). *Tavaresia* ist eine Gattung, die Pflanzen mit wachsiger Körperoberfläche und auffälligen, nahezu glockenförmigen Blüten enthält. Bei *T. grandiflora* werden die Blüten bis 14 cm lang und erreichen einen Durchmesser von rund 5 cm.

256

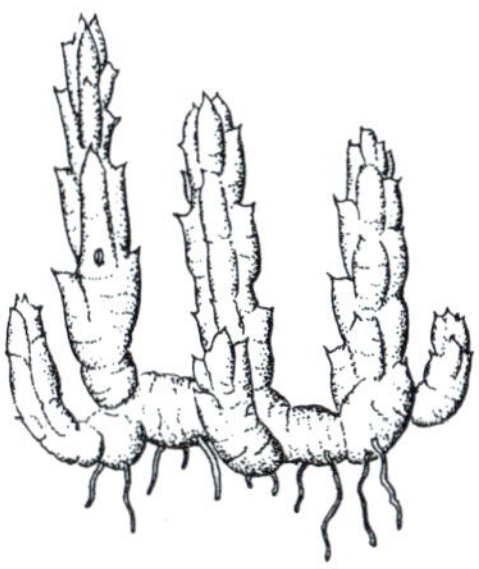

Die niederliegenden Stengel vieler Arten von *Caralluma, Hoodia, Stapelia* u. a. wachsen an der Spitze weiter und wurzeln neu, während die älteren Partien absterben.

257

258

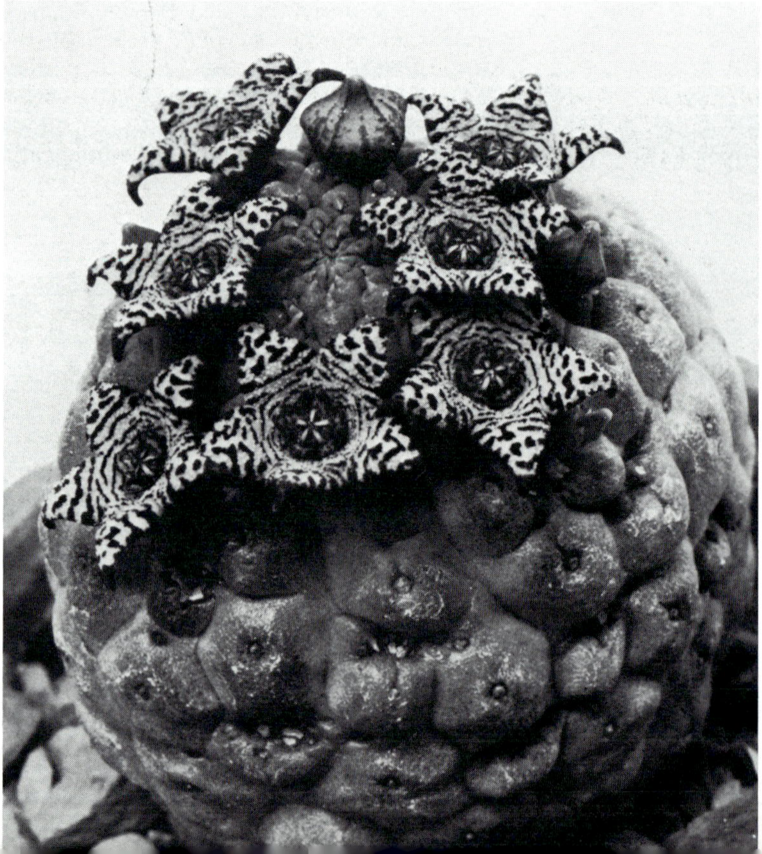

Verbreitungsareal der Gattung *Stapelia*.

**Tavaresia barklyi** (Dyer) N. E. Br. (257) ist eine zierlichere Verwandte, die nur etwa halb so groß wird. Ihre Stengel sind 8—12 cm hoch. Beide Arten sind gegenüber Substratfeuchtigkeit und Temperaturabfällen empfindlich; daher gedeihen sie am besten nach dem Pfropfen auf eine Knolle von *Ceropegia woodii.* Auch dann muß man die Wintertemperatur auf einem Minimum von rund 15 °C halten.

**Trichocaulon cactiforme** N. E. Br. (258). Eine Gattung mit annähernd 30 außergewöhnlich interessanten, stark sukkulenten Arten. Ihre Stengel sind kugelig bis zylindrisch mit wachsiger Oberfläche und kleinen Blüten. Sie stammen aus Süd-, Südost- und Ostafrika einschl. Madagaskar. Ihre Zucht stellt höhere Ansprüche im Hinblick auf sehr vorsichtige Wassergaben und wärmere Überwinterung.

**Raphionacme** spec. (259) vertreten hier die sog. caudiciformen Typen der *Asclepiadaceae,* zu denen auch *Fockea,* verschiedene *Ceropegia* u. a. gehören. Charakteristisch für die caudiciformen Typen ist die fleischige Stengelbasis, die viele Kilogramm schwer werden kann. Aus ihr wachsen nur schwach sukkulente Zweige mit dünnen Blättern. Diese Blätter leben allerdings nur in der feuchten Jahreszeit, bei Trockenheit fallen sie ab. In der Kultur ist das ein ganz rarer Vertreter. Die Vermehrung ist durch Samen möglich. Bei vegetativer Vermehrung durch Schnittlinge erzielt man zwar üppig blühende, nicht sukkulente Zweige mit Blättern, doch entsteht der charakteristische Caudex nicht.

259

260

# KORBBLÜTLER UNTER DEN SUKKULENTEN

Vertreter der Familie *Compositae* (auch *Asteraceae*), einer der größten im Pflanzenreich überhaupt, findet man überall auf der Welt. Daher nimmt es nicht wunder, wenn man unter ihnen auch sukkulente Formen findet, sowohl Blatt- als auch Stengelsukkulenten. Bei der Bildung dieser sehr vielgestaltigen Familie haben sich die Botaniker vom Bau der Blüten leiten lassen. Was man bei Löwenzahn, Dahlie und Chrysantheme, aber auch bei den sukkulenten Greiskrautarten *(Senecio)* bzw. bei *Othonna* für eine einzige Blüte hält, ist in Wirklichkeit ein ganzer Blütenstand. Er besteht aus einer großen Anzahl sehr kleiner, röhrenförmiger, dicht aneinandergedrängter Blüten, die auf einem flachen Blütenboden sitzen und von einem Kelch geschützt sind. Oft findet man in einem einzigen Stand zwei Blütentypen — im Innern sitzen nur Röhrenblüten, am Rand hingegen sog. Zungenblüten mit einem kräftig entwickelten, zungenförmigen Petal. Gemeinsam bilden alle diese kleinen Blüten scheinbar nur eine einzige „Blüte". Die Samen sind mit einem Flugapparat ausgestattet; haarige Fortsätze gestatten ihre Verbreitung durch den Wind. Die meisten Sukkulenten findet man in der praktisch allgegenwärtigen Gattung *Senecio.* In dieser Gattung begegnet man Halbwüstensträuchern, aber auch Bäumen; verschiedene Arten bringen aber nur eine Rosette aus Grundblättern hervor. Der Verbreitungsschwerpunkt der sukkulenten Arten liegt in Südafrika. Einige findet man auch in Indien, auf Madagaskar, den Kanarischen Inseln und in Mexiko.

**Senecio stapeliiformis** Phillips (260) stammt aus dem westlichen Kapland von den Osthängen der Küstenberge, wo viele Monate Niederschlagsmangel herrscht. Dann kommt jedoch eine feuchte Jahreszeit, die im südlichen Sommer und Herbst reichlich Wasser mit sich bringt. *S. stapeliiformis* ist eine tolerante Art, die nicht nur unter den Bedingungen der Glashauskultur gedeiht, sondern auch auf der Fensterbank in humushaltiger, regelmäßig befeuchteter Erde. In der Winterzeit gönnt man ihr eine Ruhepause und bringt die Pflanze in eine kühlere Umgebung von rund 10 °C.

Verbreitungsareal der Gattung Othonna.

261

**Senecio haworthii** (261). Während die vorige Art eher durch Form und Färbung des Stengels (neben den saisonabhängigen Blüten) Aufmerksamkeit weckt, gehört diese zu den auffällig beblätterten. Sie kann 30 cm hoch werden und bildet kleine Stauden. Nur selten bringt sie kleine gelbliche Blüten hervor. Die Überwinterung erfolgt genau wie bei der vorigen Art.

**Senecio scaposus** DC (262) sind niedrige, rosettenartige Pflanzen mit Blättern, die genau wie die vorige Art auf der Oberfläche dichte weiße Haare haben und sich wie feiner Filz anfühlen. Nach Beendigung der Vegetation ist *S. scaposus* empfindlich gegenüber Substratfeuchtigkeit.

**Senecio ficoides** (L.) Sch. Bip. (263) ist eine sehr hübsche Art, die einen Meter hoch werden kann. Im Laufe der Zeit bildet sie ein regelrechtes Dickicht von beblätterten Stämmen. Ihre Blätter sind mit einem bläulichen Wachsüberzug bereift, der bei Berührung leicht abgestreift wird. In Kultur kommt eine ganze Reihe weiterer Arten vor, z. B. *S. articulatus, S. gregori, S. kleinia,* bei denen die Blätter bald abfallen und nur die gefleckten Stengel zurückbleiben. Andere Arten zeichnen sich durch den auffällig kriechenden bis hängenden Wuchs und die ausdauernden, kugelförmigen, oft farbigen Blätter aus *(S. herreianus, S. rowleyanus* u. a.*)*. Nur wenig bekannt sind die Arten aus Südafrika bzw. die mexikanischen Arten, die kräftige sukkulente Stengel hervorbringen *(S. praecox, S. fulgens)*.

262

263

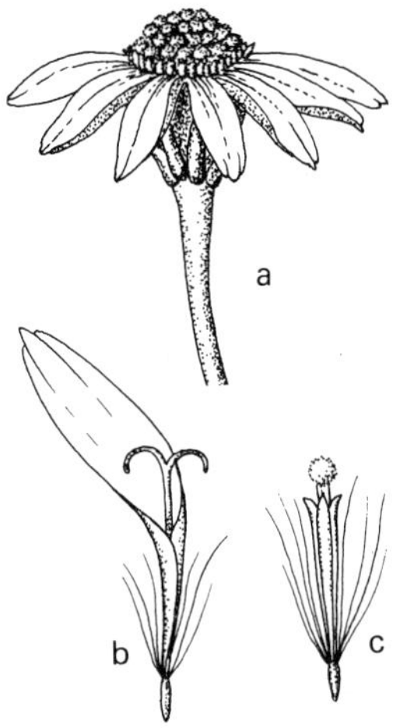


Die „Blüte" (a) bei den *Compositae* ist ein Blütenstand, bestehend aus Zungen- (b) und Röhrenblüten (c).

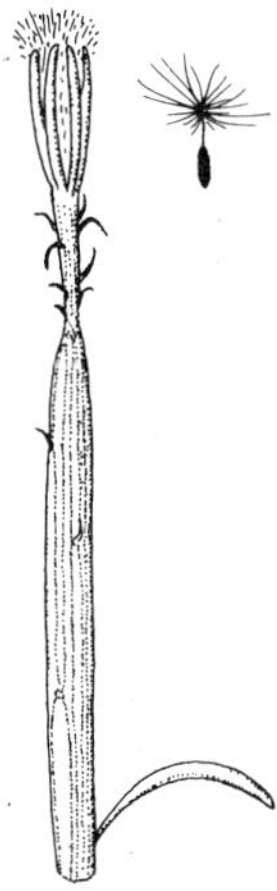

Fruchtstand und Samen der *Senecio*-Arten.

264

*Othonna* ist eine weitere bedeutende Sukkulentengattung der Familie *Compositae;* ihre Verbreitung beschränkt sich auf Südafrika. Die etwa 30 sukkulenten Arten wachsen zu kleineren Stauden heran bzw. haben im Boden verborgene Stengel.

**Othonna euphorbioides** Hutchins. (264) kann in der Kultivierung größere Ausmaße annehmen als in ihrer Heimat (wo sie nur etwa 10 cm hoch wird) und bildet im Laufe der Zeit Miniaturbäumchen von Kaktusgestalt aus. Nach dem Vertrocknen der Blüten bleiben an den verholzten Stengeln verzweigte Stacheln zurück. In der Kultur wachsen ihre Blätter im Herbst, das ist die Zeit für die Wassergabe. Die Sommerhitze überstehen die Pflanzen meist blattlos. Die übrigen Arten sind empfindlich und in der Kultur selten.

265

# BROMELIEN

Die Bromelien *(Bromeliaceae)* sind eine Familie von einkeimblättrigen Pflanzen, verwandt mit der allgemein bekannten Ananas. Sie sind zierliche (z. B. *Tillandsia*), aber auch recht stattliche Pflanzen (z. B. *Puya*), mit Blättern in Rosettenanordnung. Ähnlich wie bei den Agaven erscheint auch hier nach einer Reihe von Jahren inmitten der Rosette ein Blütenstand, der die ganze Pflanze so auszehrt, daß sie nach dem Reifen der Samen eingeht. In den meisten Fällen aber (außer *Puya*) ist schon vor der Blüte durch Ablegerbildung eine ganze Gruppe von seitlichen Tochterrosetten entstanden. Die rund 2000 Arten der Familie bewohnen vorwiegend Wälder, viele von ihnen leben nach Epiphytenart in den Baumkronen, auf exponierten Felswänden u. ä. Nur einen kleinen Teil von ihnen kann man aufgrund von Lebensweise und Wasserhaushalt als Xerophyten bzw. Sukkulenten betrachten.

Diese Pflanzen sind in der Lage, auf merkwürdige Art Wasser zu gewinnen. Die Oberfläche ihrer Blätter ist mit spezifischen Schuppen bedeckt, die bei Trockenheit ein silbriges Aussehen haben. Sie bestehen aus Zellenmaterial und sind stark hygroskopisch. Die Schuppen saugen sogar aus der feuchten Luft Wasser auf und dieses physikalisch gebundene Wasser können die Pflanzen auf bewundernswerte Weise ausnutzen. In höchster Vollendung ist diese Fähigkeit bei den sog. atmosphärischen Tillandsien ausgebildet, aber auch bei anderen Gattungen, die nicht epiphytisch leben. Es ist bisher umstritten, ob diese atmosphärischen Pflanzen zu den Sukkulenten gezählt werden können. Ihre Erforschung hat aber die gleiche sparsame Atmungsweise und Photosynthese, in vielen Fällen auch ein besonderes „Wassergewebe" in den Blättern wie bei den Sukkulenten festgestellt. Man kann also die atmosphärischen Pflanzen mit gutem Gewissen, wenn auch nur am Rande, zu den übrigen Sukkulenten rechnen. Die auffälligste Blattsukkulenz ist bei den erdbewohnenden, polsterartig wachsenden Gattungen *Abromeitiella, Dyckia* und *Hechtia* ausgebildet.

**Tillandsia ionantha** (265 – Text siehe Seite 239).

266

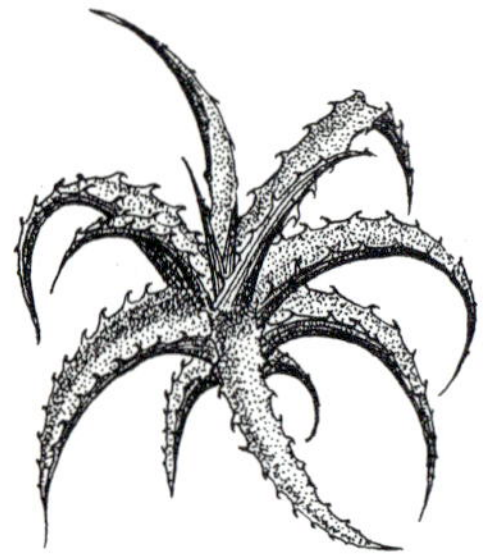

Die Wachstumsform der sukkulenten Bromelien ist eine breite Blattrosette (*Hechtia rosea*).

267

**Abromeitiella brevifolia** (Griseb.) Castell. (266). Die ganze Gattung enthält nur drei aus Nordargentinien und den angrenzenden Gebieten Boliviens stammende Arten. In höheren Lagen bewohnen die Pflanzen abschüssiges Gelände, oft siedeln sie auf nacktem Fels. Der polsterförmige Wuchs erlaubt ihnen, Wasser zwischen den Blättern aufzufangen und längere Zeit zu halten. Darüber hinaus ist an der Blattoberseite ein Wasserparenchym entwickelt, das über die trockenen Monate hinweg Wasser hält. Die Blüten aller Arten sind klein und grünlich. In der Kultur bilden die Pflanzen dichte Polster. Sie sind nicht anspruchsvoll; ihnen genügt ein saures Humussubstrat (Torf, Streu mit Sand), im Sommer tut ihnen reichlich Gießen und Sprühen mit weichem Wasser gut. Das Temperaturminimum sollte im Winter nicht für längere Zeit unter 10 °C liegen; während der kalten Jahreszeit brauchen sie vollkommene Trockenheit.

Eine eng verwandte Gattung ist *Hechtia* mit etwa 30 Arten aus Mexiko. Die Hechtien sind flachwüchsige Pflanzen mit zähen, spitzen, an den Rändern kräftig gezackten Blättern mit wasserhaltigem Gewebe an der Oberseite.

**Hechtia argentea** Bak. (267) stammt aus Mittelmexiko, wo sie an senkrechten, unzugänglichen Wänden der tiefen Cañons wächst, z. B. in Barranca de Toliman. Die Blattoberfläche dieser Art ist mit silbrigweißen Schuppen bedeckt, daher kann man sie zu den semiaerophytischen Bromelien zählen, also zu denen, die einen Teil ihres Wasserbedarfs aus der Luft decken.

**Hechtia podantha** Mez. (268). Das Vorkommen dieser Pflanze an einem Ort in Mittelmexiko gemeinsam mit *Agave* und den Kakteengewächsen *Opuntia* und *Ferocactus* beweist ihre außerordentliche Widerstandsfähigkeit gegen Trockenheit und Sonnenglut. Oft bilden sie große, kreisrunde, undurchdringliche Dickichte — Büschel.

**Hechtia ghiesbreghtii** Lem. (269). Die meisten Arten verfärben sich in der Trockenzeit rötlich, vor allem, wenn sie in der Sonne wachsen. *H. ghiesbreghtii* stammt aus Mittelmexiko, wo sie auf Mineralböden lebt. Die Zucht dieser Art ist genau wie die der übrigen nicht schwierig; es genügt ein leichteres, durchlässiges Substrat, im Sommer reichliches Gießen und wenn man eine Rotfärbung der Blätter erzielen will, muß man sie unter Glas der prallen Sonne aussetzen. Die Blüten aller Arten wachsen an etwa 30—40 cm langen Rispen und sind unauffällig.

Aus den halbtrockenen Gebieten Brasiliens, Uruguays und Paraguays stammt die nah verwandte und im Habitus ähnliche Gattung *Dyckia* mit etwa 80 Arten. Sie lebt hier auf ähnliche Weise wie *Hechtia* in Mexiko, d. h. sie bildet große, polsterähnliche Büschel. Nur sind die einzelnen Rosetten kleiner und wirken wegen der feineren Zacken an den Blättern weniger bedrohlich.

**Dyckia marnier-lapostollei** Rauh (270) ist eine sehr hübsche, silbrigweiße, erst vor kurzem beschriebene Art. Sie bildet kleinere Büschel aus relativ breiten und weichen Rosetten. An der Sonne nehmen die Blätter einen rötlichen bis bräunlichen Ton an. In Kultur erfordern sie relative Wärme und etwas mehr Feuchtigkeit im Winter.

268

**Dyckia fosteriana** L. B. Smith (271). Die einzelnen Rosetten erreichen eine Größe von etwa 20 cm und bilden auch große Büschel. Wie die vorige Art stammt sie aus Südbrasilien, wo sie auf Klippen und Felswänden lebt. Sie hat dünne, nach unten umgebogene, gezähnte Blätter mit silbrigen Schuppen; das beweist, daß die Pflanze z. T. mit Luftfeuchtigkeit versorgt wird. *D. fosteriana* und eine ganze Reihe weiterer Arten gehören zu den ausgezeichneten Kulturpflanzen. Gemeinsam mit widerstandsfähigeren Kakteen kann man sie auch außerhalb des Glashauses am Fenster oder im Innenraum halten, wo sie unregelmäßige Wassergaben und tiefere Temperaturen während des Winters (um 10 °C) vertragen. Wie die meisten Sukkulenten beanspruchen sie relativ viel Licht. Von den widerstandsfähigsten Arten könnte man *D. brevifolia, D. sulfurea* und *D. rubra* nennen.

Die beiden letzten Arten stellten einen gewissen Übergang zwischen den terrestrischen, durch Wurzeln im Boden mit Wasser und Nährstoffen versorgten Bromelien zu einer anderen Gruppe dar — zu den sog. atmosphärischen Bromelien, die vorwiegend von der Gattung Tillandsia repräsentiert werden. Das Verbreitungsgebiet dieser Gattung ist riesig — von Florida über Mexiko, die Karibischen Inseln, ganz Mittel-

269

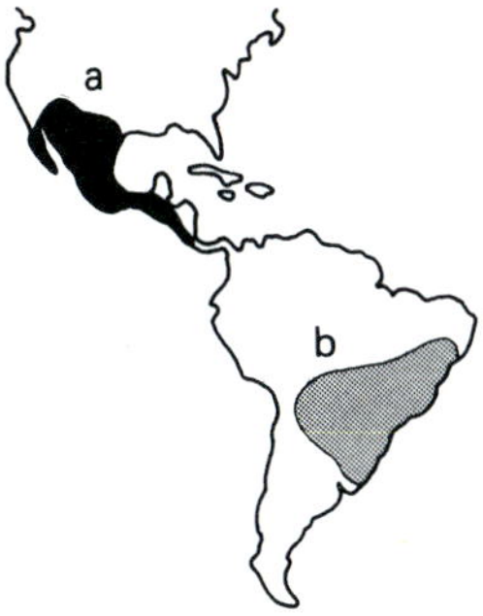


Verbreitungsareal der Gattungen *Hechtia* (a) und *Dyckia* (b).

270

und Südamerika bis Argentinien und Chile. Damit nicht genug, lassen sich die Tillandsien in tief gelegenen Küstengebieten genau so wie in hohen Gebirgslagen antreffen. Ihr Leben ist auf die Luftfeuchtigkeit angewiesen, d. h. auf den Wasserdampfgehalt der Luft. Desungeachtet bewohnen viele von ihnen Gegenden, in denen Kakteen und andere Sukkulenten dominieren; oft siedeln sie sogar auf diesen Pflanzen (Abb. 276). Sehr große Bedeutung für die Tillandsien hat ihre morphologische Anpassung: Die dünnen, grasartigen Blätter, die sich in der Trockenheit längs zusammenlegen, vor allem aber der Überzug aus silbrigweißen Zelluloseschuppen, die in trockenem Zustand das Sonnenlicht reflektieren, erhalten auf der Epidermis ein feuchteres Mikroklima und nehmen bei steigender Luftfeuchtigkeit Wasser auf. Zu erwähnen ist auch das Leben in den Baumkronen, auf Kakteenkörpern und in Felswänden. Im peruanischen Hochland liegen die Tillandsien frei auf den kahlen Sandflächen der Wüste, wo eine kräftige Luftströmung herrscht und ihre Blätter aus dem Nebel Wassertröpfchen „kämmen" oder den Tau der Nacht nutzen.

271

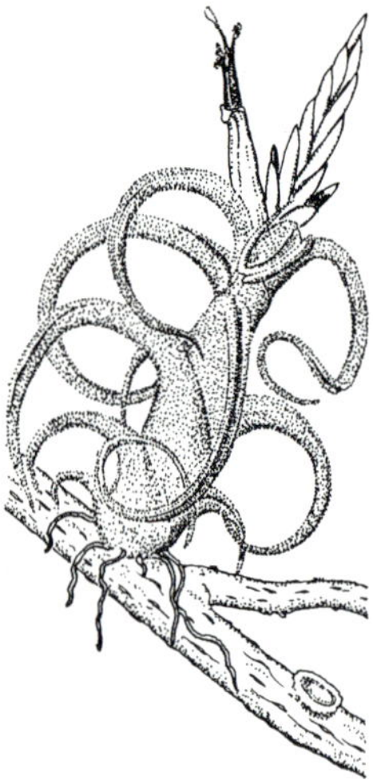

Die aereophytischen Tillandsien haben ein reduziertes Wurzelsystem; die Wasser- und Nährstoffaufnahme besorgt die hygroskopische Blattoberfläche.

272

273

Von diesen Unterschieden in der Lebensweise gegenüber den anderen Sukkulenten und Xerophyten muß man bei der Kultur ausgehen. Die trockenheitsliebenden atmosphärischen Tillandsien ertragen eher Trockenheit als dauernde Feuchtigkeit; sind ihre Schuppen über längere Zeit hinweg mit Gießwasser gesättigt und haben sie nicht die Möglichkeit, bald abzutrocknen, gehen sie schnell ein. Wichtig ist auch die Qualität des Wassers; die aerophytischen Tillandsien vertragen nur weiches, am besten Regenwasser. Im Sommer tut ihnen die Unterbringung im Freien im Halbschatten von Baumkronen gut. Vor dem ersten Frost muß man sie aber wieder in Sicherheit bringen. Sie können auch das ganze Jahr über in Kakteenhäusern untergebracht sein, wo man sie an Rindenstücke oder Zweige hängt.

Zur Befestigung nimmt man am besten einen Nylonfaden, doch kann man sie auch mit einem giftfreien, wasserfesten Klebstoff anbringen. Nie setzt man sie in Moosbüschel. Das Moos könnte schimmeln und die Pflanze anstecken. Für die Kultivierung in Kakteenhäusern, in denen die Wintertemperaturen zwischen 10—15 °C liegen, werden folgende Arten zur Auswahl vorgestellt:

**Tillandsia ionantha** Planch (265) bildet kleine Rosetten mit zwiebelartiger Basis. Die Blätter werden 3—4 cm lang und färben sich in der Zeit vor dem Blütenansatz in der Sonne rötlich. Die auf S. 233 abgebildete Form heißt „Haselnuß" und ist die schönste und widerstandsfähigste bei trockener Luft im Glashaus oder in der zentralgeheizten Wohnung. Sie stammt aus halbtrokkenen, schütteren buschartigen Wäldchen aus Süd- und Südostmexiko.

274

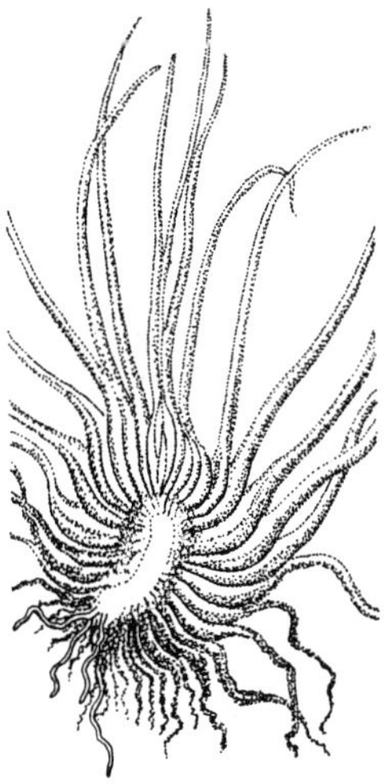

Bei *Tillandsia argentea* sind die Blätter an den Basen zwiebelartig verdickt und sukkulent.

**Tillandsia argentea** Griseb. (272) ist eine sehr schöne trockenheitsliebende Art aus den trockenen Wäldern Süd- und Mittelmexikos. Sie bringt silbrigweiße bis gelbliche Blätter mit einer sukkulenten, zwiebelartigen Basis hervor, die in haarfeine Spitzen auslaufen. Die Blüten erscheinen an einem dünnen, etwa 10 cm langen Stiel und haben eine blaue Farbe.

**Tillandsia caput-medusae** Morren (273). Die Blattrosetten wachsen aus fleischigen, zwiebelähnlichen Gebilden, die in freier Natur oft von Ameisen bewohnt werden. Diese Art eignet sich für Epiphytenvitrinen, Gewächshäuser, aber auch für die Wohnung. Sie stammt aus Mexiko und Mittelamerika.

**Tillandsia brachyphylla** Baker (274) hat sehr dekorative silbrig bereifte Blätter. Sie stammt aus den Bergen Perus, wo sie in höheren Lagen beheimatet ist und daher auch größere Ansprüche an die Feuchtigkeit und ganzjährige kühle Unterbringung stellt. Während der sommerlichen Hitze ist es besser, sie im Freien zu halten anstatt im Glashaus.

**Tillandsia regnellii** Mez. (275) ist eine ähnliche Art wie *T. brachyphylla* und stammt ebenfalls aus den östlichen Andenketten Südamerikas. Diese beiden Tillandsien vertragen aber keine dauernde Feuchtigkeit; man muß nach jedem Gießen die Pflanzen im Luftstrom abtrocknen lassen. Auch muß man sie vor dem Überhitzen unter Glas bewahren, das könnte schnell zu Verbrennungen führen. Das Glashaus muß gut gelüftet sein.

**Tillandsia recurvata** (L.) (276) ist eine Art, die in weiter Verbreitung von Florida bis Nordargentinien auftritt. Sie bildet Büschel aus dünnen Stengeln, an denen

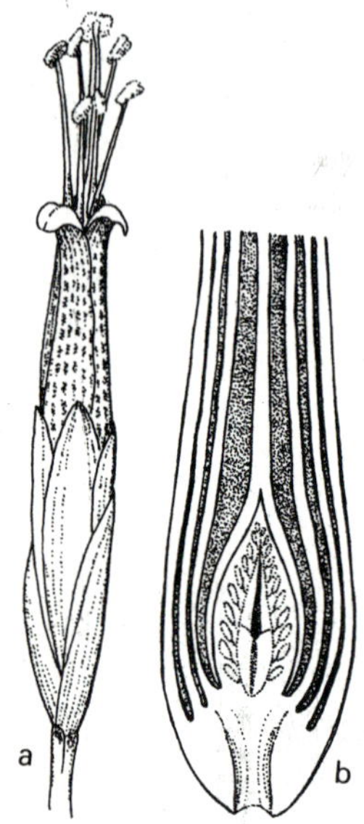


Blüte von *Tillandsia* spec. (a). Schnitt durch die Blüte (b).

275

276

277

graue, gekrümmte Blätter in zwei Reihen angeordnet sind. *T. recurvata* lebt auch in den trockensten Wüstengebieten. Oft kann man sie sogar an den Drähten der elektrischen Überlandleitungen sehen. In der Kultur ist sie eine der widerstandsfähigsten Arten, die sehr trockene Unterbringung verträgt.

**Tillandsia atroviridipetala** Matuda (277) stammt aus höher gelegenen sommergrünen Trockenwäldern Südmexikos. Ziemlich ähnlich sieht *T. plumosa* aus, doch liegt deren Heimat in den kühlen, feuchten Bergwäldern. Ihre Blätter sind stärker mit feinen weißlichen Haaren bewachsen. *T. atroviridipetala* hat grüne Blüten und bildet zwiebelförmig-fleischige Blattfüße aus.

Tillandsien kann man meist als Importe erwerben; ihre vegetative Vermehrung ist nicht leicht. Verschiedene Arten *(T. ionantha, T. recurvata, T. schiedeana)* bringen schnell Stengelbüschel hervor, die man teilen und getrennt weiterziehen kann. Die Mehrzahl der übrigen Arten kann man so gut wie gar nicht vegetativ vermehren. Es besteht noch die Möglichkeit, die Aussaat ihrer flaumbedeckten Flugsamen zu versuchen. Als Substrat nimmt man Zellstoff, reinen Torf, Zweigbüschel und anderes, doch ist die Kultivierung der winzigen Sämlinge anspruchsvoll. Vor allem muß man darauf achten, daß die Substratreaktion nicht einen pH-Wert von 6 übersteigt. Wer sich für solche Versuche interessiert, sollte Spezialliteratur über Epiphyten zu Rate ziehen.

278

# SUKKULENTE ORCHIDEEN

Das Reich der Sukkulenten ist unerhört vielgestaltig und bunt. Wie bereits gesagt, Sukkulenten sind Pflanzen, die Wasser ansammeln und speichern. Da nun auch verschiedene Orchideen *(Orchidaceae)* stark fleischige Scheinknollen und Blätter haben, läßt sich gegen ihre Einordnung unter die Sukkulenten nichts einwenden. Eine ganze Reihe von Orchideen bewohnt Standorte, an denen über lange Monate hinweg Wassermangel herrscht. Man begegnet ihnen z. B. an der mexikanischen Pazifikküste, wo verschiedene Arten der Gattung *Oncidium* wachsen, aber auch auf niedrigen, gekrümmten Bäumen auf den trockenen Küstenterrassen der Antillen, z.B. die Arten der Gattungen *Broughtonia, Cattleyopsis, Laelia.* Aus den mittelamerikanischen Staaten stammen die xerophytischen Epiphyten der Gattungen *Cattleya, Laelia, Brassavola, Chysis, Epidendrum.* Trockenheitsliebende und sukkulente Orchideen findet man aber auch in Australien (z. B. *Dendrobium*), in Asien (z. B. *Vanda teres*) und natürlich auch in Afrika *(Eulophia).* Über die Tropen der ganzen Welt ist die Gattung *Vanilla* verbreitet, die extrem widerstandsfähige Sukkulenten enthält, welche sonnenbeschienene Stellen bewohnen.

Es wäre unlogisch, diese sukkulenten Orchideen zu übergehen. Ihre Sukkulenz ist ausgeprägter und ihre Widerstandsfähigkeit gegenüber Trockenheit weitaus größer als bei den Waldkakteen *Wittia* und *Disocactus.* Orchideen sind vor allem wegen ihrer herrlichen Blüten attraktiv. Aber nicht nur das; ihre eigenartige Lebensweise und schwierige Vermehrung, die lange ein Rätsel blieb, unterstreichen die Außergewöhnlichkeit dieser Pflanzen. In ihrer überwiegenden Mehrheit bleiben sie natürlich den spezialisierten Orchideenzüchtern vorbehalten. Einige Arten kann man aber ganz gut gemeinsam mit Sukkulenten und vor allem mit Vertretern der Familie *Bromeliaceae* kultivieren. Am besten bekommt ihnen ein Fenster- oder Balkonglashaus, evtl. auch ein Sukkulententreibhaus im Garten. In der überwiegenden Mehrzahl handelt es sich um wärmeliebende Pflanzen, daher sollten die Wintertemperaturen nicht unter 15 °C sinken. Die Ruhezeit überstehen sie in trockener Umgebung. Trotzdem ist es angebracht, alle 14 Tage einmal einen sonnigen Tag zum Besprühen mit weichem Wasser auszunutzen.

Sukkulente Orchideen züchtet man auf Rindenstücke gehängt bzw. an Ästen, an denen man sie mit Nylonschnur befestigt. Beim Setzen hüllt man die Pflanzenbasis in eine Mischung aus Farnwurzeln *(Osmunda, Polypodium)* mit Moos *(Sphagnum),* ergänzt durch Buchenlaub. Die sukkulenten Orchideen sind lichtliebend und bevorzugen einen Platz an der Sonne. Während der Vegetation erfordern sie regelmäßiges Gießen und Temperaturen um 30 °C. Da sie frische Luft brauchen, muß man ausgiebig lüften. In der Praxis hat sich folgendes bewährt: Gegossen wird abends, das Glashaus bleibt über Nacht geschlossen (dann herrscht im Raum mit den Pflanzen hohe Feuchtigkeit), kurz vor Mittag öffnet man es und lüftet für den Rest des Tages.

279

280

281

282

Die ganze Gattung *Oncidium* enthält hunderte, über Mittel- und Südamerika einschließlich der Karibischen Inseln verbreitete Arten. Meist bewohnen sie feuchte Wälder, doch leben einige auch in den trockenen Küstenchaparrals, wo sie in den Wintermonaten starker Sonne ausgesetzt sind. In dieser Zeit besteht die einzige Wasserquelle im schwachen Nachtnebel oder Tau.

**Oncidium maculatum** Linds. (278) stammt aus Südmexiko und lebt auf den Krüppeleichen oder strauchartigen „Chaparros" *(Curatella americana)* an der Pazifikseite des Kontinents. Die verwandte *O. atropurpureum* ist auf der Ostseite des Kontinents verbreitet, auf den Antillen und Karibischen Inseln.

**Oncidium cebolleta** Sw. (279) ist aus vielen Staaten Mexikos und Mittelamerikas bekannt; sie ist die widerstandsfähigste Art der Gattung *Oncidium.* Ihre Blätter haben einen kreisrunden Querschnitt. Von den anderen widerstandsfähigen Arten wären zu nennen: *O. cavendishianum, O. teres, O. splendens, O. ascendens, O. stipitatum,* die eine feuchte Kultur ausgesprochen schlecht vertragen und Sonne, Trockenheit sowie Wärme brauchen.

Eine schöne Gruppe von epiphytischen Orchideensukkulenten sind die Gattungen *Laelia, Schomburgia, Cattleya* und *Brassavola.* Ihre Kulturhybriden gehören zu den bekanntesten Blüten auf dem Blumenmarkt. Sukkulente Arten wie

**Cattleya aurantiaca** (Bateman) P. N. Don. (280) haben etwas kleinere Blüten. Trotzdem handelt es sich um interessante und schöne, im tropischen Mexiko und Mittelamerika verbreitete Vertreter.

**Chysis bractescens** Ldl. (281) ist der Vertreter einer Artengruppe mit entwickelten Vorratsscheinknollen; während der Trockenzeit fallen die Blätter ab. Eine Reihe von Arten bewohnt die sommergrünen Trockenwälder in Mittelamerika und im Norden Südamerikas. Ähnliche Gattungen sind *Cyrtopodium* und *Catasetum.*

**Catasetum maculatum** Kunth. (282) aus Mittelamerika toleriert sehr gut Trockenheit im Winter und eignet sich zur Kultivierung mit Sukkulenten. Geeignete Sukkulentenarten sind auch die schlingenden und kletternden Spezies der Gattung *Vanilla.* Eine weitere auffallende Gruppe sind die terrestrischen Arten, welche die Trockenzeit entlaubt überstehen. Das sind z. B. *Bletia* aus Amerika oder *Eulophia* aus Afrika. Abschließend kann man sagen, daß die sukkulenten Orchideen eine wesentlich vorteilhaftere Auflockerung in einer Sammlung darstellen als orthodoxe Sukkulenten wie *Adansonia, Pachycormus,* die bald sehr große Ausmaße erreichen und dabei unter Kulturbedingungen nie zur Blütenreife kommen.

**Brassavola glauca** Ldl. (283) ist ein bildschöner, trockenheitsliebender Epiphyt aus Mittelamerika, sehr geeignet für die Kultur.

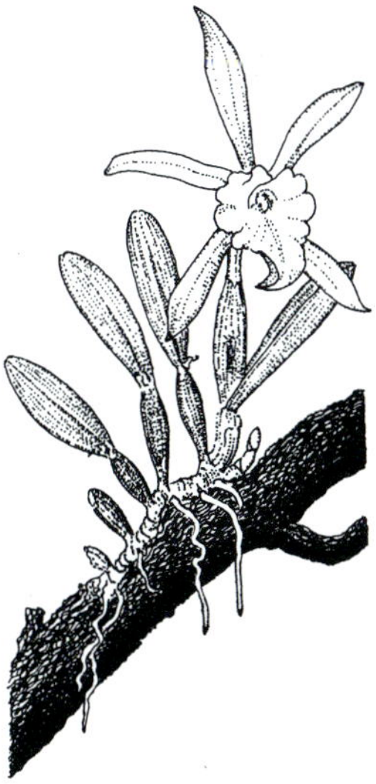

*Laelia glauca* wächst oft auf völlig kahlen, der prallen Sonne ausgesetzten Ästen.

283

284

# DICKBLATTGEWÄCHSE

Die *Crassulaceae* sind eine der größten Sukkulentenfamilien mit vielen hundert Arten. Neben *Cactaceae* und *Ficoidaceae* ist das eine der wenigen Familien, bei der fast alle Arten sukkulente Anpassung aufweisen. Im Gegensatz zu den Kaktusgewächsen zeigt sich hier die Sukkulenz vorwiegend in den fleischigen Blättern; nur einige wenige Arten haben auch ausgeprägt sukkulente Stengel. Bei den Arten mit Blattsukkulenz sind die Stengel oft unterdrückt, dafür Rosetten aus sukkulenten Blättern entwickelt. Einige Arten sind klein strauchwüchsig. Die Dickblattgewächse sind vorwiegend zierliche, oft auch recht kleine Pflanzen. Extreme Ausmaße erreicht *Crassula arborea*, doch stellt sie mit 2 m Höhe in der Welt der Sukkulenten keinen Rekord dar. Die meisten Arten sind mehrjährig, doch sind auch ein- bzw. zweijährige Arten bekannt. Die *Crassulaceae* verblüffen auch durch ihre Regenerationsfähigkeit aus kleinen Zweigstückchen, bei vielen Gattungen auch aus einzelnen Blättern. Charakteristisch ist auch der Bau ihrer Blüten, sie sind fünfzählig und meist klein, dafür aber zu reichen Blütenständen geordnet. Es gibt nur wenige Stellen auf der Erde, an denen man keine Dickblattgewächse antreffen könnte. Ihre Verbreitung reicht von den tiefliegenden Küstengebieten bis ins Hochgebirge. Eine Reihe von frostharten Arten ist auch den Steingartenfreunden gut bekannt.

Die etwa 45 Arten umfassende Gattung *Aeonium* ist vor allem auf den Kanarischen Inseln verbreitet, nebenbei auch auf den Kapverdischen Inseln, in Marokko, auf Madeira und verschiedenen weiteren Mittelmeerinseln. Praktisch besitzt jede Insel ihre eigenen Arten, die nur in bestimmten Höhenzonen und unter bestimmten ökologischen Bedingungen vorkommen. Einige Fachleute sehen in dieser Erscheinung eine Parallele zu den Darwinfinken von den Galapagosinseln — so eigenwillig und einzigartig ist diese insulare Spezialisierung unter bestimmten Bedingungen. Alle Arten wachsen rosettenförmig, manchmal tragen sie Blattrosetten an den Enden der verholzten Zweige.

**Aeonium nobile** Praeg. (284) ist eine der größten Arten, deren Blattrosetten 50 cm im Durchmesser erreichen können! Auch im Alter bleiben sie einzelwüchsig. Die Blätter sind fest und fleischig. Ihr Reifungsprozeß geht langsam vor sich; erst nach 7—10 Jahren kann man Blüten erwarten. Mitten im

285

286

Sommer wächst aus der Rosettenmitte ein Stengel mit einigen hundert kleinen rötlichen Blüten. Das bedeutet gleichzeitig aber auch den Untergang der ganzen Rosette — der Blütenstand erschöpft sie (wie die anderen Arten auch) so sehr, daß sie bald nach dem Verblühen abstirbt. Am einfachsten ist die Vermehrung durch Samen. Man kann aber praktisch alle Aeoniumarten auch durch Blattschnittlinge vermehren: gut ausgereifte Blätter läßt man 2—3 Tage im Schatten antrocknen und bringt sie dann auf leicht feuchten Torf mit Sand unter Glas oder Plastikfolie. Bei Temperaturen von rund 30° und hoher Luftfeuchtigkeit schlagen die Blätter nach einem Monat Wurzeln.

**Aeonium arboreum** var. **albovariegatum** (West) Boom (285). Die botanische Art *A. arboreum* ist über weite Küstenstriche von Marokko, Portugal und Spanien verbreitet, doch reicht sie auch weit ins Mittelmeer über die meisten Inseln. Ihre farbigen Kultivare sind dekorative Kulturpflanzen mit leichter Zuchtweise. Sie tolerieren regelmäßige Wassergaben, ein nährstoffreiches Humussubstrat und winterliche Temperaturabfälle bis auf 12—10 °C.

**Aeonium arboreum** *'atropurpureum'* (Nich.) Bgr. (286). Die Blätter dieser Zuchtform haben dunkle Rottöne angenommen. Stehen sie in der prallen Sonne, gewinnen sie eine intensive Färbung.

287

288

**Aeonium tabuliforme** (Haw.) Web. (287) hat nur wenig sukkulente, frischgrüne, an den Rändern bewimperte Blätter. Diese Art bildet keine Ableger; man kann sie durch Samen oder Blätter vermehren. In der Kultur erfordert sie auch in den Wintermonaten ein Gießen bei Temperaturen von 12–15 °C und einen ständigen Platz bei milder Sonne.

Aus Südafrika kommt die interessante Gattung *Adromischus*. Alle rund 40 Arten haben stark fleischige Blätter. Sie wachsen in halbtrokkenen Gebieten. Die Pflanzen bilden kleine Stauden aus und tragen zierliche, unauffällige Blüten in schütteren Ähren.

289

**Adromischus cristatus** (Haw.) Lem. (288) ist eine kaum 10 cm hohe Pflanze mit hellgrünen Blättern. Ähnlich wie bei den anderen Arten auch entstehen an ihnen oft Luftwurzeln. So kann man sie nach dem Abtrennen (oft fallen sie von selbst ab) verwurzeln.

**Adromischus maculatus** (Salm.) Lem. (289) hat rotgefleckte Blätter ohne das stumpfe, gewellte Ende. Läßt sich leicht durch abgebrochene Blätter vermehren.

**Adromischus cooperi** (Bak.) Bgr. (290). Die Blätter sitzen dicht gedrängt an einem kurzen Stiel und ihre Flecken sind dunkelbraun bis schwarz. Die kleinen Stauden wirken dekorativ, auch wenn man sie auf der Fensterbank hält. Alle Arten stellen an die Kultur in etwa die gleichen Ansprüche wie *Aeonium;* die Wintertemperaturen können auch unter 10 °C sinken.

Eine weitere wichtige Gattung ist *Cotyledon.* Ähnlich wie *Adromischus* enthält sie Pflanzen, die ausschließlich in der Alten Welt verbreitet sind bzw. in Süd-, Südost- und Ostafrika sowie auf den umliegenden Inseln. Einige kann man auch auf der Arabischen Halbinsel finden. In der freien Natur leben sie in verschiedenen Pflanzengesellschaften, die meist unregelmäßig mit Wasser versorgt sind. Unter den vielen Arten der Gattung *Cotyledon* kann man alle möglichen Wachstumsformen antreffen: von kleinen, abfallenden Stauden bis zu kleinen, verkrüppelten Laubbäumchen von etwa 0,5 m Höhe. Am besten lassen sie sich durch Stengel- oder Blattschnittlinge vermehren.

**Cotyledon sinus-alexandri** V. P. (291) ist eine Miniaturart mit niederliegenden und kriechenden Stengeln, heller Borke und ausdauernden Blättern, die fast kugelförmige Form aufweisen. Ähnlich wie die vorangenannte Art blüht auch diese sehr reich und hat auffallend rosa Blüten.

290

Verbreitungsareal der Gattung *Cotyledon*.

291

292

293

294

**Cotyledon buchholziana** Stephan et Schuldt (292) stellt eine eigenartige und sehr begehrte Art von nur ganz geringen Ausmaßen dar. Ihre Blätter fallen bald ab und es bleiben kahle Zweige mit farbigen Spuren zurück. Die Pflanze stammt aus den trockenen Gebieten von Namaqualand.

**Cotyledon wallichii** Harv. (293) ist eine Art mit bis zu 35 cm hohen Stengeln mit häufiger weißer Wachsbereifung. Die verhältnismäßig langen zylindrischen Blätter wachsen nur während der Vegetationszeit und fallen auch in der Kultur bei Vernachlässigung des Gießens ab. Die Blattbasen bleiben als warzige Höcker auf dem fleischigen Stämmchen zurück.

**Cotyledon paniculata** L. f. (294) erreicht mit seinen etwa 2 m Höhe nahezu baumartige Ausmaße. Die Blätter fallen meist in der Trockenzeit ab, doch sind ältere Exemplare trotzdem sehr wirkungsvoll im Aussehen. Die Zucht ist ähnlich wie bei allen übrigen genannten Arten, nicht besonders einfach und daher kann man sie nur für die Glashauskultur empfehlen. Die größten Schwierigkeiten bereitet die Verschiebung der Vegetationszeit in den Spätherbst. Das sind in der Kultivierung ausgesprochen ungeeignete Wochen mit nur sehr wenig Sonnenlicht. Da diese Pflanzen eine bestimmte Menge Gießwasser unbedingt bekommen müssen, heißt das, die Temperatur in den Räumen mindestens auf 20 °C am Tag und 15 °C in der Nacht zu heben.

Die Sukkulenten der Gattung *Dudleya* sind trockenheitsliebende

295

Verbreitungsareal der Gattungen *Dudleya* (a) und *Echeveria* (b).

296

Pflanzen aus Baja California, dem westlichsten Staat Mexikos. Sie bilden Blattrosetten aus, die bei vielen Arten eine weiße, wasserabweisende Wachsbereifung tragen. Kommt auf das Blatt Regen- bzw. Gießwasser, fließt es in großen Tropfen schnell an der Oberfläche herab. Allerdings werden so auch die bläulichweißen Überzüge aus Wachsmaterial abgewaschen. Die etwa 30 bekannten Arten lassen sich nicht leicht in der Kultur halten, noch schwieriger ist ihre Vermehrung. Man kann sie nur aus Samen ziehen, die ähnlich wie bei *Echeveria* sehr fein sind. Daher erfordert die Kultur der Sämlinge in den ersten Wochen große Sorgfalt und einige Erfahrung. Eine Vermehrung aus abgebrochenen Blättern ist so gut wie nicht möglich. Die meisten Blätter bilden zwar einen Kalus, evtl. auch Wurzeln, aber nie Knospen und neue junge Pflänzchen. Die ganzjährige Kultur erfordert die Unterbringung im Glashaus an einer sehr sonnigen Stelle und Temperaturen, die im Winter nicht unter 12 °C sinken. Während dieser Zeit tolerieren die Pflanzen völlige Trockenheit. Auch im Sommer muß mit dem Gießwasser vorsichtig umgegangen werden!

**Dudleya farinosa** (Lindl.) Britt. et Rose (295) ist mit relativ schlanken Blättern ausgestattet – dafür bildet sie aber reiche Büschel aus Rosetten. Sie stammt aus den trockenen Pazifikgebieten von Baja California. In der Kultur läßt sie sich relativ leicht kultivieren, etwa wie die wärmeliebenden Echeverien, z. B. *E. laui. D. farinosa* kann man nur selten vegetativ durch Abtrennen der Seitenrosetten vermehren. Die Vermehrung aus Blättern ist bisher noch nicht gelungen.

**Dudleya pulverulenta** (Nutt.) Britt. et Rose (296) ist eine sehr gängige, dabei die einzige Art, deren Verbreitung sich auch in die USA erstreckt, bis Südkalifornien und sogar bis Arizona und Sonora. Sie bildet Grundrosetten aus etwa 60–70 breit zungenförmigen grauweißen Blättern. Der Blütenstengel wächst im Sommer, kann 80 cm hoch werden und ist von vielen roten bis orangefarbenen Blüten bedeckt. Meist entstehen in dieser Zeit auch seitliche Ableger. Daher kann man durch ihr vorsichtiges Abschneiden und Wurzeln die Pflanze vermehren.

Die südafrikanische Gattung *Crassula* hat der ganzen Familie den Namen gegeben. Unter den vielen Dutzend Arten findet man niederliegende und kriechende Miniaturpfalnzen, wie auch robuste bäumchen- bzw. strauchwüchsige Arten. Die Blüten haben bis auf Ausnahmen keine besondere Bedeutung und sind in Größe und Farbe meist ausdruckslos.

297

298

**Crassula hemisphaerica** Thunbg. (297) stammt aus den halbtrockenen Gebieten Südwestafrikas. Die Pflanze bringt hellgrüne, rosettenartig angehäufte Blätter an kurzem Stengel hervor. Die Blütentriebe erscheinen im Frühjahr und tragen zierliche weißliche Blüten. Die Haltung ist einfach. Die Pflanzen tolerieren ein nährstoffhaltiges und die Vegetationszeit über auch ständig feuchtes Substrat. Die Vegetation zieht sich auch hier meist bis in die Wintermonate hin und es ist angebracht, die Temperatur über

299

15 °C zu halten. Gegen Jahresende tritt aber die Vegetationsruhe ein. Dann beschränkt man die Wassergaben auf ein Minimum, und wenn man die Pflanzen auf einem Temperaturminimum von 10 °C hält, gießt man am besten überhaupt nicht. Eine bekannte und beliebte Art ist auch *C. (Rochea) falcata* mit graufilzigen platten Blättern und auffällig rotorangefarbenen Blütenständen. Sie wird etwas größer.

**Crassula barbata** Thunbg. (298) ähnelt der Art *C. hemisphaerica;* auch sie bildet Rosetten aus massiven, platten Blättern an kurzem Stiel. Die Blattränder sind auffällig mit glasig weißen, dünnen Wimpern besetzt. Die Pflanze stammt vom steinigen Gelände aus dem Süden der Kapprovinz. Wie viele weitere Arten dieser Gattung lebt auch sie im Halbschatten unter Sträuchern, manchmal auch in der Sonne in offenem Gelände. In der Kultur kann man sie leicht durch abgebrochene Blätter oder Stengelschnittlinge vermehren.

**Crassula perforata** Thunbg. (299) ist eine niederliegende bis kriechende Art. Die blaugrünen, an den Rändern oft weißgesäumten Blätter verwachsen an der Basis. Der Name *perforata* bezieht sich auf die feine Punktierung längs der Blattränder. Blüten kann man nur bei älteren Pflanzen erwarten und auch sie sind unauffällig, kaum 1 cm groß und weißlich.

**Crassula** 'Morgan's beauty' (300). Neben den botanischen Arten sind in den Kulturen viele Hybriden enstanden. Die Haltung dieser Pflanzen ist durchweg einfach. Meist erfordern sie höhere Feuchtigkeit und Nährstoffgehalt des Substrats, wobei sie ganzjährig eine größere Feuchtigkeit tolerieren.

**Crassula mesembryanthemopsis** Dtr. (301) ist eine zierliche, auffällige Art aus den sandigen Halbwüsten Südwestafrikas. Sie hat zu Rosetten geordnete Blätter. Die

300

301

302

303

304

einzelnen Rosettchen sind klein, nur 4–5 cm im Durchmesser. Bei älteren Exemplaren überwiegt an Masse die knollenartige Wurzel. Die Oberseiten der dreieckigen Blätter ragen nur geringfügig über die Erdoberfläche hinaus. Blüten erscheinen regelmäßig jeden Herbst, gelegentlich schon mit Sommerausgang.

**Crassula lycopodioides** Lam. (302) ist eine kleine, polsterförmig wachsende Sukkulente mit aufrechten Stengeln, kleinen, schuppenartigen Blättern und unauffälligen weißen Blüten, die nur selten im späten Frühjahr erscheinen. Die Pflanze stammt aus Südwestafrika, wo sie in Buschgegenden einen polsterähnlichen Unterwuchs bildet. Sowohl durch Aussehen als auch Lebensweise, d. h. durch die Ausbildung der großen, dichten Polster aus Stengeln erinnert sie an die europäische Art *Sedum acre* (Abb. 331). Nur die Blüten sind hier viel unauffälliger. Die dicht belaubten Stengel gehören aber in der Kultur zu den dankbaren Pflanzen, die man leicht halten und zu Dekorationszwecken in Wohnräumen nutzen kann.

**Crassula pyramidalis** Thunbg. (303). Die aufrechten Stengel werden meist über 10 cm hoch. Die dreieckigen Blätter sitzen in dichter Anordnung an den Stengeln. Die Kultivierung dieser Art ist relativ schwierig. Sie erfordert ein sehr durchlässiges, leichtes Substrat und vorsichtiges Gießen. Die Vegetationszeit ist hier auf die zweite Sommerhälfte verschoben bzw. in die Herbstmonate. Wie eine Reihe anderer empfindlicher Crassulaceen

305

306

kann man diese Art auf widerstandsfähige *Sedum*-Arten pfropfen, aber auch auf *Klanchoe tubiflora, K. daigremontiana* u. a.

**Crassula arta** Schoenl. (304) stammt aus der südafrikanischen Kapprovinz. Die dicht belaubten aufrechten Stengel werden kaum 10—12 cm hoch, verzweigen sich an der Basis und bilden dichte Gruppen. In der Trockenzeit liegen die Blätter dicht aneinander und überziehen sich mit einer weißen Reifschicht. Die Kultivierung ist ähnlich wie bei den meisten Arten der Gattung, also sehr einfach. Man muß nur auf regelmäßiges Gießen in der Vegetationszeit achten. In der Ruhezeit, d. h. meist im Sommer, tolerieren sie auch eine völlig trockene Unterbringung. Einige Arten wachsen allerdings auch dabei weiter; man muß ein gewisses Fingerspitzengefühl für die Bedürfnisse der Pflanzen an den Tag legen.

**Crassula arborescens** (Mill.) Willd. (305) ist die offensichtlich größte Art der Gattung und mit 2 m Höhe in der ganzen Familie ein Riese. Die dicken, elliptischen Blätter, massiven Stämmchen, die sehr leichte Kultur und die einfache Vermehrung machen aus dieser Art eine dankbare Kulturpflanze, die man oft auch auf der Fensterbank von nicht spezialisierten Blumenliebhabern antreffen kann. *C. arborescens* ist überhaupt eine der dankbarsten und schmucksten Sukkulentenpflanzen. Sie toleriert sogar im Winter Gießen, wenn sie in einer wärmeren Umgebung steht. Die kleinen weißlichen Blüten erscheinen nur ausnahmsweise bei sehr trockener, heißer Kultur im Gewächshaus. *C. arborescens* läßt sich leicht nicht nur durch Stengelschnittlinge, sondern ähnlich wie die übrigen auch durch

307

308

309

einzelne Blätter vermehren, die bei Wärme und Feuchtigkeit schnell wurzeln und neue Pflänzchen hervorbringen.

**Crassula marnierana** Huber et Jacobs (306) stammt aus Südwestafrika und ist eine kleine, dicht belaubte Art mit zierlichen weißen Blüten. Ähnlich wie bei der voriger Pflanze erscheinen auch hier die flachen Blütenstände an den Stengelenden. In der Kultur bereitet sie keinerlei Schwierigkeiten; sie braucht ein durchlässiges sandiges Substrat.

**Crassula socialis** Schoenl. (307) stammt aus dem Kapland von kahlen Felsterrassen und -spalten. In der Natur bildet sie meist nur niedrige, liegende Büschel aus kurzen Stengeln mit rosettenartig geordneten Blättern. Im zeitigen Frühjahr trägt sie reichlich weißliche Blüten. Die Kultur ist einfach; sie erfordert eine gewisse Feuchtigkeit auch während der Winterzeit, wenn die Knospen angesetzt werden. Sehr gut vermehrt sich die Pflanze durch Stengelbruchstücke mit Hochblattrosetten, die gelegentlich auch Luftwurzeln bilden können.

**Crassula cornuta** Schoenl. et Bak. (308) ist eine sehr hübsche Miniaturart, die knapp 10—12 cm Höhe erreicht. Die Blätter sind mit einer grauweißen Wachsbereifung überzogen und wirken sehr dekorativ. Die unauffälligen Blüten haben eine weißliche Farbe und zeigen sich im Winter. *C. cornuta* stammt gleichfalls aus Südwestafrika.

**Crassula mesembryanthemoides** D. Dietr. (309). Bildet in der Kultur dichte, bis 30 cm hohe Staudenformen. Ihr wichtigster Schmuck sind die spitzen, mit weißen, durchschimmernden Härchen bedeckten Blätter. Die weißlichen Blüten sind zwar hübsch, „stören" aber eher das Bild der Pflanze.

Die Gattung *Crassula* sollte in der Kultur ganz entschieden größere

310

311

Verwendung finden. Hier finden sich nämlich vielgestaltige und vor allem dankbare, leicht zu kultivierende Pflanzen, die überdies noch eine unersetzliche Eigenschaft haben: ihre Hauptvegetationszeit fällt in die Herbst- und Wintermonate. So blühen sie meist in einer Zeit, in der die übrigen Sukkulenten ihre Vegetationspause haben, also ohne Leben zu sein scheinen.

Aus der Neuen Welt stammen auch Blattsukkulentengattungen *Echeveria* und *Graptopetalum*. Ihr Verbreitungsschwerpunkt liegt in Mexiko, nur am Rande finden sie sich auch in den Staaten Mittelamerikas, im Nordwesten Südamerikas und ausnahmsweise auch in den Südstaaten der USA. Es ist interessant, daß keine dieser Gattungen in den karibischen Raum und auf die Antillen reicht. Aus morphologischer Sicht handelt es sich in allen Fällen um Pflanzen mit rosettenartig angeordneten Blättern. Eng verwandt ist die nur in Mexiko verbreitete Gattung *Pachyphytum*. Ihre Blätter sind aber an den länglichen Stengeln anders angeordnet, auch haben die Pflanzen Staudencharakter. Systematisch steht ihr auch die Gattung *Sedum* nahe, von der man in Mittelamerika, besonders in Mexiko, eine große Menge Arten antreffen kann. Verwandt mit *Echeveria* und *Graptopetalum* sind die mexikanischen Gattungen *Villadia* und *Tacitus*.

**Echeveria nodulosa** (Bak.) Otto (310). Es hat den Anschein, daß die Art auf einem großen Areal in Mittelmexiko in höheren Lagen bis 2000 m, wo etwas mehr Feuchtigkeit herrscht, verbreitet ist. Es ist nicht schwer, ihr in der Natur zu begegnen. Oft kann man hübsche Exemplare unter Bäumen oder Sträuchern auf mineralischer Grundlage finden. Ihre Blüten haben eine rosaweiße Farbe und sind sehr dekorativ. Eine ähnliche Art ist *E. longissima*. Sie hat rotgrüne Blüten und ist in feuchteren Gegenden beheimatet.

**Echeveria elegans** Rose (311). Die Heimat dieser *Echeveria* mit blaugrünen Blättern ist Mittelmexiko, genauer gesagt, die Gebirge in nordöstlicher Richtung von Mexiko City. Sie geht bis etwa 3000 m hoch und man kann sie in den Lichtungen der Kiefernwäldchen, auf Felsplateaus und an sonnenausgesetzten Wänden finden. Es handelt sich um eine der widerstandsfähigsten Arten, die oft in der Kultur zu sehen ist, wo sie zur Sommerbepflanzung in Parks herangezogen wird. Die schönste kompakte Rosette hat die Varietät *hernandonis*, benannt nach einem zeitgenössischen

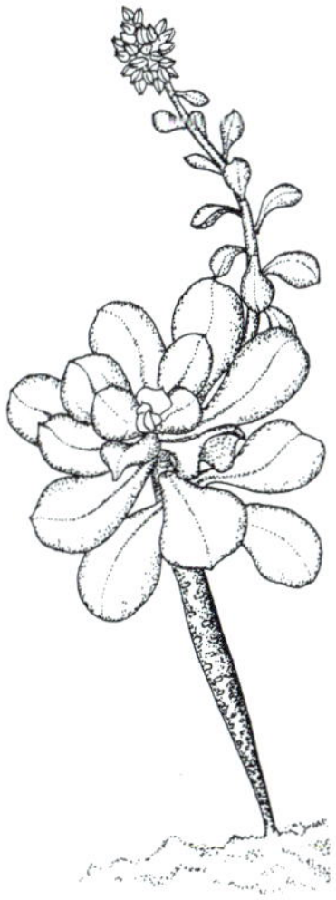

Die häufigste Wachstumsform bei *Echeveria* (z. B. *E. elegans*) ist eine dichte Blattrosette.

312

313

314

Sukkulentenfachmann, Hernando Sánchez-Mejoráda. Auch sie bildet dichte polsterartige Büschel aus kleinen bläulichen Rosetten. Die Blüten erscheinen im Herbst bzw. Winter. Es kommt viel auf die Behandlungsweise an. Wenn man die Pflanze in den Herbst- und Wintermonaten kühl und völlig trocken hält, kann man den Blütenansatz bis in die späteren Frühlingsmonate verzögern.

**Echeveria gibbiflora** DC. (312). Die hier im Bild vorgestellte Form wird nicht gängig gezüchtet. Nahestehend und bekannter ist var. *metallica.* Gemeinsam mit weiteren Formen stammt sie aus Mittelmexiko, wo sie die Gesellschaften von sommergrünen Wäldern in Höhen von 2000 m bewohnen. Die Pflanze sucht aber steile Hänge und Abstürze auf, wo sich relativ weniger Feuchtigkeit hält und die Sonnenstrahlung wirkungsvoller ist. *E. gibbiflora* ist eine massive, oft sogar 1 m hohe Art. Die Blütenstände können 50, ja sogar 60 cm lang werden und produzieren viele Dutzend rote Blüten. Dic Art ist dankbar und widerstandsfähig, allerdings anspruchsvoll in Hinsicht auf ihren Sonnenbedarf. Sehr leicht kann man sie aus Stengelschnittlingen vermehren, die beim Rückschnitt der Pflanzen auf annehmbare Ausmaße hinreichend anfallen.

**Echeveria agavoides** Lem. (313) sind etwa 10—12 cm große Pflanzen mit kahlen, frischgrünen wächsernen Blättern. Sie sind stark fleischig, zäh und die Epidermis verfärbt sich bei manchen Exemplaren, vor allem bei sehr starker Sonnenbestrahlung, bronzen bis braunrot. *E. agavoides* stammt aus höheren Lagen der mittelmexikanischen Staaten. Sie läßt sich leicht kultivieren und toleriert eine Überwinterung bei völliger Trockenheit und niedrigen Temperaturen. Leicht läßt sie sich durch einzelne Blätter vermehren. Die Blüten erscheinen zeitig im Frühjahr und sind wie bei vielen anderen Arten auch rot und gelb zusammengesellt. Eine beson-

315

dere Varietät ist var. *corderoyi* mit feineren, aber dichter beblätterten Rosetten.

**Echeveria peacockii** Croucher (314) ist eine zierliche, höchstens 6–7 cm große Art mit Grundrosetten aus bläulichgrünen, oft grauweiß bereiften Blättern. Ihre Ränder und Spitzen sind vor allem an sonnigen Stellen rötlich oder rotbraun gefärbt. Im Frühjahr erscheinen rote bis orangefarbene Blüten. Ähnlich wie die vorige Art läßt sie sich leicht kultivieren. Sie hätte eigentlich eine viel stärkere Verbreitung in den Sammlungen, aber auch als Fensterschmuck verdient. Sie stammt aus dem Staat Puebla aus der Gegend von Tehuacan. Die Pflanze läßt sich gut durch abgebrochene Blätter vermehren.

**Echeveria purpusorum** Bgr. (315) ist eine kleine, dekorative Art mit gefleckten Blättern. Ihre gelben Blüten erscheinen im fortgeschrittenen Frühjahr. Sie stammt

316

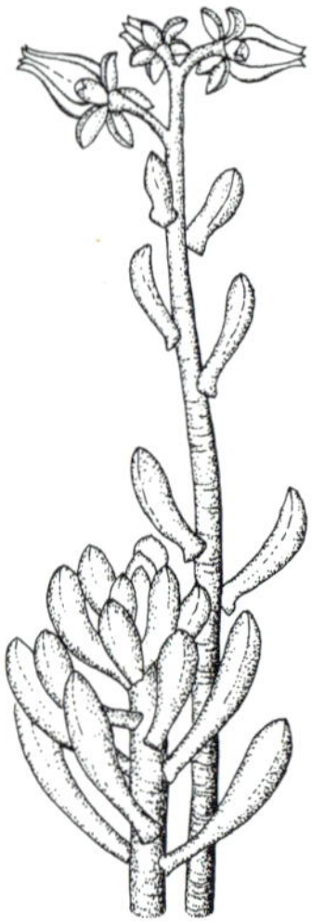

Andere *Echeveria*-Arten (*E. sedoides*) haben spiralig angeordnete Blätter an langem Stengel.

317

aus Südmexiko und ihre Kultivierung ist bereits etwas schwieriger. Das gilt vor allem für ihren ganzjährigen Wärmebedarf (die Wintertemperatur darf nicht unter 12 °C liegen) mit minimaler Wasserzufuhr in der Winterzeit. Vermehren kann man sie entweder durch Aussaat (die Samen sind wie bei der ganzen Gattung sehr fein, die Sämlinge brauchen in den ersten Wochen häufige Befeuchtung und Schatten) oder durch abgebrochene Blätter, die aber auch in feuchter Wärme nur langsam wurzeln. Ähnlich wie *E. agavoides, E. peacockii, E. glauca* u. a., kleine rosettenförmige Arten mit massiven Blättern, ist *E. purpusorum* eine hübsche, dekorative Pflanze, die sich gut zur Auflockerung von Kakteensammlungen eignet. Am besten eignen sie sich als gruppenweise angepflanzte Rosetten, die den europäischen Hauswurzarten ähneln.

**Echeveria alpina** E. Walth. (316). Die etwa 10 cm großen Blattrosetten sitzen am Boden, die Einzelblätter laufen spitz zu und haben eine graugrüne bis blaßgraue Farbe. Die Blüten kommen im Frühling. Wie die Artenbezeichnung *alpina* verrät, stammt die Pflanze aus dem Hochgebirge. Sie ist in den Bergen östlich von Mexiko City verbreitet und geht weit über 3000 m hinauf. Diese Region ist relativ feucht und mit Kiefern- sowie Eichen-Kiefernwäldern bestanden. Hier siedeln die Pflanzen auf steinigen Unterlagen, die sich über das Geländeniveau erheben, meist auf verwitterten Gesteinsblöcken, die nur mit Moos und Flechten bewachsen sind.

Im Hinblick auf diese Bedingungen in der Natur ist klar, daß es sich um eine widerstandsfähige Art handeln muß, die ganzjährig niedrige Temperaturen toleriert, die vor allem im Winter bis zum Nullpunkt sinken können. In der Kultur braucht sie eine möglichst intensive Beleuchtung. Bekommt sie wenig Licht, verlängert sich der Stengel und das ganze Aussehen ändert sich. Man kann sie leicht aus einzelnen Blättern vermehren.

**Echeveria laui** (Moran et Meyran) (317) wurde erst 1975 beschrieben und nach ihrem Entdekker Dr. A. B. Lau, einem Fachmann für Mexiko und andere amerikanischen Staaten, benannt. Die Pflanze stammt aus einem wunderschönen, für die Sukkulentensammler besonders attraktiven Gebiet — aus dem Tomelin Cañon in Staat Oaxaca. Das ist ein heißer Landstrich, wo die Wintertemperaturen jeden Tag über 30 °C steigen. *E. laui* siedelt in einem einzigen engen Seitencañon in Höhenlagen von 500—600 m an steilen, unzugänglichen Felsen aus rotem Porphyr und zwar stets nur an Nordwänden, die während der trockenen Winterzeit im Schatten liegen. Der einzige Zugang in diese Klamm führt durch das Bachbett,

318

hen; sie brauchen ein saures Su
Feuchtigkeit. Die vegetative Ver
falls hohe Temperaturen und F
wahl der Mutterpflanzen; die l
wurzeln nur ungern. Am besten
unreifen Pflanzen, auch eignen s
geeignetste Zeit für die Vermehr

**Echeveria setosa** Rose et Purp. (318) stammt aus den w
kos. Sie kommt in schütteren W
höherwüchsigen Vegetation. Ihr
bewachsen, welche die Pflanze v
nicht besonders trockenen Geb
der sommerlichen Vegetationsz
jahrsmonaten zeigt sich eine üpp

**Echeveria shaviana** Walther (319) ist eine Waldart aus
humusreichen Böden unter Kief
und Herbst wird sie mit reichen
Winterzeit ist in den Bergen k
sogar schwächere Niederschläg
der bläulichen Blätter ist *E. sha*
leicht züchten.

**Echeveria gracilis** Rose (320) stammt aus den Hochgeb
ko. An diesen Standorten sink
punkt und in den Morgenstunde
tation. Trotzdem ist in der Kult
intensiven Wachstums bei *E. gr*
auch.

**Echeveria dehrenbergii** J. A. Purp. (321). Die bläulich-
Durchmesser wachsen auf Kalk
Meist bewohnen sie Felsspalter
gut wachsende und vor allem
Art. Die Blütezeit ist ähnlich wie
Jahreszeit mit kurzen Tagen be
Durch Senkung der Temperatur
ling verschieben. Die auffällige
Wochen aus. Die Echeverienzuc
einfach und erfordert in etwa di
Ihnen bekommt ein durchlässig
bestandteilen. In der günstigen
rien die Blätter. Regelmäßiges,
ständige Entwicklung und Färbu
heran. Eine ganze Reihe von A
Stellen (z. B. *E. nuda*, die sogar
man auch diese Arten in unsere
Sonne halten. Vermehren kann
allerdings sehr klein sind und
sorgfältige Behandlung der Ke
abgebrochener Blätter. Es ist a
Vermehrung Blätter von alten,

319

das nur im Sommer Wasser führt. In dieser Zeit ist das Gebiet unzugänglich, nicht nur wegen des Wassers im Bach, sondern auch wegen der hohen Temperatur und Luftfeuchtigkeit, die das Klima in der engen Schlucht unerträglich machen. *E. laui* bringt vor allem unter den optimalen Bedingungen der Kultur Rosetten von 25 cm Durchmesser hervor. Diese bestehen aus über 100 stark fleischigen, blaßblau bereiften, zungenförmigen Blättern. Die Blütezeit ist in der freien Natur auf den Jahresanfang beschränkt (Februar/März), in der Kultur allerdings in die Frühjahrsmonate verschoben (April/Mai). Die Blüten sind orangefarben und wirken im Gegensatz zu der blauweißen Bereifung der Blätter außergewöhnlich dekorativ. Die Kultur von *E. laui* erfordert das ganze Jahr über eine höhere Temperatur (im Winter über 14 °C) und vorsichtige Wassergabe (im Winter völlige Trockenheit, evtl. 2–3× während der ganzen Zeit an wärmeren Tagen vorsichtig gießen). Die Vermehrung ist schwierig. Bei der Aussaat muß man vor allem in den ersten Monaten mit den Sämlingen sehr vorsichtig umge-

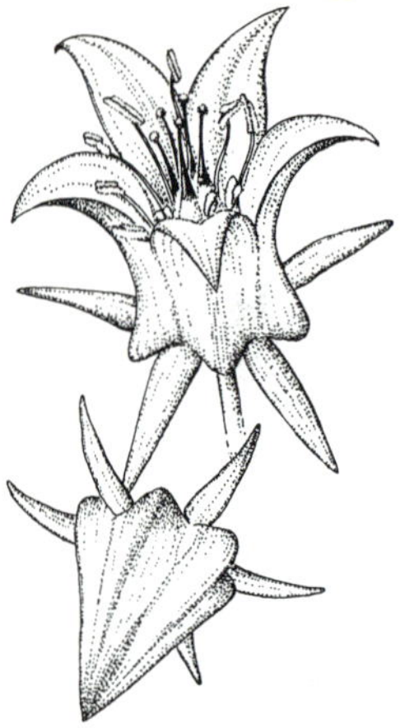

Blüte und Knospe von *Echeveria.*

320

321

322

323

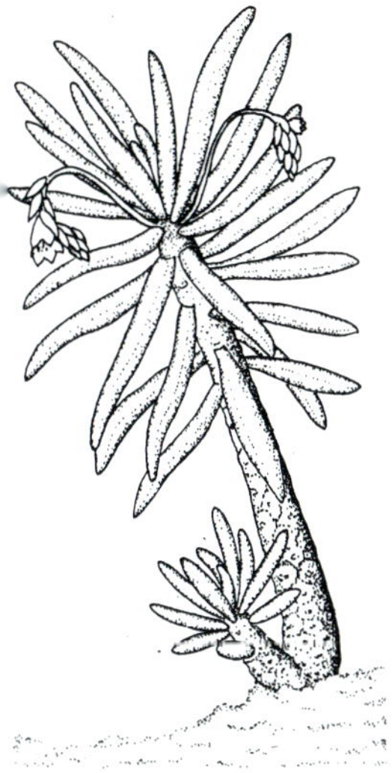

*Pachyphytum viride* bildet später kahle, unbelaubte Stämmchen und grüne Blattkronen.

324

nur unter Schwierigkeiten wurzeln oder kleine Blättchen von jungen, unausgereiften Rosetten, die schnell und leicht Wurzeln treiben. Ein geeignetes Material zur Vermehrung sind auch die kleinen Blättchen am Blütenstengel.

Gleichfalls aus Mexiko stammt die Gattung *Pachyphytum* mit rund 10 Arten. Es sind durchweg Stauden mit fleischigen Stengeln und stark sukkulenter Beblätterung. Die Blüten sind zu Ähren geordnet, die Einzelblüten erinnern in ihrer Form an Echeverien (mit denen sind sie eng verwandt, zwischen beiden Gattungen kam es zu einer ganzen Reihe von Kreuzungen). Zucht wie bei *Echeveria.*

**Pachyphytum oviferum** J. A. Purp. (322) stammt aus mittleren Lagen um rund 2000 m ü. M. in Nordmexiko. Trotzdem ist die Art wärmeliebend und braucht hinreichend Sonne, in der Kultur bringt man sie am besten im Kakteentreibhaus unter. Sie gehört wie *P. bracteosum* aus Mittelmexiko, *P. longifolium* und *P. viride* zu den Ziersukkulenten, die auch in spezialisierten Kakteensammlungen sehr hübsch wirken.

Mit *Echeveria* und *Dudleya* eng verwandt ist eine weitere mexikanische Gattung – *Graptopetalum.* Hierher gehören zierliche rosetten- oder staudenartig gebaute Sukkulenten, die sich von den vorigen Arten durch die Blüten unterscheiden. Diese sind weit geöffnet, ihre Kronblätter sind nur an der Basis miteinander verwachsen und häufig dunkel gesprenkelt.

**Graptopetalum amethystinum** (Rose) E. Walth. (323) stammt aus Westmexiko, wo sie auf Kalksteinfelsen lebt. Im Gegensatz zu den weiteren Arten bildet sie längere Stengel, die mit eirunden, stark sukkulenten Blättern besetzt sind. Die Farbe ihrer Epidermis geht ins Blaugrüne bis Violette über. Die Zucht ist einfach. Sie braucht genügend Wasser und reichlich Wärme und blüht fast den ganzen Sommer über.

**Graptopetalum macdougallii** Alexander (324). Die Rosetten aus blaugrünen wachsbereiften Blättern erreichen 6–7 cm im Durchmesser. In den Wintermonaten (vor allem in der freien Natur) ziehen sie sich ganz zurück, d. h. die meisten Blätter trocknen ein und bilden überwinternde, in Schalen aus

325

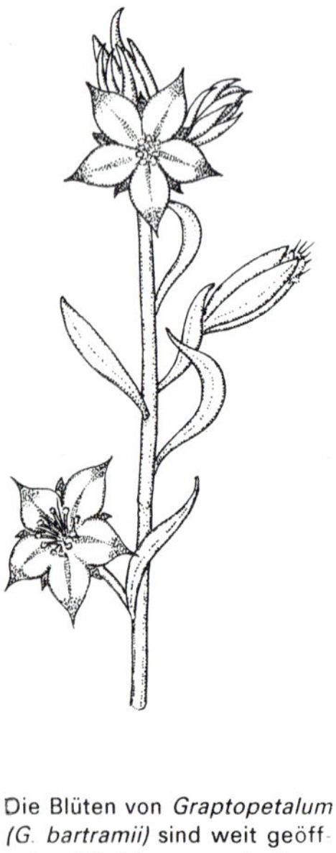

Die Blüten von *Graptopetalum (G. bartramii)* sind weit geöffnet und farbig gesprenkelt.

326

vertrockneten Blättern gehüllte Knospen. Die Art stammt aus Südmexiko, wo sie in verschiedenen Formationen wächst, sogar in solchen, die man als sehr trocken bezeichnen kann. Sie bildet vegetative Kolonien; in der günstigen Sommerzeit bringt sie dünne Stolone hervor, mit neuen Rosetten an den Enden, die leicht verwurzeln und neue Kolonien gründen. Blüten wachsen im Sommer und sind trotz ihrer geringen Größe wegen der rotbraunen Färbung auffällig.

**Graptopetalum filiferum** (S. Wats.) Whitehead (325) stammt aus Nordmexiko und bildet reiche Kolonien aus dicht beblätterten Grundrosetten. Die Blätter laufen in einen feinen, haarartigen Fortsatz aus und erinnern an Hauswurz. Die Blüten sind relativ groß, die Enden der Kronblätter rötlich. Man vermehrt die Pflanze durch Blätter oder die häufigen Ableger. Eine eng verwandte Gattung ist *Tacitus,* erst vor kurzem beschrieben, die sich durch große rote Blüten unterscheidet. Beide Pflanzen werden bisher in der Gärtner- und Züchterpraxis nicht voll gewürdigt.

Eine einzige Gattung der Familie *Crassulaceae* ist ausschließlich über Europa und die angrenzenden Teile Asiens verbreitet: *Sempervivum,* der Hauswurz. Auch wenn nur rund 30 „gute" Arten in Betracht gezogen werden, so gibt es doch eine Vielzahl von Namen, die sich um 200 bewegen. Meist handelt es sich um Kultivare, entstanden durch Kreuzung. Die Hauswurzarten sind zierliche, rosettenförmig angeordnete

327

328

Verbreitungsareal der Gattung *Sempervivum.*

Pflanzen, die meist in den Bergen an trockeneren, sonnigen Stellen wachsen. Durch Ablegerbildung entstehen ganze Gruppen und Kolonien von Exemplaren. Ihre Zucht ist in Felsgärtchen oder Gefäßen auf Balkons, in Treppenhäusern usw. möglich. In der Kultur brauchen sie ein Maximum an Sonne, während der Sommermonate reichlich Wasser. Den Winter überstehen sie bei völliger Trockenheit, doch ist vorsichtiges Gießen angebracht, falls sie in frostfreien Räumen stehen. Alle Arten kann man durch Wurzeln der einzelnen kleinen Seitenrosetten vermehren, die an stolonenartigen Trieben entstehen. *S. soboliferum* und andere bilden kleine, zwiebelartige Knospen in den Blattachseln aus, die leicht abbrechen, abfallen und schnell wurzeln. Verschiedene Kreuzungen lassen sich nur unter Schwierigkeiten vermehren.

**Sempervivum tectorum** L. (326) ist gemeinsam mit *S. montanum* weit über ganz Europa verbreitet und in vielen Varietäten bekannt, die sich vor allem in Farbe und Größe der Blätter voneinander unterscheiden. Früher wurden sie viel auf Hausdächer, Mauern usw. gepflanzt.

**Sempervivum arachnoideum** L. (327). Stammt aus Alpen, Apennin, Pyrenäen und Karpaten. Die Pflanzen bilden dichte Polster aus kleinen Rosetten von höchsten 3 cm Durchmesser, die an den jungen Blättern spinnwebähnliche Härchen tragen.

Die umfangreichste Gattung in der Familie *Crassulaceae* ist *Sedum*. Ihre Verbreitung beschränkt sich nicht auf ein bestimmtes geographi-

329

sches Gebiet, allgemein kann man sagen, daß ihre überwiegende Mehrzahl auf der nördlichen Halbkugel vorkommt (nur ausnahmsweise in Südamerika und Afrika). Die *Sedum*-Arten erscheinen in kleinen, staudenartigen, niederliegenden, kriechenden, seltener rosetten- oder baumartigen Wachstumsformen. Bekannt sind einjährige, zweijährige und mehrjährige Pflanzen. Man kann nicht sagen, daß es sich hier um Wüstenpflanzen handelt. Die meisten leben in halbtrockenen bis feuchten Gebieten, wo wenigstens einen Teil des Jahres die Wasserversorgung günstig ist, doch dank der Sukkulenz ihrer Organe können sie auch trockenere Perioden überstehen. Eine ganze Reihe Vertreter dieser Gattung kann man auch in Mitteleuropa antreffen. Gezüchtet werden viele polsterförmig wachsende Arten oder auch solche, die im Laufe der Jahre Bäumchenform annehmen. Attraktiv sind auch die hängenden Formen, die man in Blumenampeln usw. halten kann. Im Hinblick auf die Bedingungen, die in der Natur herrschen, ist es offensichtlich, daß die Zucht keine größere Schwierigkeiten bereiten kann. In vielen Fällen handelt es sich sogar um ausgezeichnete Zimmerpflanzen. Einige, wie z. B. *S. album, S. acre, S. telephium, S. sieboldii* und viele Dutzend andere, vorwiegend asiatische Arten kann man auch im Freien kultivieren.

**Sedum nussbaumerianum** Bitter (328) kommt ursprünglich in Südostmexiko vor, wo sie an sonnigen Stellen auf Kalkgestein in halbtrockenen Wäldern siedelt. Sie bildet kleinere, bis 25 cm hohe Stauden. Später liegen die Stengel, kriechen von der Mutterpflanze fort, um im Laufe der Zeit zu wurzeln. So wandert das ursprüngliche Büschel an neue Stellen aus. Neue Exempla-

330

331

re entstehen auch aus abgebrochenen oder abgefallenen Blättern, die sehr schnell Wurzeln schlagen. Ähnliche Arten sind *S. adolphi* und *S. nutans.* Alle gedeihen in der Kultur gut, man kann sie auch als Fensterblumen empfehlen. Im Sommer können sie im Freien in Gärten, Blumenkästen usw. gesetzt werden.

**Sedum rubrotinctum** R. T. Clausen (329) kann 15—25 cm hoch werden. Bei Beschneiden der aufrechten Triebe entstehen Matten aus frischgrünen Stengeln, deren Spitzen sich in der Sonne rötlich verfärben. *S. rubrotinctum* stammt aus höherer Lagen Mittelmexikos, wo es auf steinigen Grundlagen in Nadelwäldern wächst, meist an sonnenbeschienenen Stellen. Eng verwandt ist *S. guadelupense* mit grünen Blättern und gelben Blüten. Einige Arten reichen weit in den amerikanischen Norden und ertragen daher auch die Klimabedingungen der gemäßigten Zone, wo die Temperaturen unter den Nullpunkt sinken. Ein Beispiel ist

**Sedum acre** L. (330), zweifellos eine der bekanntesten Arten, die man leicht in den trockeneren Gebieten Europas und Asiens antreffen kann. Sie sucht vor allem felsige, sonnenbeschienene Lagen auf neutralem Gestein auf. Sie trägt im Mai üppige gelbe Blüten.

332

333

**Sedum hintonii** T. Clausen (331) stammt aus den höheren Lagen Nordmexikos. Es ist eine der empfindlichsten Arten, die in der Kultur einen Platz an der Sonne und vorsichtiges Gießen beansprucht. Ähnlich wie bei anderen Sukkulenten gilt auch hier die Regel, daß allgemein härtere Bedingungen, ein Übermaß an Sonnenlicht und selteneres Gießen einen kräftigeren Wuchs, eine bessere Entwicklung der weißen Haare auf der Haut und schließlich auch einen reicheren Blütenansatz zur Folge hat. *S. hintonii* trägt in den Sommermonaten weißliche Blüten. Eine ganze Reihe weiterer *Sedum*-Arten tritt als niederliegende Stauden auf, die man sowohl als selbständige Kultur in einer Wohnung oder als Auflockerung in Kakteen- oder Sukkulentensammlungen verwenden kann. Bei freier Pflanzung bedecken sie bald auch größere Flächen.

**Sedum allantoides** Rose (332) ist ein Vertreter der mexikanischen Arten aus den Berglagen im Süden des Landes. Auf der Oberfläche der kugelig endenden, auseinanderstrebenden Blätter sitzt eine grauweiße Bereifung. In der Kultur ist es angebracht, die Art unter harten Bedingungen zu halten, bei einem Übermaß an Sonne und frischer Luft bei gleichzeitig sparsamer Wassergabe. Das führt zu kompaktem Wuchs und maximaler Entwicklung der bereiften Haut. Blüten erscheinen im Frühsommer. Der Pflanze genügt der gängige Bodentyp, d. h. eine Mischung aus Torf, Gartenerde und Sand. Die Wintermonate kann diese Art in völliger Trockenheit überstehen, sofern eine Temperatur von rund 10 °C herrscht. Wie die meisten übrigen, namentlich die aus Mexiko stammenden Arten vermehrt sie sich leicht durch einzelne Blätter. Noch leichter ist die Vermehrung durch Stengelschnittlinge, die oft Luftwurzeln ausbilden und beim Niederliegen des Stengels von selbst verwurzeln können.

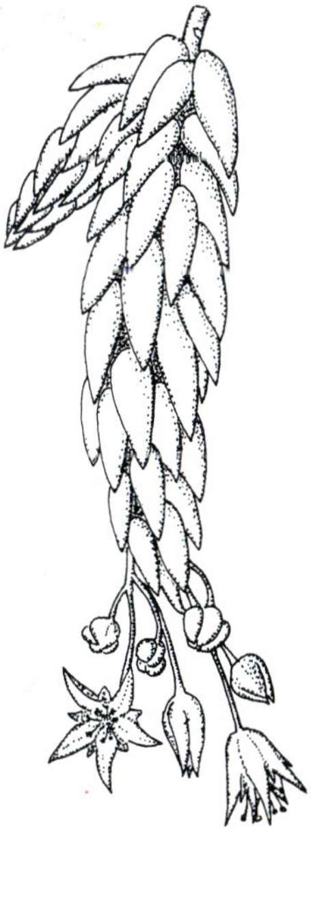

Die Blüten von *Sedum morganianum* wachsen stets an den Enden der hängenden Triebe.

334

335

**Sedum album** L. (333) ist ein europäischer Vertreter der Sukkulentenvegetation. Die Art kommt in verschiedenen Varietäten praktisch überall in Europa vor, reicht aber noch viel weiter — bis Nordafrika und Fernost. Ähnlich wie *S. acre* kann man die Art praktisch nur in Steingärten oder in Gefäßen halten, die den größten Teil des Jahres im Freien stehen. Sie stellt keine Ansprüche an den Boden, toleriert ausgiebigen, regelmäßigen Beguß, braucht aber volle Sonne. Sie blüht in den Sommermonaten meist weiß (daher der Name), doch sind auch Formen mit roten Blüten bekannt.

**Sedum morganianum** E. Walt. (334). Von den hängenden *Sedum*-Arten wird *S. morganianum* in Mexiko am häufigsten zur Dekoration von Veranden, Terrassen, Treppenhäusern und Gärten verwendet. Es liegt kein Grund vor, warum diese Art in ähnlichem Umfang nicht auch außerhalb Mexikos genutzt werden könnte — auch wenn man in unseren Bedingungen den Sonnenbedarf der Pflanze bei ihrer Aufstellung in Betracht ziehen muß. Im Sommer erfordert sie reichliches, regelmäßiges Gießen, in den Wintermonaten, wenn die Temperatur nicht unter 10 °C liegt und kein zu starkes Austrocknen der Pflanzen droht, genügen schwache, nur selten vorgenommene Wassergaben. Eng verwandt ist *S. burrito* mit stumpf endenden, kleineren Blättern im gleichen Graublauton. Beide Arten stammen aus den Tropengebieten Südmexikos. Man kann sie leicht durch Schnittlinge oder einzelne abgebrochene Blätter vermehren.

**Sedum frutescens** Rose (335) sind, zusammen mit der ähnlichen Art *S. oxypetalum,* schöne, bisher bei weitem noch nicht genügend gewürdigte Sukkulenten, deren Vordringen in die Sammlungen in aller nächster Zukunft mit Sicherheit zu erwarten ist. In freier Natur, d. h. in den mittelmexikanischen Staaten, siedeln sie auf relativ trockenem Lavauntergrund gemeinsam mit vielen anderen Xerophyten. Sie bringen etwa 1 m hohe Bäumchen mit stark fleischigem Stamm hervor, der mit einer sich abschälenden Rinde überzogen ist. Die dünnen, hellgrünen zylindrischen Blätter wachsen nur während der günstigen feuchten Monate, die Blüten ebenfalls. Den größten Teil des Jahres sind die Zweigkronen unbelaubt. Sie sehen dann wie alte, von den Unbilden der Witterung gezeichnete Miniaturbäumchen aus. In der Kultur lassen sie sich leicht halten. Sie brauchen ein durchlässiges, nährstoffreiches Substrat, reichlich Wasser im Sommer und eine trockene, kühle Überwinterung. Sehr schön sehen vor allem ältere Exemplare aus. Vermehren kann man sie durch Verwurzeln der Zweige. Wegen ihrer Kurzlebigkeit eignen sich die Blätter nicht zur Vermehrung.

336

**Sedum pachyphyllum** Rose (336) sind niederliegende, in jungem Alter aufrecht wachsende, staudenartige Pflänzchen. Man kann sie zwischen den Steinen auf den bekannten monumentalen Ruinen der indianischen Pyramiden in Monte Alban (Südmexiko) finden. Sie ähneln *S. allantoides*, unterscheiden sich von dieser Art aber durch robusteren Wuchs und graugrüne Blätter, die an der Sonne Metallglanz erhalten. Sie eignen sich ausgezeichnet zur Zucht in Treppenhäusern, Veranden, im Sommer auch in Gärten.

**Sedum nevii** A. Gray (337) kommt ursprünglich in den Staaten Illinois und Alabama vor. In Europa gedeiht die Art in Felsgärten, doch muß man ihr ein durchlässiges Substrat, im Winter auch eine Abdeckung verschaffen, um jähen Temperaturschwankungen, die nach Frostnächten durch Erwärmung an der Sonne während des Tages eintreten können, vorzubeugen. Ähnlich sieht *S. ternatum* aus, gleichfalls aus Nordamerika. Auch diese Art bringt an sterilen, nicht blühenden Trieben rosettenartig angeordnete Blätter hervor. Beide blühen im Sommer in weißlichen Farben.

Eine weitere wichtige Gattung in der Familie *Crassulaceae* ist *Kalanchoe* mit über 100 Arten. Alle sind in der Alten Welt verbreitet, in Afrika und den angrenzenden Gebieten Asiens, einzelne reichen auch bis Indien, Indonesien und sogar bis Ostasien. Verschiedene sind nur schwach sukkulent und leben als schlingende Lianen in den asiatischen Wäldern. Andere bilden robuste, sukkulente Miniaturbäume, z. B. *K. beharensis*, doch sind auch unauffällige Miniaturpflänzchen bekannt, z. B. *K. rhombopilosa*. Sie sind ausgeprägte Kurztagpflanzen, die in den

337

338

339

340

meisten Fällen im Herbst bzw. Winter blühen. Vermehren lassen sie sich leicht sowohl durch Stengelschnittlinge als auch Blattstücke, die schnell wurzeln. Eine Reihe von Arten bildet an den Blattenden sogar Adventivknospen, die abfallen und nicht selten sogar mit Luftwurzeln ausgestattet sind, so daß schnell neue Exemplare heranwachsen.

**Kalanchoe tomentosa** Baker (338) kommt aus dem zentralen Bergland Madagaskars, wo sie als niedrige, büschelartige Stauden steinige bzw. felsige Hänge und Klippen besiedelt. Die ovalen Blätter, deren Ränder an der Sonne dunkelbraune Flecken bekommen, sind mit feinen weißlichen Filzhaaren bewachsen. *K. tomentosa* läßt sich leicht aus Stengelschnittlingen oder Blättern ziehen. Später muß man die Stauden durch Schnitt oder Auslichtung der Triebe formen.

**Kalanchoe rhombopilosa** Mann et Bout. (339). Viele Arten dieser Gattung stammen von der Insel Madagaskar, so auch *K. rhombopilosa.* Es ist eine zierliche, staudenwüchsige Art mit dreieckigen Blättern, deren stumpfe Enden gezahnt oder auch leicht gewellt sind. Die Blattoberfläche trägt feine grauweiße Härchen. Bei einigen Formen fehlen die braunroten Flekken. Die Zucht ist genauso einfach wie bei den meisten übrigen Arten. Sie erfordert Wärme und reichlich Wasser im Sommer, im Winter genügen Temperaturen um 10 °C und geringe Wassergaben.

**Kalanchoe beharensis** Drake del Castillo (340) ist eine robuste Art, die in freier Natur 2 m hoch werden kann. Ihre großen, breiten Blätter sind mit feiner Filzbehaarung überzogen. Allerdings sind auch Formen mit kahlen Blättern bekannt. Die Art stammt aus Madagaskar; ihre Kultur ist problemlos.

**Kalanchoe tubiflora** (Harvey) R. Hamet (341) gehört zu den bekanntesten und auch bei den Zimmerpflanzenfreunden am meisten verbreiteten Sukkulenten. Die kleinen Knospen an den Enden der zylindrischen Blätter fallen ab und entwickeln sich zu neuen Pflanzen. *K. tubiflora* stammt aus den trockenen Südwestteilen Madagaskars, wo sie häufig im Unterwuchs der Trockenwälder ist. Auch für Züchter der empfindlichen Arten aus der Familie *Crassulaceae* hat sie ihre Bedeutung: Man kann sie als Unterlage zum Pfropfen benutzen.

341

342

# GIFTIGE SCHÖNHEIT

Zur Familie der Wolfsmilchgewächse *(Euphorbiaceae)* gehören viele tropische und subtropische Gewächse. Von den bekannten Zimmerpflanzen sind es das *Croton*, auch die Kautschukpflanze *Hevea*, von den Nutzpflanzen das *Manihot, Riccinus* u. a. Viele Angehörige dieser riesigen kosmopolitischen Familie sind auch aus der europäischen Flora bekannt. Schätzungsweise gehören etwa 2000 Wolfsmilcharten zu den Sukkulenten. Die sukkulenten Wolfsmilchgewächse gibt es sowohl in der Neuen als auch in der Alten Welt. Sie haben sukkulente Stengel und sind häufig nur während der Vegetationszeit belaubt. Charakteristisch sind ihre Blüten, die zu einem einfachen, reduzierten Blütenstand geordnet sind, der als *Cyathium* bezeichnet wird. Die farbigen „Blütenblätter", die viele Arten auffällig zieren, gehören eigentlich nicht zu den Blüten. Sie sind Hochblätter, welche die Funktion der Blütenkronblätter übernommen haben. Die Blüten sind stets eingeschlechtig. Verschiedene Arten sind zweihäusig, d. h. es gibt männliche und weibliche Exemplare. Die Früchte sind dreikammerige Kapseln, die bei der Reife auseinanderfallen. Eine generelle Eigenschaft der Euphorbiaceen ist das Vorhandensein der Milchgefäße. Diese fein verzweigten Kanälchen enthalten ein milchiges Latex, das in vielen Fällen hochgiftig ist. Aus diesem Grunde erfordert der Umgang mit den Pflanzen eine gehörige Vorsicht. Besonders gefährlich ist die Berührung dieser Milch mit dem Auge oder den Schleimhäuten. Manchmal genügt auch nur eine Berührung mit der Hand, z. B. bei den Nesselpflanzen der Gattung *Cnidoscolus* (mala mujer — die sog. böse Frau, wie diese Pflanzen in Mexiko genannt werden).

In der Gattung *Euphorbia* gibt es fast 500 sukkulente Arten. Die meisten stammen aus Afrika, die amerikanischen Arten sind nur schwach sukkulent. Ihre größte Konzentration findet man in Süd- und Mittelafrika. Sie sind baumwüchsig mit kandelaberartig verzweigten Kronen (z. B. *E. candelabrum, E. plagiacantha, E. tirucali* u. a.), häufiger strauchartig (z. B. *E. lactea, E. mammillaris*), man kennt aber auch kleine, niederliegende bis kriechende Formen wie *E. Caput-medusae, E. edulis*. Für die Sammler seltener Sukkulenten war die Entdeckung der fast unterirdisch lebenden Miniaturen *E. turbiniformis* und *E. piscidermis* in Ostafrika eine Überraschung.

**Euphorbia horrida** Boiss. (342) ist eine strauchwüchsige Art aus Südafrika, wo sie sonnige, trockene Lagen bewohnt. Sie kann 1 m hoch werden, bildet reiche Ableger und somit ganze Gruppen bestachelter Äste. Sie ist eine zweihäu-

343

sige Art; d.h. daß man zur Samengewinnung mehrere Pflanzen braucht. *E. horrida* ist der Wirt eines ausgefallenen und ungewöhnlich dekorativen Parasiten — *Viscum minimum.* Das ist eine der kleinsten Mistelarten, die nur wenige Millimeter groß wird. Die Pflanze trägt leuchtendrote kugelrunde Früchte.

**Euphorbia horrida** var. **striata** W. D. S. (343) ist eine schlankere Varietät der obigen Art. Sie hat eine grauweiß bereifte Haut und bringt kürzere Stacheln hervor. Diese entstehen durch Eintrocknen und Verholzen der Blütenstiele. *E. horrida* und auch var. *striata* brauchen ein durchlässiges Substrat und trockene Überwinterung. Gefährlich ist das Gießen in der kühlen Jahreszeit und eine anhaltende Substratfeuchtigkeit. Vermehren kann man sie sowohl aus Samen als auch durch Wurzeln der Seitentriebe.

**Euphorbia ledienii** Bgr. (344) vertritt eine Gruppe üppig wachsender Strauchpflanzen, die bald große Ausmaße und 2 m Höhe erreichen. Unter günstigen Bedingungen bilden sie fast undurchdringliche Dickichte aus bestachelten Zweigen. Sie ist eine anspruchslose Art, die in der Kultur schnell wächst und

344

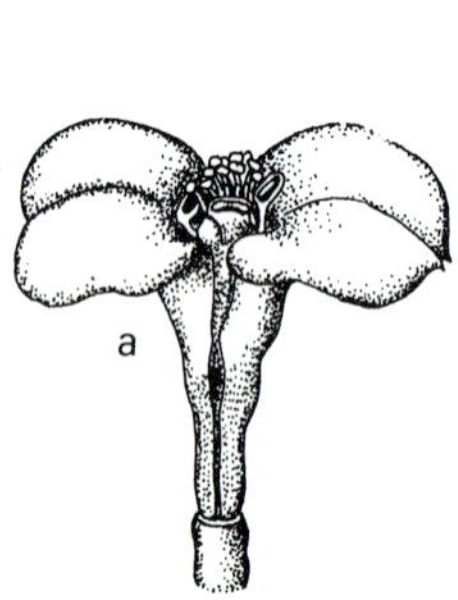


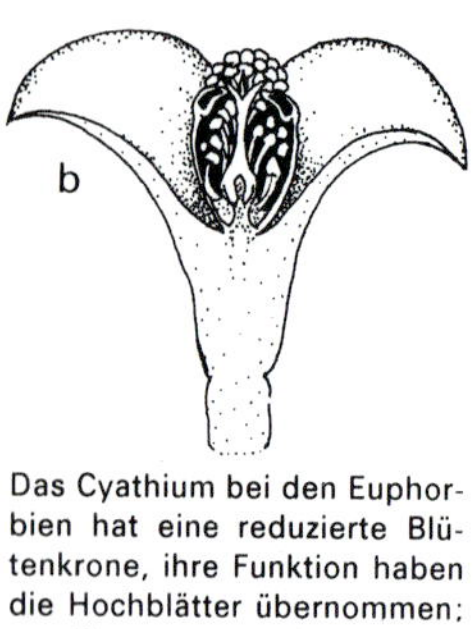


Das Cyathium bei den Euphorbien hat eine reduzierte Blütenkrone, ihre Funktion haben die Hochblätter übernommen:
a — Gesamtansicht,
b — Querschnitt.

345

346

bald von zahlreichen gelben Blüten geziert wird. Eine Verwandtschaft von größeren, oft auch baumwüchsigen Arten *(E. trigona, E. lactea, E. antiquorum)* über weite Teile Afrikas bis nach Indien verbreitet, gehört zu den häufig in Parks und Gärten der Tropen und Subtropen angepflanzten Arten.

**Euphorbia bupleurifolia** Jacq. (345) stammt aus Südafrika und ist eine außergewöhnliche Art mit eiförmigem bis kurz säuligem Stengel, an dem nach Abfallen der Blätter Narben zurückbleiben. Blätter wachsen nur während der günstigen Regenzeit. In der Natur leben die kahlen, nicht von Stacheln geschützten Stiele im Erdreich, nur ihr Oberteil mit den Blättern ragt heraus. Die Blüten wachsen an langen Stielen; in der Kultur blühen die Pflanzen erst in hohem Alter. Vermehren kann man sie nur aus Samen, da sie keine Ableger bilden. Den Pflanzen bekommt Halbschatten und reichliche Wassergabe; den Winter überstehen sie bei völliger Trokkenheit.

**Euphorbia caput-medusae** L. (346). Charakteristisch für die Artengruppe um *E. caput-medusae* ist die interessante Wuchsform. Der Körper dieser Pflanzen besteht aus einem kräftigen Hauptstiel, der in eine rübenartig verdickte, tief im Boden ankernde Pfahlwurzel übergeht. Aus diesem Zentralteil wächst eine Krone aus dünnen Seitenzweigen, die bis zu 40 cm lang sind und ein rosettenähnliches Gebilde darstellen. Im Bild sind nur die bewarzten Seitenzweige zu sehen, an deren Enden sich die Blüten entwickeln. Der Aufbau eines solchen „Kopfes" ist aber gut auf Abb. 348 bei der ähnlichen *E. marlothiana* zu sehen.

**Euphorbia tuberculata** Jacq. (347). Stammt wie die ganze angeführte Gruppe der „kopfigen" Euphorbien aus der südafrikanischen Kapprovinz. Hier wächst sie in felsigem und steinigem, der Sonnenglut ausgesetztem Gelände.

**Euphorbia marlothiana** N. E. Br. (348). In der freien Natur liegen die Seitenzweige auf dem Erdboden und schlagen vielfach Wurzeln. An diesen Stellen verdicken sich ihre Stengel und im Laufe der Zeit verwandeln sie sich zum kräftigen Zentralteil der Pflanze, die an ein Medusenhaupt erinnern, ähnlich wie *E. caput-medusae.* In der Kultur bereiten diese Arten ebensowenig Schwierigkeiten wie die weiteren Verwandten *E. bolusii, E. bergerii, E. esculenta.* Sie tolerieren im Sommer reichlich Wasser und im Winter eine helle Unterbringung bei Temperaturen über 10 °C. Leicht lassen sie sich durch Schnittlinge aus den Seitenzweigen vermehren. Es dauert allerdings längere Zeit, ehe das „kopfige" Gebilde entsteht.

**Euphorbia grandicornis** Goebel (349) bringt Sträucher von mehreren Metern hervor. Ihre Zweige haben eine charakteristische Gestalt; der jährliche Zuwachs bildet jeweils dreieckige Etagen. Überdies sind die Stengelränder von kräftigen Stacheln geziert. Sie wachsen stets zu zweit und sind aus

347

348

349

350

351

umgebildeten Scheinblättern entstanden. *E. grandicornis* ist eine schmucke und leicht zu züchtende Euphorbie. Sie braucht einen warmen, sonnigen Standort und Wintertemperaturen über 12 °C. Leicht läßt sie sich aus Schnittlingen vermehren.

**Euphorbia poissoni** Pax. (350) ist ein maximal 1,5 m hoher Strauch mit kräftigen, fleischigen Stengeln, deren Spitzen mehrere länglich-eirunde, stumpf endende, gezähnte Blätter zieren. Die Stengeloberfläche trägt grauweiße Wachsbereifung. Die Art stammt aus den trockenen Gebirgen Westafrikas und ist anspruchsvoll im Hinblick auf die Temperaturen, deren Absinken unter 10 °C die ganze Pflanze bedrohen kann.

**Euphorbia unispina** N. E. Br. (351) stammt ebenfalls aus Westafrika. Die Pflanze bildet große unregelmäßige, bis 3 m hohe Sträucher. Die stark fleischigen Äste sind ebenfalls nur an den Spitzen belaubt. Die Blüten wachsen in der feuchten Jahreszeit und sind zu Blütenständen geordnet. Nach Abwerfen der Blätter setzt die Ruhephase ein, welche die Pflanze am besten bei völliger Trockenheit übersteht. Für die Zucht im Glashaus geeignet.

**Euphorbia obesa** Hook. (352) erreicht kaum 8–10 cm im Durchmesser. In der Natur hat die Pflanze Kugelform, bei Kultivierung nimmt sie in höherem Alter eine etwas längliche Gestalt an. In der Jugend ähnelt sie mit ihrem regelmäßig geformten, grüngefärbten und regelmäßig gestreiften Stengel der Art *Astrophytum asterias.* Sie liefert ein gutes Beispiel für Konvergenzentwicklung bei Pflanzen. Unter gleichen Klimabedingungen ging die Reduktion des Stengels bei beiden überhaupt nicht miteinander verwandten Arten gleichermaßen vor sich. *E. obesa* stammt nämlich aus Südafrika, *Astrophytum* hingegen aus Mexiko. *E. obesa* ist zweihäusig. Die Pflanzen bevorzugen ein leichtes, sandhaltiges Substrat, in den Sommermonaten tolerieren sie reichlich Gießwasser. Während der winterlichen Ruhephase brauchen sie völlige Trockenheit. Vermehren kann man sie praktisch nur durch Samen, da Ableger nur sehr selten entstehen.

**Euphorbia schoenlandii** Pax. (353) stammt aus Südafrika und ist ein robuster Strauch, der über 1 m hoch werden kann. Die Äste tragen kräftige, holzige Dornen, die einen anderen Ursprung haben als bei *E. unispina* und *E. grandicornis,*

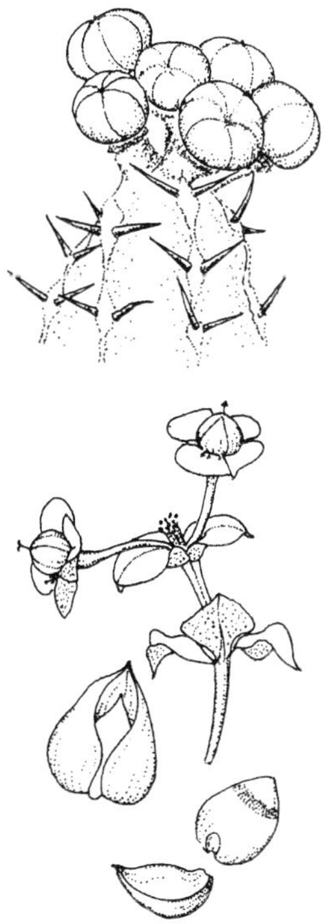

Früchte verschiedener Euphorbienarten.

352

bei denen sie aus Scheinblättern entstanden sind, bzw. bei *E. horrida*, bei der sie die verholzten Überreste der Blütenstiele darstellen. Bei *E. schoenlandii* handelt es sich um vegetative Seitentriebe, die in der Jugend belaubt sind, während der Trockenzeit aber die Blätter abwerfen und als 5 cm, mehrere Millimeter lange, kräftige Dornen zurückbleiben. Die Blüten wachsen an selbständigen, kurzen, schwachen Blütentrieben, die nach dem Verblühen abfallen. Eine ähnliche und verwandte Art ist *E. fasciculata*. In der Natur leben beide Pflanzen in den trockenen Halbwüstengebieten Südafrikas in praller Sonne. Ihre Kultivierung erfordert eine sonnige, warme Aufstellung und viel Nährstoffe während der sommerlichen Vegetationszeit. In den Wintermonaten kommt ihnen völlige Trockenheit zugute. Vermehren kann man sie nur aus Samen, evtl. auch durch Rückschnitt älterer Exemplare. Die Basis schlägt von neuem aus und man kann die Ableger wurzeln lassen.

**Euphorbia milli** Desm. (354) ist eine bekannte strauchwüchsige Euphorbie aus Madagaskar. Die Sträucher sind mit schwächeren Zweigen und Stacheln ausgestattet, ihre dünnen, nicht sukkulenten Blätter fallen im Winter ab. Am auffälligsten sind die im Sommer wachsenden Blüten. In der Kultur ist *E. milli* eher als *E. splendens* (oder *E. milli* var. *splendens*) oder im

353

354

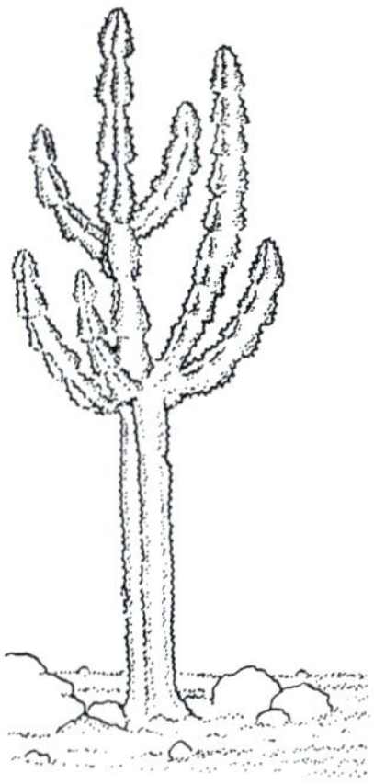

Baumartige Euphorbien sind eine charakteristische Dominante in der afrikanischen Landschaft.

355

Volksmund als Christusdorn bekannt. Ältere Autoren (namentlich Ursch und Leandri) haben aus dem zentralen Bergland Madagaskars eine ganze Reihe von „Arten" beschrieben, die kaum mehr als (gewiß interessante) Formen mit verschieden gestalteten und gefärbten Hüllblättern um die Blüten sind (sog. Cyathophyle). Ihre Zucht ist außerordentlich einfach; häufig findet man diese Arten auf den Fensterbanken der Freunde von Zimmerpflanzen. Am besten entspricht ihnen ein saures Substrat, wobei sie in belaubtem Zustand reichliches Gießen mit einem Nährstoffzusatz vertragen. Läßt man sie bei höheren Temperaturen überwintern, ist auch jetzt Wasser angebracht.

**Euphorbia lophogona** Lam. (355) ist eine verwandte, gleichfalls aus Madagaskar stammende Art, die etwa 0,5 m hohe Sträucher hervorbringt. Die feiner bestachelten Äste verdicken sich zum Scheitel hin keulig; auch die Blätter sind größer als bei der vorigen Art. Sie blüht im Sommer, wobei sie reichliche Wassergaben und Nährstoffe braucht. Wie im obigen Fall muß man diese Sträucher in höherem Alter durch Beschnitt formen, wobei man die abgeschnittenen Teile leicht in einem Glas Wasser zum Wurzeln bringen kann.

**Euphorbia piscidermis** M. G. Gilbert (356) hat einen kugeligen Körper, dessen Oberfläche von schuppenartigen Auswüchsen gegen Wasserverdunstung und Überhitzung geschützt wird. Blätter fehlen völlig, die Blüten wachsen nur in einer kurzen, für die Vegetation günstigen Zeitspanne. *E. piscidermis* und die ähnliche Art *E. turbiniformis* stammen aus Ostäthiopien, einem Gebiet, das für die Sammler von Miniatursukkulenten nicht wenige Überraschungen bereithält. Hinzuzufügen wäre, daß beide Arten zu den geschätztesten Sukkulenten überhaupt gehören.

**Euphorbia decaryi** A. Guill. (357) ist eine kleine madagassische Art mit kräftig ausgebildeten Wurzelknollen und büschelartig angeordneten Grundzweigen. Die Blätter sind ledrig zäh und an den Rändern gewellt. Verwandte Arten, ursprünglich auch aus Madagaskar, sind *E. cylindrifolia, E. francoisii* und die breitblättrige *E. primulaefolia.* Alle haben kräftige, rübenartige, unterirdische Knollen und gehören zu den geschätzten seltenen Pflanzen.

Die Gattung *Jatropha* stammt aus Amerika und Afrika. Sie enthält außergewöhnlich attraktive Pflanzen, die während der Sommermonate reichlich Gießwasser und Nährstoffe, im Winter eine Ruhepause brauchen.

**Jatropha berlandieri** Torr. (358). Bildet ähnlich wie die vorige Art etwa 0,5 m hohe Stengel auf einer knolligen Basis. Die Blüten erscheinen im Sommer und wirken sehr dekorativ. Sie sind rot. Ursprung: Mittelamerika.

356

357

358

359

# LILIENGEWÄCHSE

Die einkeimblättrigen Liliengewächse *(Liliaceae)* wachsen überall auf der Erde. Sukkulente Vertreter findet man aber nur in der Alten Welt, vor allem in Afrika. Es handelt sich um Blattsukkulenten, deren Blätter an den Stengeln spiralig angeordnet sind. Die Liliensukkulenten erreichen nur in Einzelfällen größere Ausmaße, etwa *Aloe dichotoma* oder *A. bainesii.* Ihre verholzten Stämmchen können einige Dezimeter groß werden, zusammen mit einigen *Dracaena*-Arten (z. B. *D. draco* von den Kanarischen Inseln). Sie gehören zu den größten einkeimblättrigen Pflanzen überhaupt. Die Wachstumsformen von *Aloe* sind freilich mannigfaltig. Man kennt Arten mit Grundblattrosetten, aber auch solche mit Blattrosetten an höheren holzigen Stämmchen, strauchwüchsige Arten sowie Miniaturen mit nur einigen wenigen Blättchen, die im Sand der Halbwüste verborgen liegen und kaum über die Erdoberfläche hinausragen. Die sechszähligen Blüten sind bei allen Liliengewächsen zu einfachen Trauben zusammengefaßt. Die platten Samen in den dreikammerigen Kapseln stellen bei vielen Arten die einzige Möglichkeit dar, Pflanzen für die Kultivierung zu gewinnen. Die strauch- bzw. büschelartige Ableger bildenden Arten kann man auch vegetativ vermehren. Bedeutungsvoll für die Zucht sind vor allem drei Gattungen: *Aloe, Haworthia* und *Gasteria.*

Die Gattung *Aloe* umfaßt über 270 beschriebene Sukkulentenarten, vorwiegend aus Südafrika und Madagaskar.

**Aloe variegata** L. (359) stammt aus Südafrika, ihre Kolonien und Büschel entstehen meist aus Ablegern. In der Kultur kann man sie leicht durch Abtrennen der Seitenrosetten vermehren. Ganz gut gedeiht sie auch auf der Fensterbank, in den Sommermonaten sogar im Freien.

**Aloe concinna** Bak. (360) stammt von der Insel Sansibar im Indischen Ozean. Ihre niedrigen Rosetten aus weißgefleckten Blättern bilden umfangreiche Büschel aus.

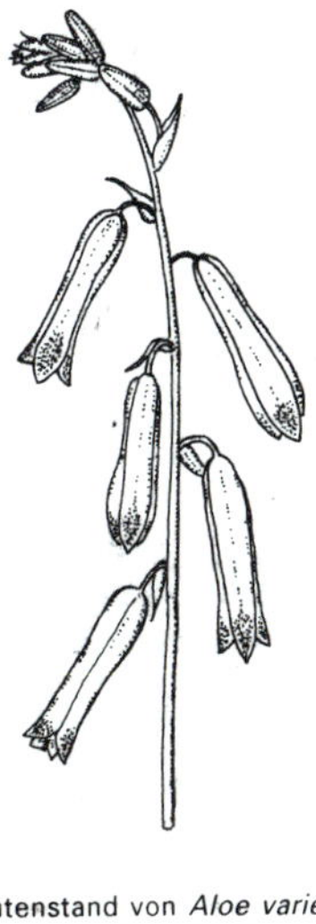

Blütenstand von *Aloe variegata.*

360

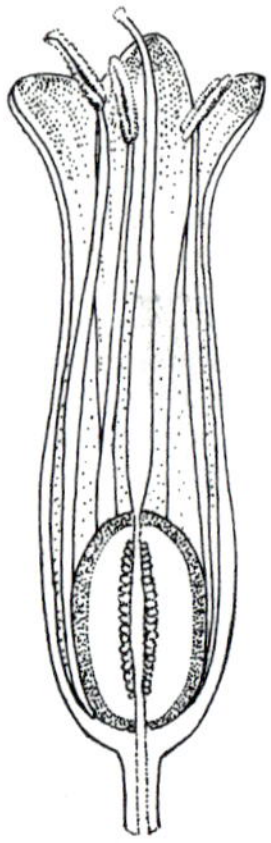

Schnitt durch die Blüte von *Aloe variegata.*

361

**Aloe rauhii** Reyn. (361) ist eine 10—15 cm große Art aus Madagaskar mit hellgefleckten graugrünen Blättern. Ihre Blüten sind auffällig rot. In der Kultur braucht diese Aloe einen wärmeren Platz und vorsichtige Wassergaben.

**Aloe milotii** (362) ist eine zierliche, elegante *Aloe* aus Südafrika, wo sie in der Buschformation wächst. Ihre Zucht bereitet keine Schwierigkeit; die hellroten Blüten zeigen sich im Sommer. Eine ganze Reihe von *Aloe*-Arten wird zu Nahrungszwecken verwendet, nicht nur ursprüngliche, sondern auch naturalisierte Arten. So ist z. B. *A. vera,* die von Zentralafrika stammt, heute über große Teile Mexikos verbreitet, wo ihre Blüten gegessen werden. Nicht anders verhält sich das bei den natürlichen Arten in Südafrika, deren Blüten mit Fleisch gekocht werden. Ihr Wert besteht eher in ihrem hohen Gehalt an Schleimstoffen (Sacchariden) als in ihren aromatischen bzw. geschmacklichen Eigenschaften.

**Aloe dewinteri** Giess. (363) ist ein grüner Strauch, der sich leicht vermehrt und in der Kultur schnell den Raum des Gewächshauses füllt. Die roten Blüten erscheinen im Sommer.

**Aloe melanacantha** Bgr. (364) stammt aus Kapland/Südafrika. Ihre Blattrosette von etwa 30 cm Durchmesser sitzt in der Jugend auf dem Erdboden, später entsteht ein verholztes, etwa 0,5 m hohes Stämmchen. Schmuck sind vor allem die Blätter mit dicken, stachelförmigen Auswüchsen und schwarzen Spitzen. Diese Auswüchse sind weich und stechen nicht. Die Blüten sind rot, doch kommt diese Art in der Kultur nicht leicht zum Blühen. Sie ist eine sehr dekorative, begehrte und seltene Pflanze. Vermehren kann man sie aus Samen, nur ganz selten durch Ableger.

**Aloe plicatilis** (L.) Mill. (365) ist ein Vertreter der größeren Arten und kann 2—3 m hoch werden. Meist hat er strauch-, seltener Bäumchenform. Die holzigen Zweige tragen Rosetten aus kahlen, blaugrünen Blättern in zwei Reihen. Die Blüten sind leuchtendrot. Es handelt sich um eine schöne und geschätzte Art, auf deren größere Verbreitung in den Sammlungen die schwierige Vermehrung hinderlich wirkt. Die holzigen Zweige wurzeln nur unwillig und Samen werden nur sehr selten angeboten.

**Aloe spectabilis** Reyn. (366) erreicht ebenfalls größere, sogar bäumchenartige Ausmaße und eine Höhe von etwa 3 m. Die attraktiven blaugrünen Blätter bilden eine mächtige Rosette und sind etwa 1 m lang. Wie die vorige Art stammt sie aus Südafrika.

Eine weitere außergewöhnlich schöne und dekorative Art ist *A. polyphylla* aus Südostafrika. Sie bildet eine etwa 1 m große Grundrosette aus spiralig angeordneten, stark fleischigen Blättern. Ableger bringt sie nicht hervor, daher kann man sie nur durch Aussaat vermehren. In der Kultur wächst sie langsam und braucht Temperaturen nicht unter 10 °C und vorsichtige Wassergaben.

Für den Sammler hat die afrikanische Gattung *Gasteria* mit rund 80 Arten große Bedeutung. Die überwiegende Anzahl ist mit kräftigen, fleischigen Blättern ausgestattet, die mit weißlichen Streifen bzw. warzenähnlichen Auswüchsen bedeckt sind. Ihre Blüten sind unauffällig, doch erscheinen sie willig. Charakteristisch sind die verwachsenen, kugelig angeschwollenen Kelche *(Gaster* = Bauch).

**Gasteria maculata** (Thunbg.) Haw. (367) stammt aus Kapland und gehört zu den widerstandsfähigsten Arten. Sie findet nicht nur in Sammlungen von Züchtern, sondern auch als Zimmerpflanze Verwendung, da sie sowohl wenig Sonne als auch unregelmäßige Pflege toleriert. Gefährlich werden nur Temperaturen unter 10 °C und dauernde Feuchtigkeit. Gasterien kreuzen sich leicht sowohl die einzelnen Arten untereinander als auch mit

362

363

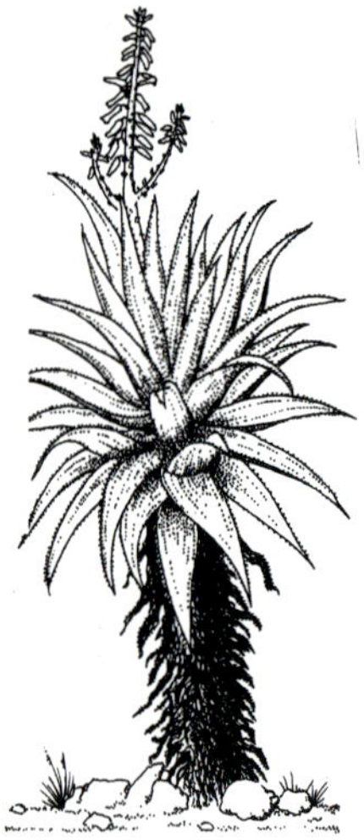

Die häufigste Wachstumsform bei *Aloe* ist die Blattrosette, oft ensteht später auch ein holziges Stämmchen. Ein Teil der Arten hat nur eine Grundrosette.

364

365

Verbreitungsareal der Gattung *Aloe.*

366

anderen Gattungen (*Aloe, Haworthia* u. a.). Es gibt verschiedene sehr dekorative Hybriden.

**Gasteria armstrongii** Schoenl. (368) hat ihre Blätter in zwei Reihen angeordnet. Es handelt sich um eine wertvolle, langsam wachsende und verhältnismäßig empfindliche Art, die sich für spezialisierte Sammlungen eignet. Sie braucht unregelmäßige, vorsichtige Wassergaben und Trockenheit in den Wintermonaten.

367

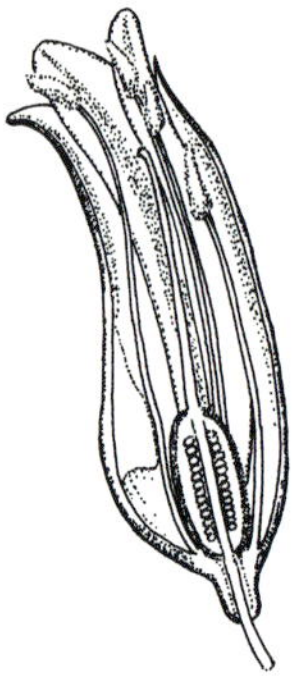

Schnitt durch die *Gasteria*-Blüte mit der charakteristischen „bauchigen" Schwellung des Kronenunterteils.

368

**Gasteria prolifera** Lem. (369). Die weiß gefleckten Blätter bilden zahlreiche doppelreihige Rosetten, die schnell wachsen. *G. prolifera* gehört zu den am leichtesten zu züchtenden und gut zu vermehrenden Arten. Sie ist eine von den wenigen, die man durch Schnittlinge vermehren kann. Bei Wärme und leichter Feuchtigkeit wurzeln sie gut. Wegen ihrer Anspruchslosigkeit und Toleranz gegenüber Schatten eignen sich alle Gasterien, namentlich *G. verrucosa, G. marmorata, G. nigricans* und *G. maculata,* für Innenräume.

369

370

371

372

**Bulbine latifolia** Roem. et Schult. (370). *Bulbine* ist eine relativ kleine Gattung aus Südafrika, deren Vertreter weit geöffnete kleine gelbliche Blüten haben. Ihre Zucht entspricht der von *Aloe* und *Haworthia* (s. unten). Eine interessante Miniaturart ist *B. haworthioides;* sie lebt unterirdisch.

Neben *Aloe* und *Gasteria* hat in der Familie *Liliaceae* die Gattung *Haworthia* den größten Artenreichtum aufzuweisen. Sie umfaßt etwa 150 durchweg nur in Süd- und Südwestafrika wachsende Arten. Die einzige Wachstumsform der Haworthien sind büschelartige Grundblattrosetten. Die kleinsten Arten leben in den Sand der Halbwüste eingesenkt und nur die stumpf abgeschnittenen Blattoberteile ragen über die Erdoberfläche hinaus. In Kultur lassen sie sich leicht züchten und durch Abtrennen der Seitenrosetten vermehren. Seltenere Arten vermehrt man nur durch Aussaat.

**Haworthia maughanii** v. Poelln. (371) ist eine Miniatur aus Südafrika, wo sie in den Sand eingegraben lebt. Die stumpfen, platten Blattenden liegen auf dem Niveau der Erdoberfläche. Sie bestehen aus durchsichtigem Wasserparenchym und leiten die Sonnenstrahlen ins Blattinnere. Sie funktionieren also wie Fensterchen, die Licht unter die Erdoberfläche leiten. Das hat sehr große Bedeutung, denn so können die Blätter assimilieren, auch wenn sie vor den sengenden Sonnenstrahlen, der trockenen Luft und den hohen Temperaturen geschützt sind. Auf diese Weise können auch Sukkulenten mit reduzierter Oberfläche hinreichend Sonnenenergie nutzen, ohne dabei Schaden zu leiden. Eine nahestehende und in ökologischer Hinsicht genauso angepaßte Art ist.

**Haworthia truncata** Schoenl. (372) mit Blättern in zwei Reihen. Auch sie stammt aus den sandigen Halbwüsten der Kapprovinz. Beide Arten sind sehr begehrt, aber schwierig zu züchten. Sie erfordern allerbehutsamste Wassergabe,

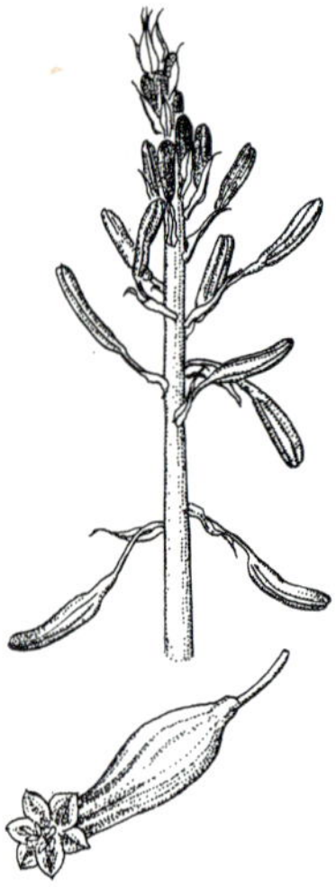

Blütenstand und Einzelblüte von *Gasteria maculata.*

373

ein durchlässiges Sandsubstrat und eine trockene Unterbringung im Winter. Vermehrung ist praktisch nur durch Aussaat möglich.

**Haworthia cymbiformis** (Haw.) Duv. (373) ist eine zierliche Art mit transparenten hellgrünen Blättern. Leicht halten läßt sie sich nicht nur im Gewächshaus, sondern auch im Fenster unter Bedingungen, die für Sukkulenten durchaus nicht günstig sind. Sie toleriert Nordost- oder Nordwestlage, d. h. nur sehr schwaches Sonnenlicht. Gut läßt sie sich vegetativ durch seitliche Ableger vermehren. Im Sommer und Herbst verträgt sie reichliches, unregelmäßiges Gießen.

**Haworthia fasciata** (Willd.) Haw. (374). Die kleinen, 5—7 cm breiten Rosetten aus quergestreiften Blättern laufen in eine weiche, nicht stechende Spitze aus. Die Blüten sind wie bei allen Arten unauffällig und haben einen weißlichen Farbton. Zu dieser Art gehört eine Reihe von Varietäten und Formen. Ihre Pflege ist ähnlich einfach wie bei *H. cymbiformis.*

**Haworthia setata** Haw. (375). Die Blattrosetten erreichen kaum einen Durchmesser von 5—10 cm. Die Blattränder sind mit weichen, weißen und durchsichtigen Haaren besetzt. Es wurden mehrere Varietäten beschrieben, die sich in Größe und Dichte der Rosetten sowie in Dichte und Länge der Haare an den Blättern unterscheiden. *H. setata* stammt aus den trockenen Küstengebieten Kaplands. Ihre Zucht erfordert ein sehr durchlässiges Substrat, vorsichtiges Gießen und Wintertemperaturen über 12 °C. Sie ist eine recht empfindliche, begehrte, aber schwierig zu vermehrende Art, die in den Sammlungen seltener erscheint.

Ähnliche seltene Arten mit kürzeren, haarigen Fortsätzen sind *H. tenera* und *H. bolusii.* Sie alle entwickeln sich in der Sommerhitze im Schatten besser als in der prallen Sonne.

**Haworthia attenuata** Haw. (376) ist wohl die gängigste Haworthie und in der Kultur häufig. Leicht läßt sie sich durch Ableger und Seitenrosetten vermehren. Sie wächst schnell und bildet Gruppen gefleckter und weiß gesprenkelter Rosetten. Die Blätter sind ähnlich wie bei *H. fasciata* und *H. tortuosa* zäh, die Pflanze hält daher lange ohne Wasser aus. Während der Vegetation, also im Sommer und Herbst, ist viel Gießwasser angebracht.

**Haworthia tortuosa** Haw. (377) ist ebenfalls eine weit verbreitete Art mit einer ganzen Reihe von beschriebenen Formen und Varietäten. Ihre Herkunft ist nicht geklärt. Es ist durchaus möglich, daß es sich um eine hybride Pflanze handelt, da die einzelnen Arten der Gattung *Haworthia* sich nicht nur untereinander, sondern auch mit Pflanzen anderer Gattungen leicht kreuzen. Die Rosetten aus spiralig angeordneten Blättern sind bei *H. tortuosa* grün und breit dreieckig. Ihre Kultur ist sehr leicht; die Pflanzen vertragen Halbschatten und Schatten.

Eng verwandt mit der Gattung *Haworthia* und auch im Habitus ähnlich sind die Vertreter der Gattungen *Poellnitzia, Apicra* und *Astroloba.* Im Bau der Blüten unterscheiden sie sich voneinander, in der Kultur erfordern sie etwa die gleiche Behandlung.

Blütenstand bei *Haworthia (H. tesselata).*

374

Früchte von *Haworthia* spec.

375

**Bowiea volubilis** Harv. et Hook. (378) stellt einen sog. Wurzelsukkulenten dar, dessen sukkulentes Gewebe in unterirdischen Knollen bzw. Zwiebeln sitzt. *B. volubilis* wächst in den Buschformationen Südafrikas und ist bis zum Kilimandscharo verbreitet. Die etwa 20 cm großen Zwiebeln sind meist unter der Erdoberfläche verborgen. Wird sie in der Kultur auf die Substratoberfläche gesetzt, verfärbt sie sich grün und nur in der feuchten Jahreszeit wachsen aus ihr dünne, kletternde bis rankende Blätter und Stengel mit unauffälligen grünlichen Blüten. Bei der Kultur verfährt man ähnlich wie bei den meisten anspruchslosen südafrikanischen Sukkulenten. Im Winter verträgt sie völlige Trockenheit und Temperaturen von 10—8 °C.

376

377

378

Verbreitungsareal der Gattung *Haworthia*.

379

# LEBENDE STEINE

Unter den *Aizoaceae* kann man verschiedene Pflanzentypen finden, vor allem viele einjährige Kräuter aus den Tropen und natürlich auch Sukkulenten. Diese werden in engerem Sinne zur Unterfamilie *Mesembryanthemaceae* gerechnet. Bis auf wenige Ausnahmen sind sie vorwiegend in Süd- und Südwestafrika verbreitet. Es handelt sich um Blattsukkulenten, die staudenartige, niederliegende und kriechende Büschel bilden, manchmal auch nur einzelne gegenständige Blattpaare. Charakteristisch sind ihre Blüten. Sie haben einen strahlenförmigen Bau, zahlreiche Kronblätter und Staubgefäße. Im ganzen ähneln sie den Korbblütlern *(Compositae)*. Die Früchte sind Springkapseln; beim Freisetzen der Samen spielt Wasser eine Rolle. Bei Regen oder nächtlichem Tau öffnen sich die Kapseln und geben die feinen Samen frei. In der Fachliteratur kann man die Angabe finden, daß die Familie *Aizoaceae* rund 2000 sukkulente Arten enthält. Gegenwärtigen Nachprüfungen zufolge dürfte die Zahl aber niedriger sein.

Am beliebtesten bei den Züchtern sind die Typen mit reduziertem „Körper", mit kugeligen, keuligen oder eiförmigen Blättern, die meist paarweise auftreten. Bei der Gattung *Argyroderma* haben sie eine glatte, meist grauweiße Oberfläche. Die kräftig gefärbten Blüten erscheinen terminal zwischen den Blättern und haben gelbe, weiße oder rote Töne. Alle *Argyroderma*-Arten stammen aus Südafrika. Der heutigen taxonomischen Einschätzung der Gattung gehören zu ihr nur etwa 10 Arten. Sie leben auf feinem Anschwemmungsmaterial in den Boden eingesenkt.

**Argyroderma schlechteri** Schwant. (379) wächst wie die übrigen Arten auch büschelweise. Ihr Wachstum geht nur langsam vor sich; es dauert daher viele Jahre, ehe die Büschel aus gegenständigen Blattpaaren entstehen. Den größten Teil des Jahres ist die matte grauweiße Blattoberfläche unauffällig. Nur wenn mit Sommerausgang die roten Blüten erscheinen, wecken sie Aufmerksamkeit.

**Argyroderma carinatum** L. Bol. (380) wächst meist in einzelnen Blattpaaren und bildet nur selten Gruppen. Literaturangaben zufolge sollen die Blüten dieser Art rosig-rot sein, doch bestätigen Fachleute ihre große Variabilität.

**Argyroderma octophyllum** (Haw.) Schwant. (381) ist einer der dankbarsten Vertreter, in der Kultur meist unter der unrichtigen Bezeichnung *A. testiculare* verbrei-

380

381

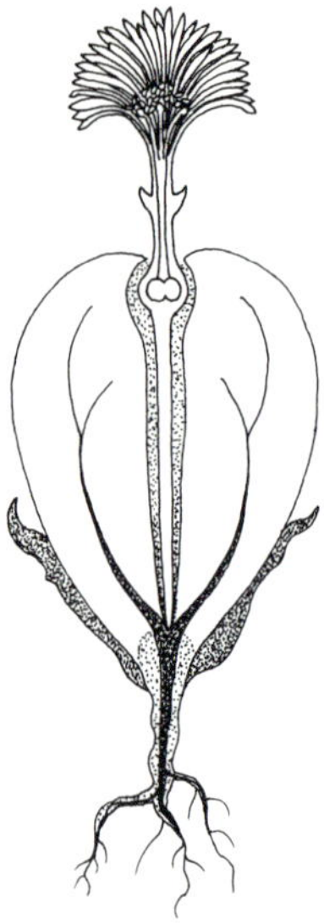

Bei *Conophytum* wachsen die Blüten durch eine Spalte im Blattpaar hervor.

tet. Er hat gelbe Blüten und Blätter in einem bläulichen Ton. Die Argyrodermenzucht ist nicht schwierig. Sie brauchen ein durchlässiges Sandsubstrat und eine sonnige Aufstellung. Die größten Schwierigkeiten bereitet das Gießwasser. Die Vegetationszeit ist häufig in den Spätsommer und Herbst verschoben, während Frühjahr und Hochsommer für die Kulturpflanzen ein Ruhestadium bedeuten. Daher brauchen sie vor August/September keine Wassergabe. Gießt man doch früher, dann nur an warmen Tagen und ganz wenig. Die Vermehrung ist genau wie bei den übrigen Mesembryanthemen praktisch nur durch Aussaat möglich. Oft kann man büschelwüchsige Pflanzen teilen; die geeignetste Zeit ist der August.

Eine große Gattung mit etwa 300 Arten ist *Conophytum.* Die maximal reduzierten Blätter sind oben fast kugelig und zeigen eine kleine Spalte mitten im Blattpaar, aus der zu Herbstbeginn die Blüten wachsen. Den größten Teil des Jahres sind die Blätter in häutige Überreste alter abgestorbener Blätter gehüllt und kommen einem Laien wie schon längst tote Pflanzen vor. In höherem Alter wachsen sie büschelförmig, oft in Gruppen von zahlreichen Blättern. Man kennt aber auch einige Arten, die im Alter verlängerte Stengel entwickeln. *Conophytum* stammt aus Südafrika, vorwiegend von steinigen oder felsigen Hügeln. Sie verbergen sich vor der Sonne zwischen den Steinen und in Spalten, in denen sich winzige Löß- und Sandmengen angesammelt haben.

**Conophytum praegratum** Tisch. (382) stammt von den sandigen Hügeln in Namaqualand. Die Art bildet zahlreiche Büschel aus kleinen, etwa 10 mm breiten Blattpaaren. Die dunkle Punktierung auf der Oberfläche dient nicht zur Zierde oder Mimikry. Es handelt sich um sog. Fenster ins Blattinnere.

382

383

Durch sie dringt diffuses Licht in die tieferen Blattschichten vor. Schon im vorigen Jahrhundert hat Schoenland nachgewiesen, daß die Blätter von Arten mit solchen kleinen Fenstern unter der Oberfläche eine viel stärkere Grünschicht (Chlorophyll, sog. Assimilationsparenchym) besitzen als Arten, bei denen die Fenster fehlen. Solche Fensterchen findet man bei dieser Familie häufig.

**Conophytum spirale** N. E. Br. (383) unterscheidet sich von der vorigen Art durch flachere Blätter und gelbweiße Blüten (*C. praegratum* hat rosa Blüten). Die Blüten erscheinen Anfang September. Die Art stammt aus der Provinz Prinz Albert im Kapland von den Sandböden flacher Anschwemmungsgelände.

**Conophytum wettsteinii** (Bgr.) N. E. Br. (384) ist eine zierliche, stark büschelförmige Art mit rund 2,5 cm breiten Blättern. In freier Natur lebt sie in Felsritzen; während der Trockenheit ist die grüne Farbe der lebenden Blättern von einem graugefleckten Überzug aus alten Blatthüllen bedeckt. Die Blüten sind auffällig leuchtend karminrot.

**Conophytum cupreatum** Tisch. (385). Auch wenn der Artenname von der kupferroten Blütenfarbe herrührt, wird diese Pflanze durch längere zylindrische Blätter auf längerem Stengel charakterisiert. Im Sandboden versucht sie, durch Ablegerbildung unter die Oberfläche vorzudringen.

**Conophytum cordatum** Schick. et Tisch. (386) stammt aus den Bergen im Süden von Kapland. Die Blattform dieser Art zeigt ähnlich wie die vorige herzartig tiefere

Verbreitungsareal der Gattungen *Conophytum* und *Lithops*.

384

385

Einschnitte zwischen den Blättern. Die gelben Blüten wachsen gegen Ende des Sommers und im Herbst. Alle bisher genannten Arten öffnen ihre bunten Blüten am Tag.

**Conophytum scitulum** N. E. Br. (387) stammt ebenfalls aus Südkapland und bildet zahlreiche dichte Büschel aus zierlichen Blättern. Die weißlichen Blüten öffnen sich abends und bleiben bis zum Morgen geöffnet. Sie duften, das ist bei Nachtblüten normalerweise der Fall.

Bei der Zucht aller *Conophytum*-Arten muß man ihre Anforderungen während der Saison beachten. Sommer und Frühjahr sind eine Ruheperiode, in der sie nur gelegentliches Gießen am Leben erhält; dauernde Feuchtigkeit vernichtet die Pflanzen. Der Beginn der Vegetation meldet sich durch Aufplatzen der alten Haut in der Mitte des alten Blattpaares. Dann kann man mit dem Gießen beginnen. Eingriffe ins Wurzelsystem sind gleichfalls riskant. Es lohnt sich, die Pflanze mehrere Jahre nicht umzusetzen. Die Vermehrung aus Samen setzt Geduld voraus; das Wachstum ist langsam. In der ersten Zeit brauchen die Sämlinge das ganze Jahr über Wasser. In der Ruhezeit tun ihnen Temperaturen über 10 °C gut.

Eine ganze Reihe von Mesembryanthemaceen hat einen größeren büschelartigen Wuchs mit längerem, niederliegendem und oft Wurzeln schlagendem Stengel. Auffällig sind die Blüten in klaren, leuchtenden Farben. Im Gegensatz zu den Miniaturpflanzen der Gattungen *Conophytum*, *Argyroderma* und *Lithops*, die sich in gewissem Maße nur un-

386

387

388

ter Schwierigkeiten kultivieren lassen, wachsen sie gut. Die Zeit ihres Hauptwachstums liegt im Frühling und Sommer; bei Wassergaben wachsen sie aber auch im Herbst und Winter. Zudem kann man sie gut zum Bedecken größerer Flächen verwenden, im Gewächshaus genau so wie bei der Sommerbepflanzung auf Terrassen. Leicht kann man sie aus Endschnittlingen mit einigen Blattpaaren vermehren.

**Cheiridopsis turbinata** L. Bol. (388) stammt genau wie mehrere Dutzend weiterer Arten aus Südafrika, wo sie im Sandboden flacher Gelände lebt. In der Kultur bringt sie leicht ihre hellgelben Blüten hervor.

**Cylindrophyllum calamiformis** (L.) Schwant. (389). Die ganze Gattung enthält etwa 5 durchweg sehr ähnliche, ursprünglich im Kapland beheimatete Arten. Sie bilden Büschel aus schwachen Stengeln mit zylindrischen Blättern. Die Blüten sind rosa und weiß. Ihre Zucht ist einfach, sie erfordert Wasser im Sommer und eine helle, trockene Überwinterung.

**Delosperma cooperi** (Hook.) L. Bol. (390). *Delosperma* ist eine Gattung mit vielen Dutzend Arten und stammt ebenfalls aus Südafrika. Sie bilden einen staudenförmigen bis niederliegend-kriechenden Stengel, zahlreiche Blätter und weiße bzw. rote Blüten. Man kann sie leicht kultivieren. Einige Arten (z. B. *D. tradescantioides* und *D. taylori*) kann man im Sommer als dankbare Hängepflanzen auf der Veranda halten.

**Cerochlamys pachyphylla** (L. Bol.) L. Bol. (391). Die Systematik der Mesembryanthemaceen ist für einen Anfänger ziemlich unübersichtlich; sie gründet sich vor allem auf den Bau der Frucht. So entsteht der Eindruck, daß diese einzige Art

389

390

der Gattung *Cerochlamys* viel mit der Gattung *Mesembryanthemum* und anderen bereits erwähnten gemein hat. *C. pachyphylla* hat eine Grundrosette aus dreikantigen Blättern und blüht rot. Vegetationszeit ist der Sommer.

**Faucaria bosscheana** var. **haagei** (Tisch.) Jacobs. (392). Die Gattung *Faucaria* enthält einige interessante und dankbare Arten. Ihren gezackten Blatträndern verdanken sie den Namen Tigermaul. Am bekanntesten ist *F. tigrina*. Alle Arten bilden im Laufe der Zeit zierliche Stauden, bringen mit Sommerausgang ihre gelben oder rosa Blüten hervor und lassen sich leicht sowohl durch Aussaat als auch Verwurzeln der einzelnen Blattrosetten vermehren. Ihre Überwinterung muß in völliger Trockenheit bei Temperaturen über 10 °C am Licht vor sich gehen. Die Verbreitung der ganzen Gattung ist auf Kapland beschränkt.

**Fenestraria rhopalophylla** (Schltr. et Diels) N. E. Br. (393). Der Name der Gattung kommt vom lateinischen Wort *fenestra* — Fenster. An den Enden der keuligen Blätter lassen sich diese als dunklere Flächen gut ausmachen. Durch sie dringen Lichtstrahlen ins Blattinnere, wo sie der Photosynthese dienen. Im Gegensatz zu den kleinen Fenstern bei *Conophytum* sind diese groß und lassen mehr Licht durch. Die ganze Pflanze lebt nämlich völlig im Boden verborgen — nur die stumpfen Blattenden liegen auf der Oberfläche. Die Zucht von Fenestrarien ist nicht schwierig. Das wichtigste dabei ist die Beachtung der Ruheperiode im zeitigen Frühjahr und im Frühsommer. Die weißlichen Blüten erscheinen im Herbst.

**Fenestraria aurantiaca** N. E. Br. (394) unterscheidet sich von der vorigen Art durch gelbe Blüten. Beiden Arten bekommt ein sandiges, am besten nährstoffhalti-

391

392

393

394

ges Substrat und Wasser von Hochsommer bis Herbst. Die Vermehrung ist durch Aussaat möglich.

**Herreanthus meyeri** Schwant. (395) stammt von den sandigen Böden angeschwemmter Gelände in Kapland. Ihre dreikantigen fleischigen Blätter und die reinweißen, über eine Woche duftenden, geöffneten Blüten, die sich nachts nicht schließen, sind sehr schmuck. Im Alter bilden die Pflanzen kleinere Büschel. Leicht lassen sie sich auch auf der Fensterbank in sandigem Substrat halten. Die Hauptvegetationszeiten sind Sommerausgang und Herbst, dann brauchen die Pflanzen ein Maximum an Wasser und Wärme. Eine Vermehrung ist nur durch Samen möglich.

395

396

**Frithia pulchra** N. E. Br. (396) sind kleine, rosettenförmige Pflanzen mit Blättern, die ebenfalls gut entwickelte Fenster besitzen. Ihre Blüten sind rosaviolett. Die Pflanze stammt von ebenen Sandgeländen in Transvaal. Ihre Haltung ist wie die von *Fenestraria.*

**Dorotheanthus bellidiformis** (Burm.) N. E. Br. (397) stammt aus Südafrika und wird heute überall auf der Welt kultiviert. Als Sommerblume dient sie zur Anpflanzung an trockeneren, wärmeren Stellen, wo sie in kurzer Zeit Büschel hervorbringt und im Hochsommer viele Blüten trägt. Sie wird alljährlich aus Samen gezogen, die man im Blumenhandel erhält. Man kann verschiedenfarbigen Kultivaren begegnen. Eine ähnliche, allerdings mehrjährige Gattung ist *Drosanthemum.* Sie enthält einige Arten, die oft niederliegende und kriechende Stauden mit langen, belaubten Stengeln bilden, die in den Sommermonaten bunte Blüten tragen. Auch die südafrikanische Gattung *Carpobrotus* wird oft gezüchtet und ist in der Kultur verbreitet. Die bekannteste ist *C. edulis,* deren Früchte

397

die Einheimischen sammeln und als „Feigen" essen, da sie in der Reife nicht austrocknen und fleischig sind. *Carpobrotus* wurde auch an der Küste zur Dünenbefestigung gepflanzt. Wegen des schnellen Wuchses und der Ausbildung großer Blatt- und Stengelmasse werden Versuche unternommen, sie als Viehfutter zu verwenden. Die einzige Ausnahme, bei der eine sukkulente *Mesembryanthemum*-Art in der Neuen Welt ursprünglich vorkommt, ist *C. chilensis.* Alle Arten von *Carpobrotus* blühen schön und lassen sich leicht als Schmuck in größeren Gewächshäusern halten.

Die Gattung *Gibbaeum* enthält etwa 20 Arten, die sämtlich aus Kapland stammen. Es sind kleine, büschelwüchsige Sukkulenten mit eiförmigen bis kugeligen, selten gestreckten Blattpaaren (z. B. *G. dispar* und *G. pachypodium),* deren Oberfläche glatt und „fensterlos" ist. Einige Arten haben verschieden große Blätter. Die Blüten sind meist rosa bis rot, nur selten weißlich. Sie erscheinen im Herbst oder Frühjahr. Das hängt von der jeweiligen Art und Behandlungsweise ab. Die Vegetationszeit ist recht unterschiedlich: Einige Arten wachsen im Herbst und Winter (z. B. *G. perviride, G. pilosum, G. velutinum*), andere setzen ihr Wachstum bis in die Frühjahrs- und Sommermonate fort (*G. cryptopodium, G. haagei, G. heathii* u. a.*).*

**Gibbaeum dispar** N. E. Br. (398). Die Paare aus verschieden großen Blättern bilden im Laufe der Zeit zierliche Büschel. Die violettroten Blüten wachsen im August und melden den Beginn der Vegetation. Im September/Oktober wach-

398

399

sen die Blattpaare. In dieser Zeit braucht die Pflanze vorsichtige Wassergaben, maximale Sonne und Wärme. Bei geeigneten Bedingungen setzt sie ihr Wachstum auch in die Wintermonate fort. Da es aber in dieser Zeit schwierig ist, ihr hinreichend Sonne und Wärme zu bieten, schränkt man besser das Gießen ein und bringt die Pflanze vorzeitig zur Ruhe. Ist das Substrat bei sinkender Temperatur feucht, sind die Wurzeln bedroht. Die Sommerhitze überstehen die Pflanzen im Ruhestadium. Sie lassen sich gut durch Samen vermehren. Die Sämlinge wachsen schnell und beginnen im 2.—3. Jahr zu blühen.

**Gibbaeum schwantesii** (N. E. Br.) Tisch. (399) ist ein Vertreter der Arten mit verlängertem, meist liegendem bis kriechendem Stengel und längeren, kielförmigen, frischgrünen Blättern. Ziemlich ähnlich ist *G. velutinum* mit roten Blüten, während die von *G. schwantesii* reinweiß sind. Beide Arten lassen sich leicht durch Stengelschnittlinge vermehren. Wachstumszeit ist der Herbst. Keine Art der Gattung *Gibbaeum* verträgt längere Temperaturabfälle unter 10 °C, vor allem dann nicht, wenn sie von Feuchtigkeit begleitet sind.

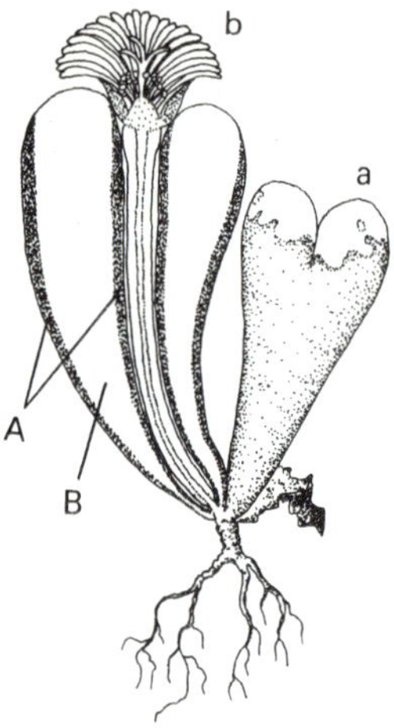


Zwei Blattpaare bei *Lithops;* a — Ansicht der durchsichtigen Fenster an den stumpfen Blattenden; b — Schnitt; (A — Chlorophyll, B — Wasserparenchym).

400

401

Die Früchte von *Lithops* öffnen sich bei Feuchtigkeit.

402

403

Die bekannteste Gattung der sukkulenten *Mesembryanthemaceae* ist *Lithops*. Sie hat rund 80 zierliche, meist büschelartig wachsende Arten. Die reduzierten Blattpaare sind ähnlich gestaltet wie bei *Conophytum;* sie haben in der Mitte eine Spalte, aus der die Blüte wächst. Alljährlich erneuert sich das Blattpaar. Die neuen Blätter entstehen an einem kurzen Stielchen und wachsen allmählich im alten Paare heran, bis sie schließlich dessen Umfang einnehmen. Von den alten Blättern bleibt nur eine Haut zurück, welche die jungen vor der Sonne schützt. Bei den *Lithops*-Arten kann man wieder Fenster in den Blättern finden sowohl winzige Punkte (z. B. bei *L. gracilidelineata, L. fulviceps* u. a.) als auch Fenster in Form von interessanten Zeichnungen auf der Blattoberseite (*L. aucampiae, L. olivacea* u. a.). In der Natur bewohnt *Lithops* flache Anschwemmungsflächen, wo die Pflanzen in den Boden eingesenkt leben, manchmal auch in Felstaschen und -spalten. Durch feine Bodenablagerungen sind sie nicht nur perfekt getarnt (Mimikry), sondern auch „einzementiert". Alle Arten leben in Südafrika. In der Kultur sind sie gesuchte und begehrte Pflanzen, aber nur für Züchter, die ihnen genügend Sonne und Wärme verschaffen können. Ihre Vegetation beginnt mit Sommerausgang, wenn unter den Schalen der vertrockneten alten Blätter die neuen Blattpaare heranwachsen. Die Blütezeit dauert von Ende August bis September. Die meisten Arten blühen weiß und gelb.

**Lithops bella** (Dtr.) N. E. Br. (400). Die durchsichtigen Hautfenster erscheinen als dunkle feine Zeichnung oder Punktierung. Hier dringt das Licht ins Blattinnere ein. In der Natur verschwimmt die Zeichnung auf den Blättern mit der Umgebung und die Pflanzen sind in der Trockenzeit, wenn sie nicht blühen, von den sie umgebenden Kieseln nicht zu unterscheiden. Der Name „lebende Steine" oder „lebende Kiesel" ist sehr gut gewählt. Für

404

405

eine Reihe von Arten ist die Zeichnung auf der Blattoberseite charakteristisch.

**Lithops julii** (Dtr. et Schwant.) N. E. Br. (401). Die Oberfläche des Blattpaares ist grauweiß, ohne dunkle Fenster. Auch bei den beschriebenen Varietäten (var. *pallida* ) fehlt die Zeichnung aus dunklen Flecken auf der Blattoberseite. Oft säumen aber dunkelbraune Flecken die Spalte zwischen den Blättern. Die weißen Blüten wachsen Anfang Herbst heran.

**Lithops fulviceps** (N. E. Br.) N. E. Br. (402) stammt aus Namaqualand/Südwestafrika. Die Blattzeichnung ist braunrot. Diese entwickelt sich erst bei erwachsenen Pflanzen, in der Jugend tragen die Blätter nur eine dunklere Punktierung. Die Blüten sind gelb.

**Lithops dorotheae** Nel. (403) hat eine charakteristische Zeichnung auf der Blattoberseite und gelbe Blüten. Die Art stammt von schweren Lößschwemmböden aus Buschmannland/Südafrika.

**Lithops aucampiae** L. Bol. (404) kommt ursprünglich in Transvaal vor, wo sie im flachen Gelände längs der ausgetrockneten „Wadis" lebt, der trockenen Flußbette, in denen nur gelegentlich nach Regengüssen Wasser fließt. Die Blüten dieser Art sind ebenfalls gelb. *L. aucampiae* erscheint oft in den Sammlungen und läßt sich leicht züchten. Die Behandlungsweise unterscheidet sich nicht von der anderer Arten, d. h. die Blüten erscheinen von August bis Oktober.

**Lithops gracilidelineata** Dtr. (405). Die haarfeinen, verworrenen Zeichnungen auf den Blättern haben eine braunrote Farbe. Im Laufe der Jahre bringt *Lithops* größere

406

407

408

Gruppen hervor und blüht auch leicht (wie die vorigen Arten) im Frühherbst. Blüten gelb. Die Pflanze lebt auf verwittertem, von Löß zusammengeklebtem Granitschotter in den Wüsten Namaqualands.

**Lithops lesliei** (N. E. Br.) N. E. Br. (406). Die Blätter sind etwa 2 cm groß, mit auffälliger braunroter Zeichnung; die Blüten sind gelb. Vermehren kann man sie in der Kultur durch Aussaat, größere Büschel kann man teilen. In den ersten Monaten brauchen die Sämlinge diffuses Licht, keinesfalls direkte Sonne, ein nährstoffhaltiges Humussubstrat und ständige Feuchtigkeit. Später, nach dem Umpikieren, müssen sie gelüftet und an Sonne gewöhnt werden. Am wichtigsten ist wohl der Wasserhaushalt. Hier gilt die Regel, daß die Pflanzen eher Trockenheit als dauernde Feuchtigkeit vertragen. Das Gießen sollte daher immer erst nach einem mehrtägigen Austrocknen des Substrats erfolgen. Gelegentliches Gießen tolerieren die Pflanzen das ganze Jahr über, auch in der Ruhezeit. Die ganze Bodenmasse muß aber schnell austrocknen können.

Die Gattung *Pleiospilos* mit einigen Dutzend Arten enthält büschel- bis staudenförmige Sukkulenten mit auffällig entwickelten fleischigen Blättern und großen gelben Blüten. Alle stammen aus Südafrika. Blütezeit Frühherbst. Die meisten Arten gedeihen bei einer Behandlung wie bei *Faucaria* oder *Gibbaeum.*

**Pleiospilos simulans** (Marln.) N. E. Br. (407). Die einzelnen Blätter sind bis zu 4 cm lang und breit, ebenfalls der Durchmesser der angenehm duftenden Blüten. Ähnlich sehen *P. magnipunctatus* und *P. bolusii* aus. Ihre Vermehrung geht ausschließlich durch Samen vor sich; die Sämlinge erreichen in 2–3 Jahre Blütenreife.

**Ophtalmophyllum lydiae** Jacobs. (408). Der Gattungsname trifft gut das Bild der Pflanze in freier Natur, wo die abgerundeten Blattenden aus dem Sandboden ragen und wie runde Fischaugen aussehen. Die durchsichtige Haut und das Wasserparenchym der Blätter ermöglichen das Leben unter der Erdoberfläche.

409

410

Süd- und Südwestafrika sind die Heimat der Gattung *Titanopsis* mit 8 zierlichen staudenwüchsigen Arten. Die rissige Blattoberfläche sieht wie eine rauhe Felsfläche aus, was zur vollendeten Tarnung der Pflanzen im Gelände dient. Auch sie blühen mit gelben Blüten im Spätherbst. Sie brauchen ein durchlässiges Substrat und nur vorsichtiges Gießen im Winter während der Ruhe, gehören aber zu den sehr dankbaren Sukkulenten, die man auch am Fenster kultivieren kann.

**Titanopsis schwantesi** (Dtr.) Schwant. (409) und **Titanopsis calcarea** (Marl.) Schwant. (410) sind die bekanntesten Arten mit weißlichen Warzen an den stumpfen Blattenden. Die Vermehrung erfolgt durch Aussaat oder Teilung größerer Büschel.

Aus Südafrika stammen auch die Gattungen *Nananthus* mit 16 und *Rhinophyllum* mit 14 Arten, außerdem noch viele weitere, die hier aus Platzgründen keine Erwähnung finden. Bei ihnen findet man Rosetten aus gegenständigen Blättern, aus denen später staudenähnliche Gebilde werden. Der größte Teil der Pflanze sitzt im Boden, nur die Blattenden ragen hervor. Ihre Blüten sind meist gelb *(Rhinophyllum)* oder rosa *(Nananthus)*.

**Nananthus malherbei** L. Bol. (411). Die Blattenden werden von weißlichen Warzen geziert, mit denen sich die Pflanze in freier Natur auf dem Kalksteinschotter tarnt. Die Vegetationszeit ist Sommer und Herbst, dann erscheinen auch die Blüten. Die Art ist ähnlich wie *Titanopsis, Rhinephyllum, Rabiea* und *Pleiospilos* kalkliebend.

411

**Rhinephyllum broomi** L. Bol. (412) gehört zu den leicht wachsenden Sukkulenten; sie braucht in den Sommermonaten reichlich Wasser. Bei tieferen Temperaturen sollte man die Pflanze besser in völliger Trockenheit überwintern lassen. Vermehrt wird im späten Frühjahr durch Aussaat oder Teilung größerer Büschel.

412

413

414

# SUKKULENTEN AUS ANDEREN FAMILIEN

Sukkulente Pflanzen kann man noch in vielen weiteren Familien finden; bei weitem können nicht alle hier vorgestellt werden. Bei der Auswahl wurden solche bevorzugt, die durch ihre kleineren Ausmaße eher eine Chance zur Verbreitung in den Kulturen haben.

Aus der Familie *Portulacaceae* sind dies zwei Gattungen, *Anacampseros* und *Ceraria.*

*Anacampseros* sind Miniaturstauden mit gelegentlich kräftig entwickelten Stengelbasen. Bis auf eine einzige Ausnahme, *A. australis* aus Südwestaustralien, stammen sie alle aus Afrika.

**Anacampseros albissima** Marl. (413). Die einzelnen Stengel haben etwa 4 mm im Durchmesser
*Portulacaceae*
und sind dicht mit papierartigen Blättchen belaubt. Später entstehen ganze Büschel und Gruppen. Die Blüten erscheinen in den Sommermonaten. Die Vegetationszeit liegt im Frühjahr und Sommer. Dann brauchen die Pflanzen reichlich Wasser und einen Platz an der vollen Sonne. Den Winter über müssen sie trocken gehalten werden, am besten bei Temperaturen zwischen 10—14 °C.

**Anacampseros crinita** Dtr. (414). Die Stengel werden 8 cm hoch, durch spätere Ablegerbildung
*Portulacaceae*
entstehen Gruppen und Büschel. Die Blätter sind fleischig-zylindrisch. Dies ist die am leichtesten zu behandelnde Art. Auch für sie eignet sich ein durchlässiges Sandsubstrat. *A. crinita* kann man verhältnismäßig leicht durch Schnittlinge vermehren, die übrigen Arten, vor allem die mit knolligen Wurzeln bzw. Stengelbasen, nur durch Aussaat.

**Ceraria namaquensis** (Sond.) Pears. et Stephens (415). Die Gattung *Ceraria* umfaßt nur eini-
*Portulacaceae*
ge wenige Arten; alle sind in Südafrika verbreitet. *C. namaquensis* ist in freier Natur eine Strauchpflanze von 2,5 m Höhe mit zierlichen eiförmigen bis zylindrischen Blättern. Eine interessante Art ist die zwerg-

415

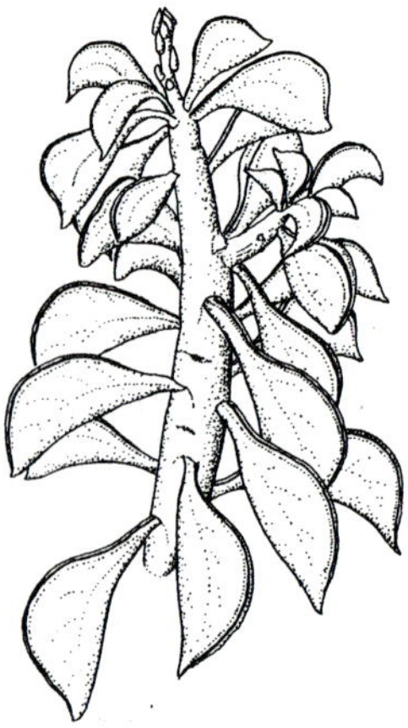

Die Blätter einiger *Peperomia (P. dolabriformis)* u. a. sind in Längsrichtung gefaltet; so bieten sie der Sonne eine möglichst geringe Fläche dar

416

wüchsige *C. pygmaea* mit einer knolligen Stengelbasis. Bei beiden Arten entstehen nur unter günstigen Bedingungen Blätter, die bei trockener Überwinterung abfallen. Die Blüten sind unauffällig. Sie lassen sich zwar durch Schnittlinge vermehren, doch empfiehlt sich eher die Pfropfung auf die widerstandsfähigere und leicht vegetativ zu vermehrende *Portulacaria afra.* Im Sommer tolerieren sie reichliche Wassergaben; überwintern müssen sie bei völliger Trockenheit und 12—15 °C.

Aus der Familie *Peperomiaceae* sind Sukkulenten in der Gattung *Peperomia* bekannt, in Süd- und Mittelamerika verbreitet. In freier Natur leben die Peperomien meist in dauernd feuchten Gesellschaften, oft sogar als Epiphyten im Nebelwald. Viele ihrer Vertreter werden als Zimmerpflanzen gehalten. Die wenigen sukkulenten Arten werden nur selten kultiviert, etwa *P. dolabriformis, P. columella, P. galiodies* und *P. nivalis.* Diese sukkulenten Typen haben ein wasserhaltiges Gewebe an der Blattoberseite. Einige von ihnen können sogar ihre Blätter zusammenlegen, so daß an der Oberseite ein schmales transparentes Fenster entsteht.

**Peperomia graveolens**
*Peperomiaceae*

Rauh et Barthlott (416) stammt aus den Bergen Perus, wo sie oft an kahlen Felswänden in Moospolstern siedelt. Die Pflanze verzweigt sich staudig und wird einige Dezimeter hoch. Auffällig sind vor allem ihre rötlichen Blätter, deren Oberseite mit dem durchsichtigen Gewebe gut im Bild zu erkennen ist. Ihre Zucht erfordert ein Humussubstrat, genügendes Gießen in der warmen Zeit und vorsichtige Wasserzufuhr im Winter, wobei die Temperatur nicht unter 11 °C sinken sollte.

Aus Südafrika stammen die Gattungen *Sarcocaulon* und *Pelargonium,* die zur Familie *Geraniaceae* gehören. Nur wenige Blumenfreunde, die Pelargonien auf der Fensterbank halten, wissen, daß es über 250 Arten dieser ungemein anpassungsfähigen Gattung gibt, die in den trockenen Gebieten Südwestafrikas leben und zum großen Teil Stengelsukkulenten sind.

**Sacrocaulon spinosum**
*Geraniaceae*

(Burm.) O. Ktze. (417) kann sogar über 1 m hohe Dickichte aus bestachelten Stengeln hervorbringen. Ihre weißen Blüten wachsen im Gegensatz zur Gattung *Pelargonium* einzeln. Bei anderen Arten können sie auch gelblich bis rosarot sein. Von den übrigen empfehlenswerten Arten sollen hier noch *S. herrei* mit gelben Blüten, *S. multifidum* ohne Stacheln und *S. rigidum,* der abgebildeten *S. spinosum* ähnlich, genannt werden. Die ganze Gattung enthält etwa 15 Arten.

**Pelargonium tetragonum**
*Geraniaceae*

(L. F.) l'Her. (418) kann etwa 1 m hoch werden, dann verholzt der Hauptstengel und die vierkantigen Seitenzweige werden etwa 1 cm dick. Während die gegliederten fleischigen Stengel dauerhaft sind, wachsen die Blätter nur in der feuchten Jahreszeit. In der Kultur läßt sich die Art leicht halten und vermehren. Die meisten Arten von *Sarcocaulum* und die xerophytischen *Pelargonium*-Arten lassen sich nicht leicht halten. Schwierigkeiten bereitet auch hier die Vegetation im Spätherbst. In den Sommermonaten sollte man die Pflanzen bei hinreichend frischer Luft und Wasser halten. Vermehren kann man sie durch Schnittlinge aus den unverholzten Zweigen.

417

418

419

420

Aus Madagaskar stammt die Familie *Didiereaceae.* Es handelt sich vorwiegend um große, baumartige Gewächse, von denen sich einige leicht züchten und leicht formen lassen.

**Alluaudia montagnacii** Rauh (419). Obwohl das in freier Natur ein hoher Baum ist, kann man die Art in der Kultur leicht zu annehmbaren Ausmaßen formen. Für die Kultur ebenso geeignet sind auch *A. ascendens* und *A. procera.* Man kann sie durch Zweigschnittlinge vermehren.
*Didiereaceae*

Nur von wenigen Vertretern der Familie *Didiereaceae* kann man in der Kultur Blüten erwarten. Eine Ausnahme ist *Alluaudiopsis marnierana* mit dünnen, zickzackartig geknickten Zweigen.

**Bursera fagaroides** Engl. (420). Die Familie *Burseraceae* enthält mehrere Gattungen von Wüstengehölzen, z. B. *Commiphora* und *Terebinthus* aus Afrika und Arabien. Die größte Bedeutung für den Züchter hat die Gattung *Bursera* mit über hundert Arten, die in den Tropen und Subtropen Amerikas beheimatet sind. Es handelt sich vorwiegend um Waldbäume. Nur einige mexikanische Vertreter bringen außerordentlich stark verdickte, holzige Stämme hervor. Ihr Gewebe ist weichporig und enthält Kanälchen, die mit einem wäßrigen Harz gefüllt sind. Daher werden viele Arten als Harzspender genützt (Copal, Elemi, Tacamahaca).
*Burseraceae*

*B. micropylla* von der Westküste Mexikos und *B. hindsiana* aus Baja

California sind ebenso schöne Krüppelbäumchen in der Kultur wie *B. fagaroides* oder *B. odorata* aus Mittelmexiko. Leicht lassen sie sich in normal durchlässigem Substrat halten. Im Sommer, wenn sie Laub tragen, brauchen sie viel Wasser; im Winter vertragen sie völlige Trokkenheit. Vermehren lassen sie sich am besten durch Samen. Aus Schnittlingen erhält man zwar üppig wachsende, staudenartige Pflanzen, doch entsteht der kräftige Caudex nicht.

Ostafrika ist die Heimat der Gattung *Dorstenia* (Familie *Moraceae*); diese Stengelsukkulenten haben meist fleischige, flaschenförmig verdickte Stengel. Ihre Kultur ist anspruchsvoller sowohl was die dauernde Wasserversorgung als auch die ganzjährig hohen Temperaturen angeht. Daher eignen sich die Pflanzen nicht für die normalen Kakteenglashäuser. Erfolgreich gedeihen sie in Zimmervitrinen oder wärmeren Spezialtreibhäusern.

**Dorstenia gigas** Schweinf. (421) stammt von der Insel Sokotra im Indischen Ozean. Der flaschenförmige Stamm kann 1,5 m hoch werden und 0,5 m im Durchmesser erreichen.
*Moraceae*

**Dorstenia crispa** var. **lancifolia** Engl. (422) kommt ursprünglich im Unterwuchs der ostafrikanischen sommergrünen Trockenwälder vor. Die fleischigen Stengel werden etwa 20 cm hoch. Oft bilden sie in höherem Alter Büschel, vor allen Dingen bei optimalen Bedingungen der Kultur. Die Blätter mit
*Moraceae*

421

Bei der Bonsai-Gestaltung muß man vor allem durch Schnitt lange Triebe entfernen (z. B. *Bursera microphylla*).

Verbreitungsareal der Gattung *Dorstenia*.

422

423

den gewellten Rändern sind sehr dekorativ. An den platten, zipfeligen Blütenständen sind die kleinen, zierlichen Blüten dicht gedrängt. Sie entstehen im Hochsommer, oft wiederholt bis in den Herbst.

**Dorstenia foetida** Forks. (423) stammt aus Südarabien und ist die bekannteste Art. In der freien Natur werden die Pflänzchen nur einige Zentimeter hoch, und haben verlängerte Stengel und Büschel. Man kann sie eigentlich nur in Kultur antreffen. Ein sandiges Humussubstrat, ganzjährig höhere Temperaturen und schwache Wassergaben im Winter sind die Bedingungen für eine erfolgreiche Kultivierung.
*Moraceae*

**Oxalis carnosa** Mol. (424) repräsentiert die Familie *Oxalidaceae,* wo bei einigen südamerikanischen Arten der Gattung *Oxalis* Sukkulenz von Stengeln und Wurzeln angetroffen wird. *O. carnosa* stammt aus den trockenen Küstengebieten Perus und Chiles; sie geht sogar in höhere Lagen der bolivianischen Berge hinauf. Die Vorratsknollen der Wurzeln und sukkulenten Stengel ermöglichen der Pflanze, mehrmonatige Trockenperioden zu überleben, wobei ihre Stauden unbelaubt sind. Gemeinsam mit *O. cephalosa* lassen sie sich durch Schnitt gestalten. In der Kultur wächst sie gut. Ihre Vegetationszeit ist im Frühjahr und Sommer, in den Wintermonaten vertragen sie auch völlige Trockenheit. Die Temperaturen können auch unter 10 °C sinken. Gut lassen sie sich vegetativ durch Verwurzelung der Seitenzweige vermehren.
*Oxalidaceae*

Aus Afrika stammt die Gattung *Cissus* in der Familie *Vitidaceae.*

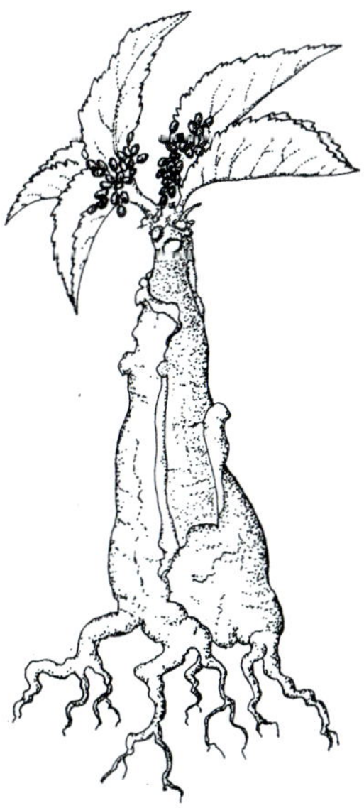

*Sukkulenten (z. B. Cyphostemma* spec.) mit verdicktem Stengel haben von Natur aus „Bonsaiform"

424

Von der heutigen Taxonomie wird diese Familie in zwei Gattungen eingeteilt. Die heutige Gattung *Cissus* enthält kletternde und schlingende sukkulente Lianen mit Ranken versehen und mit gegliederten Körpern; die Gattung *Cyphostemma* umfaßt strauchartige massive Sukkulenten mit einer dünnen, sich abschälenden Borke. Bei beiden erscheinen die Blüten in einfachen Trauben, ihre Früchte ähneln den Weintrauben. *Cissus* und *Cyphostemma* gehören zu den robusteren Sukkulenten, die sich nicht für räumlich beschränkte Sammlungen eignen — sie kommen nur in größeren Gewächshäusern zur Geltung. Sie gewöhnen sich gut an die Kultivierung. In den Sommermonaten brauchen sie reichlich Wasser und wegen des üppigen Wachstums auch einen Nährstoffzusatz. Die Ruhezeit (Wintermonate) überstehen sie unbelaubt bei völliger Tıockenheit und Temperaturen um 10 °C.

**Cyphostemma juttae** Dtr. et Gil. (425), erreicht in der Natur maximal 3 m Höhe; die dicken, fleischigen Stämme können an der Basis über 1 m breit sein. Sie sind von einer hellen, dünnen Borke bedeckt, die sich in Ringen abschält. Ähnlich sind *C. bainesii, C. crameriana* und *C. elephanthopus.* Die madagassische Art *C. laza* mit flaschenförmigem Stamm produziert dünne, schlingende und kletternde Zweige. In der Kultur kann man sie leicht durch Verwurzeln der Zweige oder Aussaat vermehren.
*Vitidaceae*

**Cissus quadrangularis** L. (426). Die vierkantigen kletternden Stengel sind gegliedert. In der Natur wächst die Art als Strauch mit kletternden Zweigen, die sich mit ihren Ranken in den Kronen von Bäumen und anderen Sträuchern festhalten. Ihr ähnelt *C. cactiforme,* die wie *C. quadrangularis* aus Süd- und Südostafrika stammt.
*Vitidaceae*

425

426

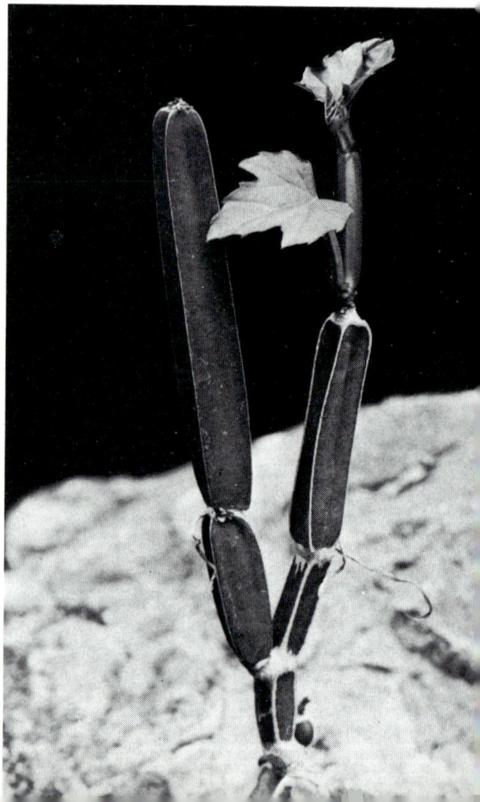

# DEUTSCHSPRACHIGE LITERATUR

Backeberg, C.: Das Kakteenlexikon, G. Fischer Verlag, Jena 1978
Barthlott, W.: Kakteen, Belser Verlag, Stuttgart 1977
Bechtel, H.: Bunte Welt der Kakteen, Kosmos Verlag, Stuttgart 1976
Cullman, W.: Kakteen, E. Ulmer Verlag, Stuttgart 1977
Endler, J., Buxbaum, F.: Die Pflanzenfamilie der Kakteen, A. Philler Verlag, Minden 1975
Haage, W.: Das praktische Kakteenbuch in Farbe, Neumann Verlag, Radebeul 1962
Haustein, E.: Kakteen, A. Philler Verlag, Minden 1978
Haustein, E.: Sukkulenten, A. Philler Verlag, Minden 1978
Herbel, D.: Alles über Kakteen und andere Sukkulenten, Südwest Verlag, Stuttgart 1978
Jacobsen, H.: Das Sukkulentenlexikon, G. Fischer Verlag, Jena 1967
Jacobsen, H.: Handbuch der sukkulenten Pflanzen (1.—3. Bd.), G. Fischer Verlag, Jena 1954
Köhlein, F.: Freilandsukkulenten, E. Ulmer Verlag, Stuttgart 1977
Lamb, B., Lamb, E.: 100 Kakteen in Farbe, BLV Verlag, München 1977
Lamb, B., Lamb, E.: Kakteen und andere Sukkulenten in Heim und Wildnis, J. Neumann — Neudam, Melsungen, Berlin, Basel, Wien 1979
Rauh, W.: Die großartige Welt der Sukkulenten, Paul Parey Verlag, Berlin — Hamburg 1979
Rauh, W.: Kakteen an ihren Standorten, Paul Parey Verlag, Berlin — Hamburg 1979
Rauh, W.: Schöne Kakteen und andere Sukkulenten, Belser Verlag, Stuttgart 1978
Richter, W.: Zimmerpflanzen von heute und morgen — Bromeliaceen, Neumann Verlag 1965
Rocoley, G.: Encyklopädie der Sukkulenten und Kakteen, Kosmos Verlag, Stuttgart 1979

Die Zeitschrift „Kakteen und andere Sukkulenten" wird für die Bundesrepublik Deutschland, Österreich und die Schweiz von folgenden Organisationen gemeinsam herausgegeben:

Deutsche Kakteen-Gesellschaft e. V., Moorkamp 22, D 3008 Garbsen 5
Gesellschaft Österreichischer Kakteenfreunde, Nikolaus-Heid-Str. 35, A — 2000 Stockerau
Schweizerische Kakteen-Gesellschaft, Schluchen, CH-6020 Emmenbrücke

# REGISTER

Die Ziffern im Normaldruck verweisen auf Textseiten, kursivgedruckte Zahlen weisen auf die Abbildungen hin.